朝倉化学大系 9

磁性の化学

大川尚士［著］

朝倉書店

編集顧問
佐野博敏（大妻女子大学学長）

編集幹事
富永　健（東京大学名誉教授）

編集委員
徂徠道夫（大阪大学名誉教授）
山本　学（北里大学教授）
松本和子（早稲田大学教授）
中村栄一（東京大学教授）
山内　薫（東京大学教授）

序

無機化学や錯体化学の教科書で目にするCurieの法則，Curie-Weissの式，Pascalの反磁性はいずれも19世紀の終わりから20世紀の初めにかけて見いだされた．磁化率測定法のFaraday法にいたっては1855年に考案されている．磁気測定が遷移金属化合物の構造研究に役立つことは70年以上も前から知られていたが，実際に研究に用いられるようになったのは20世紀の後半になってからである．それでも，磁気化学の研究が特定の研究者に限られていたのは，測定装置を自作しなければならなかったことと，磁性が化学者にとって得意とする領域でなかったからであろう．筆者が金属錯体の磁気化学研究に着手した1970年頃，温度変化が測定できる磁気天秤を所持する化学系研究室はごく限られていた．1990年代になって高感度のSQUID磁束計が普及するようになって，磁気測定が化合物の構造研究に飛躍的に用いられるようになってきた．

磁気化学の研究対象はほとんどが遷移金属錯体である．遷移金属錯体の磁性を解釈するうえで結晶場理論および配位子場理論が基礎となる．このテキストでは自由イオンから出発して球対称(正八面体および正四面体)結晶場が作用するときの結晶場項と波動関数について概説する(第2章および第3章)．第4章では結晶場項にスピン軌道結合と磁場が摂動として作用するときのエネルギー準位を求めて磁化率の式を導く．そのためには量子化学の基礎知識が必要である．また摂動法を用いて永年行列方程式を解くことが求められる．このような取り扱いに不慣れな大学院学生にも理解できるように，具体例を示しながらできるだけ解説的な記述を試みた．多くの金属錯体は厳密な意味では球対称ではない．錯体構造が球対称から歪むときの磁性に及ぼす効果を第5章で述べる．第６章では実際の金属錯体の磁気的性質をもとに理論の適用範囲と限界を考察する．第７章では多核金属錯体の磁性について，解析例を示しながらやや詳しく説明する． 最後に第８章では磁気中心がバルクに集積された物質の磁性について述べる．

このテキストの執筆にあたって参考にした入門書や解説書を巻末にあげた．より詳細な知識を求める読者にはこれら原典を読まれることを薦める．

2004 年 10 月

大 川 尚 士

目　　次

1
磁性の起源と磁化率の式

1.1 定 義 と 単 位

この本では化学者が慣習的に用いてきた cgs emu 単位を用いる．物体を均一な磁場 H に置くと，物質内に生じる磁気誘導 (magnetic induction) B は次式で与えられる．I は磁化 (magnetization) の強さである．

$$B = H + 4\pi I \tag{1.1}$$

実験的に求められるのは体積磁化率 (volume magnetic susceptibility) κ で，磁化とは次の関係にある．

$$\kappa = \frac{I}{H} \tag{1.2}$$

したがって式 (1.1) は次のように表せる．

$$\frac{B}{H} = 1 + 4\pi\kappa \tag{1.3}$$

体積磁化率の単位は無次元である．体積よりも質量を測るほうがはるかに容易であるから，体積磁化率の代りに質量磁化率を用いるほうが便利である．単位質量あたりのグラム磁化率 χ は κ と $\chi = \kappa/\rho$ の関係にある．ρ はその物質の密度である．グラム磁化率の単位は $cm^3\ g^{-1}$ である．χ を用いると分子量 M の物質 1 モルあたりのモル磁化率 χ_M は χM で与えられる．モル磁化率の単位は $cm^3\ mol^{-1}$ である．

従来から用いられてきた磁化率測定法に Gouy 法と Faraday 法がある．最近では量子干渉効果を利用した SQUID (superconducting quantum interference device) 磁束計が普及するようになって，高感度の磁気測定が可能となった．これら磁気測定法の原理については文献[1]を参照されたい．

1.2　常磁性と反磁性

磁化の強さは磁場に置かれた物質のエネルギー変化と関係している．

$$I=-\frac{\partial W}{\partial H} \tag{1.4}$$

式(1.4)の符号に関して二つの重要な磁性が現れる．I が負のときを反磁性(diamagnetism)，正のときを常磁性(paramagnetism)という．常磁性の特殊なケースとして反強磁性(antiferromagnetism)および強磁性(ferromagnetism)がある．このことについては第8章で述べる．

1.2.1　反　磁　性

反磁性物質の磁化率 χ は負である．磁場に置かれた反磁性物質内の磁束密度は外部の磁束密度に比べて減少する．このことは加えた磁場とは逆向きの誘起磁場が物質内に生じることを意味している．不均一な磁場に置かれた反磁性物質は低磁場へと移動する．反磁性物質のモル磁化率は小さな負の値であり(-1×10^{-6}～$-100\times10^{-6}\ \mathrm{cm^3\,mol^{-1}}$)，磁場の強さや温度と関係なく一定である．

反磁性はすべての物質にみられるもので，電子対と磁場の相互作用から生じる．古典的には電子対は環電流として扱われ，磁場との反発は Lenz の法則で説明される．

Pascal は多原子分子の反磁性モル磁化率には次の加成性が成り立つことを示した．

$$\chi_{\mathrm{dia}}=\sum_i n_i\chi_i+\sum\lambda \tag{1.5}$$

ここで n_i は分子中に存在する原子磁化率 χ_i の原子 i の数であり，λ は構造に関係した補正因子である．安定な分子については反磁性磁化率を直接測定でき

表 1.1 Pascal 定数(グラム原子あたりの磁化率×10^6/cm^3 mol^{-1})

中性原子			
H	−2.93	O_2 (carboxyl)	−7.95
C	−6.00	F	−6.3
N (ring)	−4.61	Cl	−20.1
N (open chain)	−5.57	Br	−30.6
N (amide)	−1.54	I	−44.6
N (imide)	−2.11	S	−15.0
O	−4.61	P	−26.3
O (carbonyl)	1.73		
陽イオン		陰イオン	
Li^+	−1.0	F^-	−9.1
Na^+	−6.8	Cl^-	−23.4
K^+	−14.9	Br^-	−34.6
Rb^+	−22.5	I^-	−50.6
$NH_4{}^+$	−13.3	$NO_3{}^-$	−18.9
Mg^{2+}	−5.0	$ClO_4{}^-$	−32.0
Zn^{2+}	−15.0	NCS^-	−31.0
Pb^{2+}	−32.0	OH^-	−12.0
Ca^{2+}	−10.4	$SO_4{}^{2-}$	−40.1
代表的分子およびイオン			
H_2O	−13	NH_3	−18
$C_2O_4{}^{2-}$	−25	酢酸イオン	−30
$acac^-$	−52	ピリジン	−49
bipy	−105	*o*-phen	−128
構造補正			
C=C	5.5	N=N	1.8
C=C−C=C	10.6	C=N−R	8.2
C=C	0.8	C−Cl	3.1
C (ring)	0.24	C−Br	4.1

るが，配位子として金属イオンに結合していて単独には存在しない分子やイオンについては，Pascal 定数を用いて反磁性の値を見積もる必要がある．主なる原子，分子およびイオンの Pascal 定数と補正因子を表 1.1 にまとめた．

一般に芳香族化合物では，Pascal 定数から見積もった反磁性磁化率は実測値との一致がよくない．しかし，磁気測定そのものの誤差を考慮すると問題にはならないことが多い．

1.2.2 常　磁　性

常磁性物質の磁化率 χ は正である．磁場に置かれた常磁性物質内の磁束密度は外部の磁束密度に比べて大きくなる．このことは加えた磁場と同じ向きの誘起磁場が物質内に生じることを意味している．不均一な磁場に置かれた常磁性物質は高磁場へと移動する．常磁性磁化率は 10^{-4}～$10^{-1}\ \mathrm{cm^3\ mol^{-1}}$ の大きさで，磁場に依存しないが温度には依存する．

常磁性は不対電子の軌道角運動量とスピン角運動量が磁場と相互作用することから生じる．常磁性物質は反磁性成分を含むので，常磁性原子の磁化率は全体の磁化率から反磁性磁化率を差し引いて求める．

$$\chi_\mathrm{A} = \chi_\mathrm{M} - \chi_\mathrm{dia}$$

常磁性磁化率と有効磁気モーメントの間には次の関係がある．

$$\mu_\mathrm{eff} = \left(\frac{3k\chi_\mathrm{A}T}{N\beta^2}\right)^{1/2} \quad \mu_\mathrm{B}\ (\text{Bohr 磁子単位}) \tag{1.6}$$

ここで

N：Avogadro 定数 ($6.022\times10^{23}\ \mathrm{mol^{-1}}$)

β：Bohr 磁子 ($9.274\times10^{-24}\ \mathrm{J\ T^{-1}}$)

k：Boltzmann 定数 ($1.381\times10^{-23}\ \mathrm{J\ K^{-1}}$)

T：絶対温度

式 (1.6) に物理量を代入して整理すると次の式が得られる．

$$\mu_\mathrm{eff} = \sqrt{8\chi_\mathrm{A}T} = 2.828(\chi_\mathrm{A}T)^{1/2} \quad \mu_\mathrm{B} \tag{1.7}$$

以後磁気モーメントというときは有効磁気モーメントをさす．

これまでは物質は磁気的に等方的なものとして扱ってきた．しかし多くの物質は単結晶では異方性を示す．結晶が斜方晶形であるときは三つの異なる主磁化率 χ_x, χ_y, χ_z が定義される．結晶が軸対称であるときは，分子軸に平行方向の磁化率 $\chi_\parallel$ と直角方向の磁化率 $\chi_\perp$ が定義される．$\chi_\parallel=\chi_z$, $\chi_\perp=\chi_x=\chi_y$ である．しかし，試料を粉末にして測定するときには平均磁化率 χ_ave を求めることになる．

$$\chi_{\text{ave}} = \frac{\chi_x + \chi_y + \chi_z}{3}$$

このとき平均磁気モーメントは $\mu_{\text{ave}} = [(\mu_x{}^2 + \mu_y{}^2 + \mu_z{}^2)/3]^{1/2}$ となることに注意されたい．

1.3 常磁性磁化率の一般式—Van Vleck の式

常磁性は，原子のエネルギーが磁場中で変化することに起因している．常磁性磁化率の式を導くには，問題にしている原子を磁場に置いたときのエネルギー準位を知って，それら準位への熱分布 (Boltzmann 分布) を考慮する．磁化率の一般式を誘導しよう[2]．

原子を磁場に置くとき，準位 i のエネルギーは一般に磁場の級数で次のように表される．

$$W_i = W_i^{(0)} + W_i^{(1)}H + W_i^{(2)}H^2 + \cdots \tag{1.8}$$

$W_i^{(0)}$ は磁場がないときのエネルギーで，$W_i^{(1)}H$ と $W_i^{(2)}H^2$ はそれぞれ 1 次および 2 次 Zeeman エネルギーである．$W_i^{(1)}$ および $W_i^{(2)}$ を 1 次および 2 次 Zeeman 係数という．すぐにわかることであるが，磁場 H について 3 次以上の項は考える必要はない．

1 個の常磁性原子の磁化の強さは式 (1.4) から

$$I_i = -\frac{\partial W_i}{\partial H} = -W_i^{(1)} - 2W_i^{(2)}H \tag{1.9}$$

また磁化率は $\chi_i = I_i/H$ である．

N 個 (1 モル) の原子について異なるエネルギー準位 W_i への Boltzmann 分布をとると

$$\chi_{\text{A}} = \frac{(N/H)\sum_i[-W_i^{(1)} - 2W_i^{(2)}H]\exp(-W_i/kT)}{\sum_i \exp(-W_i/kT)} \tag{1.10}$$

通常の磁場では 1 次 Zeeman 効果による分裂はたかだか数波数にすぎない．1 kT は 0.7 cm^{-1} に相当するから，室温の熱エネルギーは約 200 cm^{-1} である．

したがって，高い温度においては1次Zeeman効果による分裂は熱エネルギー kT に比べて小さい．すなわち $W_i^{(1)} \ll kT$ である．

この条件が成り立つときは $\exp(-W_i^{(1)}/kT)=1-W_i^{(1)}/kT$ とおけるから式(1.8)を用いて

$$\exp\left(-\frac{W_i}{kT}\right)=\exp\left[\frac{-W_i^{(0)}-W_i^{(1)}H-W_i^{(2)}H^2-\cdots}{kT}\right]$$
$$=\exp\left(-\frac{W_i^{(0)}}{kT}\right)\left[\left(1-\frac{HW_i^{(1)}}{kT}\right)\left(1-\frac{H^2W_i^{(2)}}{kT}\right)(\cdots)\right]$$

よって式(1.10)は

$$\chi_A=\frac{(N/H)\sum_i[-W_i^{(1)}-2W_i^{(2)}H][\exp(-W_i^{(0)}/kT)][1-W_i^{(1)}H/kT][1-W_i^{(2)}H^2/kT]}{\sum_i[\exp(-W_i^{(0)}/kT)][(1-W_i^{(1)}H/kT)][(1-W_i^{(2)}H^2/kT)]}$$

これを展開して，常磁性磁化率は磁場に依存しないことがわかっているので H を含む項を無視すると

$$\chi_A=\frac{N\sum_i(W_i^{(1)2}/kT-2W_i^{(2)})\exp(-W_i^{(0)}/kT)}{\sum_i\exp(-W_i^{(0)}/kT)} \tag{1.11}$$

これはVan Vleckの式とよばれている．式(1.11)からわかるように，磁化率は $W_i^{(0)}$, $W_i^{(1)}$ および $W_i^{(2)}$ に関係している．一般に1次Zeemanエネルギー $W_i^{(1)}H$ は $W_i^{(0)}$ に比べて小さく，2次Zeemanエネルギー $W_i^{(2)}H^2$ は $W_i^{(1)}H$ に比べて小さい．

1.4 Van Vleckの式の一般化

Van Vleckの式は特別な場合には単純化することができる．これを行うには第2章および第3章で詳しく説明する1次および2次Zeeman効果の結果を用いる．1次Zeeman係数と2次Zeeman係数は次のタイプの積分である．

$$W_i^{(1)}=\int\psi_i^*\boldsymbol{\mu}\psi_i\mathrm{d}\tau$$

$$W_i^{(2)}=\frac{\int\psi_i^*\boldsymbol{\mu}\psi_j\mathrm{d}\tau\int\psi_j^*\boldsymbol{\mu}\psi_i\mathrm{d}\tau}{W_i^{(0)}-W_j^{(0)}}$$

ここで ψ_i はゼロ磁場では縮重している準位 i の波動関数で，$\boldsymbol{\mu}$ は磁気モーメント演算子である．$W_i^{(1)}$ がゼロにならないときは，準位 i は $g\beta H$ の等しい間隔でいくつかの成分に分裂する．磁化率はこれら分裂した成分に熱分布することから生じる．もし 2 次の Zeeman 係数 $W_i^{(2)}$ がゼロでないときは，i 準位と j 準位の波動関数の混じりあい (相互作用) が起こる．2 次 Zeeman 効果は i の準位のエネルギーを下げ，j の準位を等しいエネルギーだけ上げるが，縮重は解けない．$W_i^{(0)}-W_j^{(0)}$ は負であるから $W_i^{(2)}$ は負で，式 (1.11) からわかるように 2 次 Zeeman 効果は磁化率には正に寄与する．

以上を念頭において，特別な場合について Van Vleck の式の一般化を行う．

1.4.1 ただ一つの縮重したエネルギー準位があるとき

このとき相互作用する励起準位はないから $W_i^{(2)}=0$ である．$W_i^{(0)}$ をエネルギーゼロ基準にとると $\exp(-W_i^{(0)}/kT)=1$ であるから式 (1.11) は次のようになる．

$$\chi_{\mathrm{A}} = \frac{N\sum_i W_i^{(1)2}/kT}{n} \tag{1.12}$$

ここで n は軌道の縮重度である．$\sum_i W_i^{(1)2}$ は定数であるから，式 (1.12) は次のように書ける．

$$\chi_{\mathrm{A}} = \frac{C}{T} \tag{1.13}$$

これは Curie 則とよばれる．C は Curie 定数である．Curie 則が成り立つときは式 (1.7) から $\mu=2.828(C)^{1/2}$ となる．すなわち，有効磁気モーメントは温度に依存しない．温度に対して $1/\chi_{\mathrm{A}}$ をプロットすると，傾きが $1/C$ で原点を通る直線となる．Curie 則は多くの金属錯体で近似的には当てはまることが知られている．ただし，遷移金属錯体でただ一つのエネルギー準位をもつものはないので，Curie 則が成り立つからといって特別な意味はない．

1.4.2 基底準位は非縮重で縮重した準位が $\gg kT$ にあるとき

基底準位 i は非縮重（1 重縮重）であるから $W_i^{(1)}=0$ である．$W_i^{(0)}$ をエネルギーのゼロ基準にとると $\exp(-W_i^{(0)}/kT)=1$ である．さらに $W_j^{(0)}\gg kT$（j 準位は熱分布されない）であるから $\exp(-W_j^{(0)}/kT)\fallingdotseq 0$ とおける．したがって式(1.11)は次のように単純化される．

$$\chi_A = N\sum_i(-2W_i^{(2)})$$

この場合には磁化率は一定値となる．$W_i^{(2)}$ は負の値であるから磁化率には常磁性に寄与する．これは温度に依存しない常磁性（TIP : temperature-independent paramagnetism）とよばれている．TIP を $N\alpha$ と表すのが慣例となっている．

不対電子をもたない MnO_4^- や CrO_4^{2-} が小さな常磁性を示すのは，この温度に依存しない常磁性のためである．一般に $W_i^{(0)}-W_j^{(0)}$ は大きいので TIP は $\sim 100\times 10^{-6}\,cm^3\,mol^{-1}$ 程度であるが，もっと大きな値になることがある．

1.4.3 基底準位は縮重していて励起準位が $\gg kT$ にあるとき

この場合は上に述べた二つの磁気的挙動を合わせたものになる．

$$\chi_A = \frac{C}{T}+N\alpha \tag{1.14}$$

$N\alpha$ は小さい値であるから低温域では Curie 則が成り立ち，$1/\chi_A$ を T に対し

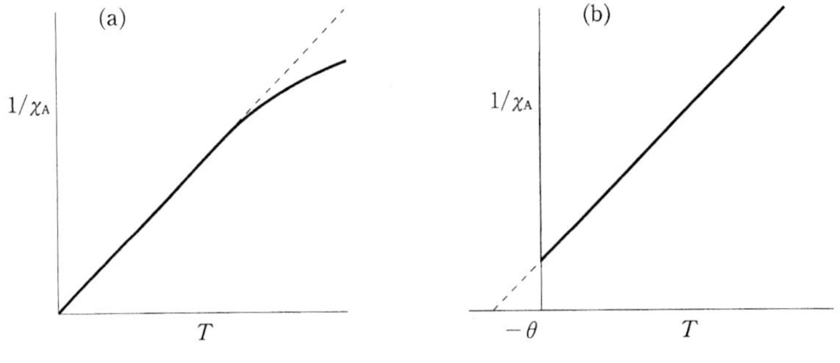

図 1.1 正八面体および正四面体錯体に現れる磁気挙動
(a) $\chi_A=C/T+N\alpha$　(b) $\chi_A=C/(T+\theta)$

てプロットすると原点を通る直線となる．しかし $N\alpha$ が存在するために高温域では直線からのずれがみられる．この様子を図 1.1 (a) に示した．$N\alpha$ の値は $1/(\chi_A - N\alpha)$ vs. T プロットが直線になるように磁化率から一定値を差し引くことで見積もることができる．磁気モーメントは高温域でわずかな増大傾向を示すものの温度には依存しない．

ここで述べた磁気的挙動は，正八面体 (O_h) または正四面体 (T_d) 錯体で基底結晶場項が A または E となる場合に実際に現れる．このことについてはあとで詳しく述べる．

1.4.4 基底準位が縮重していて縮重した励起準位に熱分布があるとき

この場合 $W_i^{(0)}=0$ すなわち $\exp(-W_i^{(0)}/kT)=1$ とおくことができるが，励起準位に熱分布があるために Van Vleck 式を単純化することはできない．磁化率は複雑な温度依存性を示すことになるが，しばしば Curie-Weiss の式 (1.15) に従うことが知られている．

$$\chi_A = \frac{C}{T+\theta} \tag{1.15}$$

θ は定数で Weiss 定数とよばれている．$1/\chi_A$ を温度に対してプロットすると直線となるが，原点ではなく $T=-\theta$ で温度軸と交わる (図 1.1 (b))．

Weiss 定数の符号についてはしばしば混乱がみられるので注意を要する．Weiss 定数は反強磁性の分子場近似において導入されたものである．十分に高い温度においては強磁性体および反強磁性体の磁化率は Curie-Weiss 則に従うことが知られている．式 (1.15) を適用すると強磁性体においては θ の符号は負，反強磁性体においては正となる．θ の符号は $\chi_A = C/(T-\theta)$ の関係式を用いると逆になる．両方の式が用いられているのが混乱の原因である．Curie-Weiss プロットを行うときは，どちらの式を用いるかを示すべきである．

多核金属錯体では θ の符号と磁気的相互作用 (強磁性的・反強磁性的) の間にはっきりした対応関係がある．しかし，θ がゼロでないからといって金属イオン間に相互作用が働いていることにはならない．

ここで述べた磁気的挙動は，T 項を基底とする遷移金属錯体に実際にみられる．T 項はスピン軌道相互作用で $\sim 10^2\ \mathrm{cm}^{-1}$ 幅の成分に分裂し，これに熱分布が起こるために磁気モーメントは複雑な温度依存を示す．このことについてはあとで詳しく説明する．

引用文献

1) 日本化学会編，新実験化学講座 3 巻基礎技術 2 磁気，丸善 (1975)，第 2 章および第 3 章．
2) J. H. Van Vleck, *Electric and Magnetic Susceptibilities*, Oxford University Press (1932).

2
自由イオン

2.1 はじめに

我々の目的は遷移金属錯体の磁気的性質を理解することにある．そのためには次の Schrödinger 方程式 (2.1) を解いて，波動関数とエネルギーを知る必要がある．

$$\mathscr{H}\psi = E\psi \tag{2.1}$$

ここで完全なハミルトニアン演算子は次のように表される．

$$\mathscr{H} = -\sum_i \frac{h^2}{8\pi^2 m}\nabla_i{}^2 - \sum_i \frac{Ze^2}{r_i} + \sum_{j>i} \frac{e^2}{r_{ij}} + V_L + \sum \zeta \boldsymbol{l}_i \boldsymbol{s}_i + \boldsymbol{\mu} H \tag{2.2}$$

最初の項から順に

① 電子の運動エネルギー

② 原子核と電子の引力によるポテンシャルエネルギー

③ 電子間反発

④ 結晶場ポテンシャル

⑤ スピン軌道結合

⑥ 電子と磁場の相互作用

この問題を解くのは容易ではない．そこで近似解を求めるために摂動法が用いられる．摂動法ではまず式 (2.3) を演算子として自由イオン項の波動関数とエネルギーを求める．

$$\mathscr{H} = -\sum_i \frac{h^2}{8\pi^2 m}\nabla_i{}^2 - \sum_i \frac{Ze^2}{r_i} + \sum_{j>i} \frac{e^2}{r_{ij}} \tag{2.3}$$

次に結晶場ポテンシャル，スピン軌道結合，磁場の効果を順次小さな摂動として扱う．

2.2 自由イオンの項

n 電子系の自由イオンのエネルギー準位は，全軌道角運動量量子数 L と全スピン角運動量量子数 S で決まる．閉殻にある電子はエネルギーを等しく押し上げる効果をもつが，エネルギー項の決定には関係しない．ある電子配置に対して L (最大の $\sum m_{li}$) と S (最大の $\sum m_{si}$) は容易にわかる．与えられた L と S に対して許される M_L と M_S は

$$M_L = L, (L-1), \cdots, -L$$

$$M_S = S, (S-1), \cdots, -S$$

ここで $L=0, 1, 2, 3, 4, \cdots$ の場合を $S, P, D, F, G, \cdots$ と表し，左肩にスピン多重度 $2S+1$ を示す．特定の L と S で規定される状態を項 (term) という．

議論を不完全 d 核について進める．d^1 の場合には $m_l\,(+2, +1, 0, -1, -2)$ と $m_s\,(+1/2, -1/2)$ についてエネルギーの等しい 10 の組合せがある．この場合の L は 2 であり，S は 1/2 である．したがって d^1 の 10 に縮重した状態は ^2D 項に属する．

2 個以上の d 電子があるときには，すべての電子に対する合成角運動量を導く必要がある．それには次の結合を考慮しなければならない．

$$\boldsymbol{s}_i\boldsymbol{s}_k, \quad \boldsymbol{l}_i\boldsymbol{l}_k, \quad \boldsymbol{s}_i\boldsymbol{l}_i$$

$\boldsymbol{s}_i\boldsymbol{s}_k$ は異なる電子のスピン角運動量ベクトルの結合であり，合成スピン角運動量が最大のとき (電子のスピンが平行のとき) が最も安定となる．これは Hund の第 1 法則である．

$\boldsymbol{l}_i\boldsymbol{l}_k$ は異なる電子の軌道角運動量ベクトルの結合で，$\boldsymbol{l}$ ベクトルが平行に並んで最大の軌道角運動量ベクトルを与えるときが最も安定である．これは Hund の第 2 法則である．

$\boldsymbol{s}_i\boldsymbol{l}_i$ は同一電子の軌道およびスピン角運動量の結合である．

原子またはイオンの合成角運動量は，上に述べた結合（相互作用）の相対的な大きさを考慮して決められる．よく現れるケースとして次の二つがある．

$\boldsymbol{s}_i\boldsymbol{s}_k > \boldsymbol{l}_i\boldsymbol{l}_k > \boldsymbol{s}_i\boldsymbol{l}_i$ （LS 結合または Russell-Saunders 結合）

$\boldsymbol{s}_i\boldsymbol{l}_i > \boldsymbol{s}_i\boldsymbol{s}_k > \boldsymbol{l}_i\boldsymbol{l}_k$ （j-j 結合）

LS 結合は $3d^n$ および $4d^n$ 電子配置に当てはまる．$5d^n$ 電子配置では LS 結合と j-j 結合の中間に相当することがわかっている．j-j 結合が適用できることがはっきりしているのは希土類元素であるが，$4f$ 錯体の磁性は遷移金属元素の錯体ほどには興味がない．その理由は，$4f$ 軌道が $5s$ および $5p$ 殻によって遮蔽されていて，磁気的性質は構造を反映しないからである．

ここでは LS 結合について説明する．まず個々の $\boldsymbol{s}$ ベクトルの結合から合成ベクトル $\boldsymbol{S}$ を求める．個々の $\boldsymbol{s}$ ベクトルの磁場方向の成分 m_{si} と $\boldsymbol{S}$ の磁場方向の成分 M_S の間には $M_S = \sum m_{Si}$ の関係がある．$m_s = +1/2$ または $-1/2$ であるから，合成スピン量子数 S は整数または半整数となる．

次に $\boldsymbol{l}$ ベクトルの結合から合成ベクトル $\boldsymbol{L}$ を求める．ここでも個々の $\boldsymbol{l}$ ベクトルの磁場方向の成分 m_{li} と $\boldsymbol{L}$ の磁場方向の成分 M_L の間には $M_L = \sum m_{li}$

表 2.1 d^2 電子配置の 45 の ϕ 関数

M_L ＼ M_S	1	0	−1
4		$\phi(2^+;2^-)$	
3	$\phi(2^+;1^+)$	$\phi(2^+;1^-)$, $\phi(2^-;1^+)$	$\phi(2^-;1^-)$
2	$\phi(2^+;0^+)$	$\phi(2^+;0^-)$, $\phi(2^-;0^+)$	$\phi(2^-;0^-)$
		$\phi(1^+;1^-)$	
1	$\phi(2^+;-1^+)$	$\phi(2^+;-1^-)$, $\phi(2^-;-1^+)$	$\phi(2^-;-1^-)$
	$\phi(1^+;0^+)$	$\phi(1^+;0^-)$, $\phi(1^-;0^+)$	$\phi(1^-;0^-)$
0	$\phi(2^+;-2^+)$	$\phi(2^+;-2^-)$, $\phi(2^-;-2^+)$	$\phi(2^-;-2^-)$
	$\phi(1^+;-1^+)$	$\phi(1^+;-1^-)$, $\phi(1^-;-1^+)$	$\phi(1^-;-1^-)$
		$\phi(0^+;0^-)$	
−1	$\phi(1^+;-2^+)$	$\phi(1^+;-2^-)$, $\phi(1^-;-2^+)$	$\phi(1^-;-2^-)$
	$\phi(0^+;-1^+)$	$\phi(0^+;-1^-)$, $\phi(0^-;-1^+)$	$\phi(0^-;-1^-)$
−2	$\phi(0^+;-2^+)$	$\phi(0^+;-2^-)$, $\phi(0^-;-2^+)$	$\phi(0^-;-2^-)$
		$\phi(-1^+;-1^-)$	
−3	$\phi(-1^+;-2^+)$	$\phi(-1^+;-2^-)$, $\phi(-1^-;-2^+)$	$\phi(-1^-;-2^-)$
−4		$\phi(-2^+;-2^-)$	

の関係がある．

ある d^n 電子配置についてどのような項（LS の組合せ）が生じるかを示すことは難しいことではない．d^2 電子配置を例にとって説明する．電子 1 と 2 はそれぞれ $m_l=+2, +1, 0, -1, -2$, $m_s=+1/2, -1/2$ をとりうる．ただし Pauli の排他律によって二つの電子は同じ (m_l, m_s) をとることはできない．Pauli の排他律を考慮すると，d^2 電子配置には 45 の独立した $\phi(m_{l1}, m_{s1}; m_{l2}, m_{s2})$ がある．これを $M_L\,(=m_{l1}+m_{l2})$ および $M_S\,(=m_{s1}+m_{s2})$ についてまとめたのが表 2.1 である．ここで $m_s=+1/2$ と $m_s=-1/2$ は m_l の右肩に +, − で示している．

まず最大の $M_L=4$ についてみると $M_S=0$ のブロックに関数 $\phi(2^+; 2^-)$ がある．これは ${}^1G(L=4, S=0)$ に属するのは明白である．${}^1G$ は $M_L=+4, +3, \cdots, -3, -4$ をとるので $M_S=0$ の列から一つずつ関数を取り除くと次の表が残る．

M_L \ M_S	1	0	−1
3	$\phi(2^+; 1^+)$	$\phi(2^+; 1^-)$	$\phi(2^-; 1^-)$
2	$\phi(2^+; 0^+)$	$\phi(2^+; 0^-)$, $\phi(2^-; 0^+)$	$\phi(2^-; 0^-)$
1	$\phi(2^+; -1^+)$	$\phi(2^+; -1^-)$, $\phi(2^-; -1^+)$	$\phi(2^-; -1^-)$
	$\phi(1^+; 0^+)$	$\phi(1^+; 0^-)$	$\phi(1^-; 0^-)$
0	$\phi(2^+; -2^+)$	$\phi(2^+; -2^-)$, $\phi(2^-; -2^+)$	$\phi(2^-; -2^-)$
	$\phi(1^+; -1^+)$	$\phi(1^+; -1^-)$, $\phi(1^-; -1^+)$	$\phi(1^-; -1^-)$
−1	$\phi(1^+; -2^+)$	$\phi(1^+; -2^-)$, $\phi(1^-; -2^+)$	$\phi(1^-; -2^-)$
	$\phi(0^+; -1^+)$	$\phi(0^+; -1^-)$	$\phi(0^-; -1^-)$
−2	$\phi(0^+; -2^+)$	$\phi(0^+; -2^-)$, $\phi(0^-; -2^+)$	$\phi(0^-; -2^-)$
−3	$\phi(-1^+; -2^+)$	$\phi(-1^+; -2^-)$	$\phi(-1^-; -2^-)$

この表で最大の $M_L=3$ についてみると，$M_S=+1, 0, -1$ の各ブロックにそれぞれ一つの ϕ 関数がある．これは ${}^3F(L=3, S=1)$ の成分である．${}^3F$ は $M_S=+1, 0, -1$, $M_L=+3, \cdots, -3$ の組合せからなる合計 21 の状態が存在するから，相当するブロックから一つずつ ϕ 関数を差し引く．

M_S / M_L	1	0	−1
2		$\phi(2^+;0^-)$	
1	$\phi(2^+;-1^+)$	$\phi(2^+;-1^-)$, $\phi(2^-;-1^+)$	$\phi(2^-;-1^-)$
0	$\phi(2^+;-2^+)$	$\phi(2^+;-2^-)$, $\phi(2^-;-2^+)$ $\phi(1^+;-1^-)$	$\phi(2^-;-2^-)$
−1	$\phi(1^+;-2^+)$	$\phi(1^+;-2^-)$, $\phi(1^-;-2^+)$	$\phi(1^-;-2^-)$
−2		$\phi(0^+;-2^-)$	

残る表で最大の M_L は 2 で $M_S=0$ のところに一つの関数が残る．これは $^1D(L=2, S=0)$ の成分で，$M_L=+2, +1, 0, -1, -2$ の五つの状態が存在する．これを $M_S=0$ のカラムから差し引く．

M_S / M_L	1	0	−1
1	$\phi(2^+;-1^+)$	$\phi(2^+;-1^-)$	$\phi(2^-;-1^-)$
0	$\phi(2^+;-2^+)$	$\phi(2^+;-2^-)$, $\phi(2^-;-2^+)$	$\phi(2^-;-2^-)$
−1	$\phi(1^+;-2^+)$	$\phi(1^+;-2^-)$	$\phi(1^-;-2^-)$

残る表で最大の $M_L=1$ についてみると，$M_S=+1, 0, -1$ のブロックにそれぞれ一つの ϕ 関数があり，これは $^3P(L=1, S=1)$ に属する．^3P 項には M_S $(=+1, 0, -1)$ と M_L $(=+1, 0, -1)$ の組合せからなる合計九つの状態が存在するから，これを相当するブロックから差し引くと $M_L=0$, $M_S=0$ の枠にただ一つの関数が残る．これは $^1S(L=0, S=0)$ 項に属する．このようにして d^2 電子系では $^3F, {}^3P, {}^1G, {}^1D, {}^1S$ の原子項が存在することがわかる．

表 2.1 から ^1G の成分を差し引くとき，$M_S=0$ のカラムの各ブロックから任意に ϕ 関数を一つずつ取り除いた．同様に，順次 $^3F, {}^1D, {}^3P$ の成分を差し引くとき，相当するブロックから任意に ϕ 関数を取り除いた．これは項を捜す目的からは何ら問題ない．表 2.1 で (M_L, M_S) のブロックに一つだけ ϕ 関数があるときは，その ϕ 関数は自由イオン項のその (M_L, M_S) の波動関数である．たとえば $\phi(2^+;2^-)$ は ^1G 項の $M_L=4$, $M_S=0$ の波動関数である：$\Psi(^1G;M_L=4, M_S=0)=\phi(2^+;2^-)$．$(M_L, M_S)$ のブロックにある ϕ 関数の数は，異なる

項由来の波動関数がその数だけあることを示すものであるが，実際の波動関数はそのブロックの ϕ 関数の規格直交化された1次結合で与えられる．たとえば $(M_L=3, M_S=0)$ のブロックには二つの ϕ 関数があるが，これは ^1G と ^3F が同じ $(M_L=3, M_S=0)$ をもつことを意味するものである．実際の波動関数は ϕ 関数の1次結合で次のように与えられる．

$$\Psi(^1G\,;\,M_L=3, M_S=0)=\frac{1}{\sqrt{2}}[\phi(2^+\,;\,1^-)+\phi(2^-\,;\,1^+)]$$

$$\Psi(^3F\,;\,M_L=3, M_S=0)=\frac{1}{\sqrt{2}}[\phi(2^+\,;\,1^-)-\phi(2^-\,;\,1^+)]$$

電子の数が増えると多少面倒になるが，同様の方法で d^n 電子系の原子項を導くことができる．結果を表2.2にまとめた．

表からわかるように d^n と d^{10-n} 配置から同じ項が生じることがわかる．磁性の議論では一般にエネルギー最低の項が重要である．その理由は項の分裂は $\sim10^4\ \mathrm{cm}^{-1}$ であり，室温の熱エネルギー (約 $200\ \mathrm{cm}^{-1}$) に比べてはるかに大きいからである．どの項がエネルギー最低となるかは Hund の規則から容易にわかる．Hund の第1法則からスピン多重度が最大の項が最も安定である．もし，同じ最大スピン多重度の項が二つあるときは，Hund の第二法則から L が大きい項がより安定となる．たとえば，d^2 電子配置ではスピン最大多重度の項には ^3F と ^3P があるが，Hund の第2法則から ^3F がエネルギー最低となる．

表2.2 d^n 配置から生じる原子項

電子配置	項
d^1, d^9	^2D
d^2, d^8	$^3F, {}^3P, {}^1G, {}^1D, {}^1S$
d^3, d^7	$^4F, {}^4P, {}^2H, {}^2G, {}^2F, 2^2D, {}^2P$
d^4, d^6	$^5D, {}^3H, {}^3G, 2^3F, {}^3D, {}^2P, {}^1I, 2^1G, {}^1F, 2^1D, 2^1S$
d^5	$^6S, {}^4G, {}^4F, {}^4D, {}^4P, {}^2I, {}^2H, 2^2G, 2^2F, 3^2D, {}^2P, {}^2S$

エネルギー最低となる項が最初に与えてある．項の前の数字は同じ項がその数だけ現れることを意味する．

2.3 原子項のエネルギー

Hundの規則から自由イオンの基底項はわかるが，励起項の順序やエネルギーを知るには波動関数に基づいた計算を行う必要がある．この計算法を説明するのは本書の範囲を越えている．詳しい計算法は文献[1~3]を参照されたい．

項のエネルギーは電子間反発のパラメーターで表される．これにはRacahパラメーターとCondon-Shortleyパラメーターがあって，いずれの場合にもエネルギーを表すのに三つのパラメーターを必要とする．表2.3にd^2配置から生じる項のエネルギーを示した．

RacahパラメーターとCondon-Shortleyパラメーターには次の関係がある．

$$A = F_0 - 49F_4$$
$$B = F_2 - 5F_4$$
$$C = 35F_4$$

Racahパラメーターを用いると同じスピン多重度のエネルギー差がBだけで与えられる利点がある．たとえば，表2.3では$^3F-{}^3P$幅は$15B$である．さらに特定の電子配置についてはC/Bがほぼ一定であることもわかっている．

錯体ではBの値は自由イオンのものに比べて減少することが知られている．このことの効果についてはあとで述べる．

表 2.3 d^2配置から生じる項のエネルギー

項	エネルギー		基底項からのエネルギー差
	Condon-Shortley	Racah	
^3F	$F_0-8F_2-9F_4$	$A-8B$	0
^1D	$F_0-3F_2+36F_4$	$A-3B+2C$	$5B+2C$
^3P	$F_0+7F_2-84F_4$	$A+7B$	$15B$
^1G	$F_0+4F_2+F_4$	$A+4B+2C$	$12B+2C$
^1S	$F_0+14F_2+126F_4$	$A+14B+7C$	$22B+7C$

2.4 自由イオンのスピン軌道結合

1電子系についてスピン軌道相互作用 $(\boldsymbol{s}_i\boldsymbol{l}_i)$ で生じる準位を記述するには新しい量子数 j を用いる．j は l と s のベクトル和で表される．

$$\boldsymbol{j} = \boldsymbol{l}+\boldsymbol{s}$$

1電子系のスピン軌道結合演算子は

$$\boldsymbol{H}_{ls} = \zeta(r)\boldsymbol{ls}$$

波動関数 $\Psi(n, l, s, j)$ で記述される電子のスピン軌道相互作用によるエネルギーは次式で与えられる．

$$\begin{aligned} E(n, l, s, j) &= \zeta_{n,l}\int\psi(n, l, s, j)^*\boldsymbol{ls}\psi(n, l, s, j)\mathrm{d}\tau \\ &= \frac{\zeta_{n,l}}{2}[j(j+1)-l(l+1)-s(s+1)] \end{aligned} \tag{2.4}$$

$\zeta_{n,l}$ は1電子スピン軌道結合定数で正の値である．

1電子系では $m_s=\pm1/2$ であるから $j=l\pm1/2$ の二つの状態があり，エネルギー差は $(l+1/2)\zeta_{n,l}$ である．

多電子系ではスピン軌道相互作用の演算子は1電子演算子の和で与えられる．

$$\boldsymbol{H}' = \sum_i\zeta(r_i)\boldsymbol{l}_i\boldsymbol{s}_i \tag{2.5}$$

この演算子を $\Psi(J, L, S)$ で規定される項のエネルギー計算に適用できる形に変換する必要がある．Condon-Shortley によって次の関係が示されている．

$$\begin{aligned} E(J, L, S) &= \int\Psi(J, L, S)^*\boldsymbol{H}'\Psi(J, L, S)\mathrm{d}\tau \\ &= \lambda\int\Psi(J, L, S)^*\boldsymbol{LS}\Psi(J, L, S)\mathrm{d}\tau \end{aligned} \tag{2.6}$$

λ は (L, S) で規定される項に特有のスピン軌道結合定数である．$\boldsymbol{J}=\boldsymbol{L}+\boldsymbol{S}$ の関係を用いると

$$E(J, L, S)=\frac{\lambda}{2}[J(J+1)-L(L+1)-S(S+1)] \tag{2.7}$$

ここで J のとりうる値は

$$J=L+S, L+S-1, \cdots, |L-S|$$

であり，$L>S$ のときは $2L+1$ の J 準位が，$L<S$ のときは $2S+1$ の J 準位がある．$J+1$ 準位と J 準位のエネルギー差は $\lambda(J+1)$ で与えられる．これを Lande の間隔則という．

λ は $\zeta_{n,l}$ と次の関係がある．

$$\lambda=\frac{\zeta_{n,l}}{2S} \qquad (\text{殻が半充塡以下のとき})$$
$$\lambda=-\frac{\zeta_{n,l}}{2S} \qquad (\text{殻が半充塡以上のとき}) \tag{2.8}$$

$\zeta_{n,l}$ は正の値であるが λ は電子配置によって符号が変わる．このことは，スピン軌道相互作用によって分裂する準位のエネルギー順序が d^n と d^{10-n} 電子配置で逆転することを意味する．例として d^2 および d^8 電子配置の ^3F についてスピン軌道相互作用による分裂をみてみよう (図 2.1)．^3F は $L=3$, $S=1$ であるから $J=4, 3, 2$ が生じ，そのエネルギーは式 (2.7) からそれぞれ 3λ, $-\lambda$, -4λ と求められる．d^2 電子配置のときは $\lambda>0$ であるから $J=2$ が最低エネルギーで，d^8 電子配置のときは $\lambda<0$ であるから $J=4$ が最低エネルギーとなる．第 1 遷移金属イオンの $\zeta_{n,l}$ と λ の値を表 2.4 に示した．

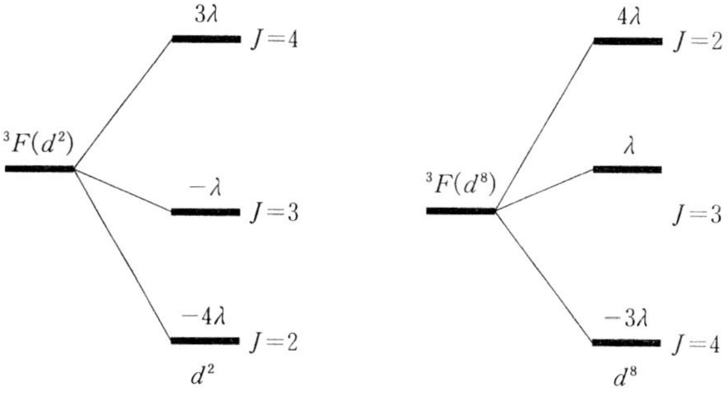

図 2.1 $^3F(d^2)$ と $^3F(d^8)$ のスピン軌道相互作用による分裂

表 2.4 第 1 遷移金属イオンのスピン軌道結合定数/cm^{-1}

イオン	d 電子数	ζ	弱い正八面体場		強い正八面体場		弱い正四面体場	
			基底項	λ	基底項	λ	基底項	λ
Ti^{3+}	1	155	$^2T_{2g}$	+155	$^2T_{2g}$	+155	^2E	+155
V^{3+}	2	210	$^3T_{1g}$	+105	$^3T_{1g}$	+105	$^3A_2$	+105
V^{2+}	3	170	$^4A_{2g}$	+57	$^4A_{2g}$	+57	$^4T_1$	+57
Cr^{3+}	3	275	$^4A_{2g}$	+92	$^4A_{2g}$	+92	$^4T_1$	+92
Cr^{2+}	4	230	^5E_g	+58	$^3T_{1g}$	−115	$^5T_2$	+58
Mn^{3+}	4	355	^5E_g	+89	$^3T_{1g}$	−178	$^5T_2$	+89
Mn^{2+}	5	300	$^6A_{1g}$	—	$^2T_{2g}$	−300	$^6A_1$	—
Fe^{3+}	5	460	$^6A_{1g}$	—	$^2T_{2g}$	−460	$^6A_1$	—
Fe^{2+}	6	400	$^5T_{2g}$	−100	$^1A_{1g}$	—	^5E	−100
Co^{3+}	6	580	$^5T_{2g}$	−145	$^1A_{1g}$	—	^5E	−145
Co^{2+}	7	515	$^4T_{1g}$	−172	^2E_g	−515	$^4A_2$	−172
Ni^{3+}	7	715	$^4T_{1g}$	−238	^2E_g	−715	$^4A_2$	−238
Ni^{2+}	8	630	$^3A_{2g}$	−315	$^3A_{2g}$	−315	$^3T_1$	−315
Cu^{2+}	9	830	^2E_g	−830	^2E_g	−830	$^2T_2$	−830

2.5 自由イオンの磁気モーメント

自由イオン項の有効磁気モーメントは次式で与えられる.

$$\mu=[L(L+1)+4S(S+1)]^{1/2}\quad \mu_B \tag{2.9}$$

この関係式を誘導することは Van Vleck の式の理解に役立つであろう.

すでに述べたように 1 次 Zeeman エネルギーは $\int\psi_i{}^*\boldsymbol{\mu}\psi_i d\tau$ 型の積分である. ψ_i は基底項の準位 i の波動関数である. 等方的な場合を仮定すると $\boldsymbol{\mu}_x=\boldsymbol{\mu}_y=\boldsymbol{\mu}_z$ であるから磁気モーメント演算子としては $\boldsymbol{\mu}_z$ を用いればよい.

$$\boldsymbol{\mu}_z=(\boldsymbol{L}_z+2\boldsymbol{S}_z)\beta H \tag{2.10}$$

第 4 章で詳しく述べるが, 1 次 Zeeman エネルギーは

$$\begin{aligned}&\int\psi_i{}^*(M_L, M_S)\boldsymbol{\mu}_z\psi_i(M_{L'}, M_{S'})d\tau\\ &=(M_L+2M_S)\beta H \qquad (M_L=M_{L'}\text{ および }M_S=M_{S'}\text{ のとき})\\ &=0 \qquad (M_L\neq M_{L'}\text{ または }M_S\neq M_{S'}\text{ のとき})\end{aligned} \tag{2.11}$$

1 次 Zeeman 係数は $(M_L+2M_S)\beta$ である.

量子数(L, S)の自由イオンが磁場に置かれると，式(2.11)によって(M_L, M_S)で規定されるエネルギー準位に分裂する．ここでM_Lのとりうる値は$L, L-1, \cdots, -L$であり，M_Sのとりうる値は$S, S-1, \cdots, -S$である．

Van Vleckの式を適用するにあたって，2次Zeeman効果を無視すると，

$$\chi_A = \frac{N\sum_i (W_i^{(1)2}/kT)}{\sum_i \exp(-W_i^{(0)}/kT)} \tag{2.12}$$

$W_i^{(0)}$をエネルギーゼロにおくと分母は準位の数に等しい．

$$\sum_i \exp(-W_i^{(0)}/kT) = (2L+1)(2S+1) \tag{2.13}$$

分子は

$$\sum_i \frac{W_i^{(1)2}}{kT} = \frac{\beta^2}{kT}\left[\begin{array}{l} [L+2S]^2+[(L-1)+2S]^2+\cdots+[(-L)+2S]^2 \\ +[L+2(S-1)]^2+\cdots\cdots\cdots\cdots+[(-L)+2(S-1)]^2 \\ +[L+2(S-2)]^2+\cdots\cdots\cdots\cdots+[(-L)+2(S-2)]^2 \\ \quad\vdots \\ +[L+2(-S)]^2+\cdots\cdots\cdots\cdots\cdots+[(-L)+2(-S)]^2 \end{array}\right] \tag{2.14}$$

これを整理すると

$$\begin{aligned}\sum_i \frac{W_i^{(1)2}}{kT} = \frac{\beta^2}{kT}\times\{&2(2S+1)[L^2+(L-1)^2+\cdots\cdots+0^2] \\ &+2(2L+1)[4S^2+4(S-1)^2+\cdots\cdots+4\times 0^2]\}\end{aligned} \tag{2.15}$$

$S_n = n^2+(n-1)^2+\cdots\cdots+0^2 = n(n+1)(2n+1)/6$の関係を用いると

$$\sum_i \frac{W_i^{(1)2}}{kT} = \frac{2\beta^2}{6kT}\{(2S+1)L(L+1)(2L+1)+4(2L+1)S(S+1)(2S+1)\} \tag{2.16}$$

式(2.13)と(2.16)を式(2.12)に代入すると

$$\begin{aligned}\chi_A &= \frac{2N\beta^2}{6kT}\left\{\frac{L(L+1)(2S+1)(2L+1)+4S(S+1)(2L+1)(2S+1)}{(2S+1)(2L+1)}\right\} \\ &= \frac{N\beta^2}{3kT}[L(L+1)+4S(S+1)]\end{aligned}$$

式(1.6)の関係を用いると磁気モーメントは

$$\mu = [L(L+1)+4S(S+1)]^{1/2} \quad \mu_B$$

スピン軌道結合があるときは有効磁気モーメントは

$$\mu = g[J(J+1)]^{1/2} \quad \mu_B$$

ここで

$$g = \frac{3}{2} + \frac{S(S+1)-L(L+1)}{2J(J+1)} \tag{2.17}$$

この式の誘導については巻末の文献[3]を参照されたい．

2.6 軌道角運動量の消滅

第1遷移金属の自由イオン項について式(2.9)から求められる磁気モーメントを表2.5に与えた．表には式(2.18)から計算した値と，実測された磁気モーメントも与えてある．

$$\mu_{SO} = [4S(S+1)]^{1/2} \tag{2.18}$$

式(2.18)は式(2.9)で $L=0$ とおいて導かれる．これはスピンオンリーの式といわれる．

d^5 電子配置のときは $L=0$ であるから式(2.9)と式(2.18)は同じ結果を与える．実測された磁気モーメントは自由イオンに予想される値よりも一般に小さく，スピンオンリーの値に近いことがわかる．このことは，自由イオンの軌道角運動量の一部または全部が，錯体を形成することによって消滅することを意味している．軌道角運動量が消滅する理由はあとで説明するとして，軌道の

表 2.5　第1遷移金属イオンの自由イオン項の磁気モーメント (μ_B) と実測値

d 電子数	自由イオンの基底項	$\mu=[L(L+1)+4S(S+1)]^{1/2}$	$\mu=[4S(S+1)]^{1/2}$	実測値 (300 K)
1	^2D	3.00	1.73	1.7-1.8
2	^3F	4.47	2.83	2.8-2.9
3	^4F	5.20	3.87	3.7-3.9
4	^5D	5.48	4.90	4.8-5.0
5	^6S	5.92	5.92	5.8-6.0
6	^5D	5.48	4.90	5.1-5.7
7	^4F	5.20	3.87	4.3-5.2
8	^3F	4.47	2.83	2.9-3.9
9	^2D	3.00	1.73	1.7-2.2
10	^1S	0.00	0.00	0

寄与について定性的に述べておこう．

軌道角運動量はある一つの軌道が軸のまわりの回転によって他の軌道に変換することと関係している．そのような変換が可能となるには，軌道は縮重していて異なる数の電子をもつ必要がある．もし双方の軌道に同じ数の電子があるときは，回転によって変換されたことにはならない．回転による軌道変換の例として，d_{xy} 軌道は z 軸まわりの 45° の回転で $d_{x^2-y^2}$ に変換される：$(d_{xy})^2(d_{x^2-y^2})^1 \rightarrow (d_{x^2-y^2})^2(d_{xy})^1$．同様に d_{xz} 軌道は z 軸まわりの 90° の回転で d_{yz} に変換される：$(d_{xz})^1(d_{yz})^0 \rightarrow (d_{yz})^1(d_{xz})^0$．このことは z 軸まわりを電子が回転していることと同等である．このほかに d_{xy}, d_{yz}, d_{xz} 軌道は 3 回軸のまわりの回転で互いに変換される．自由イオンの軌道角運動量は上に述べた軌道の変換から生じる．

正八面体結晶場では五つの d 軌道は $t_{2g}(d_{xy}, d_{xz}, d_{yz})$ 軌道と $e_g(d_{z^2}, d_{x^2-y^2})$ 軌道の二つの組に分裂する．四面体結晶場においても $t_2(d_{xy}, d_{xz}, d_{yz})$ と $e(d_{z^2}, d_{x^2-y^2})$ の組に分裂する．金属錯体では d_{xy} 軌道と $d_{x^2-y^2}$ 軌道は異なるエネルギーの組に属するから，この二つの軌道に関係した軌道角運動量は消滅する．しかし d_{xy}, d_{xz}, d_{yz} 軌道は同じ組に属するから，これら軌道に関係した軌道角運動量は金属錯体でも消えることはない．結論として，正八面体 (O_h) および正四面体 (T_d) 錯体で $t_2^1, t_2^2, t_2^4, t_2^5$ 配置のときに軌道の寄与がある．

表 2.6 には $d^1 \sim d^9$ 電子配置について，正八面体および正四面体対称場で生じる結晶場基底項と軌道角運動量の関係をまとめた．

表 2.6 の結晶場項については第 3 章で述べる．ここでは T 項が基底のときだけに軌道の寄与が残り，A_1, A_2 および E 項では軌道の寄与が消滅することを指摘しておく．

1 個の電子のスピンは $S=1/2$ であるから，n 個の不対電子については $S=n/2$ である．これを式 (2.18) に代入して

$$\mu_{so} = [n(n+2)]^{1/2} \quad \mu_B \tag{2.19}$$

式 (2.19) を用いると測定された磁気モーメントから不対電子の数を知ることができる．

表 2.6　d^n 電子配置の正八面体および正四面体錯体と軌道角運動量の関係

d 電子数	自由イオン項	正八面体錯体			正四面体錯体		
		基底電子配置	基底結晶場項	軌道の寄与	基底電子配置	基底結晶場項	軌道の寄与
1	^2D	t_{2g}^1	$^2T_{2g}$	あり	e^1	^2E	なし
2	^3F	t_{2g}^2	$^3T_{1g}$	あり	e^2	$^3A_2$	なし
3	^4F	t_{2g}^3	$^4A_{2g}$	なし	$e^2t_2^1$	$^4T_1$	あり
4	^5D	$t_{2g}^3e_g^1$	^5E_g	なし	$e^2t_2^2$	$^5T_2$	あり
		t_{2g}^4	$^3T_{1g}$	あり			
5	^6S	$t_{2g}^3e_g^2$	$^6A_{1g}$	なし	$e^2t_2^3$	$^6A_1$	なし
		t_{2g}^5	$^2T_{2g}$	あり			
6	^5D	$t_{2g}^4e_g^2$	$^5T_{2g}$	あり	$e^3t_2^3$	^5E	なし
		t_{2g}^6	$^1A_{1g}$	なし			
7	^4F	$t_{2g}^5e_g^2$	$^4T_{1g}$	あり	$e^4t_2^3$	$^4A_2$	なし
		$t_{2g}^6e_g^1$	^2E_g	なし			
8	^3F	$t_{2g}^6e_g^2$	$^3A_{2g}$	なし	$e^4t_2^4$	$^3T_1$	あり
9	^2D	$t_{2g}^6e_g^3$	^2E_g	なし	$e^4t_2^5$	$^2T_2$	あり

引用文献

1) C. J. Ballhausen, *Introduction to Ligand Field Theory*, McGraw-Hill (1962).
2) B. N. Figgis, *Introduction to Ligand Fields*, Interscience (1966).
3) H. L. Schläfer and G. Gliemann, *Basic Principles of Ligand Field Theory*, Wiley-Interscience (1969).

3
結晶場の理論

3.1 はじめに

遷移金属化合物の磁気的性質を理解するには結晶場理論あるいは配位子場理論の知識が不可欠であるが，これを詳しく解説するのはこの本の範囲を越えている．優れた配位子場理論のテキストを第2章の文献[1~3]にあげた．

Betheによって発展させられた結晶場の理論は，配位子を点電荷とみなして中心イオンに及ぼす静電ポテンシャルの効果を扱うものである．完全にイオン結合の金属錯体はありえないから，結晶場理論を用いるときの弱点となっている．配位子場理論は，錯体の結合と電子構造を分子軌道法で考察するもので，結晶場理論よりも優れているに違いないが，厳密な計算を行うのは容易ではない．たとえば，結晶場分裂パラメーター Dq を半経験的方法で計算してみても，最も簡単な d^1 電子系についてすら満足のいく結果は得られていない．実際のところ，結晶場理論を用いて Dq や電子間反発パラメーター B，スピン軌道結合定数 λ などをパラメーターとして扱うと，実験結果をみごとに説明できることがわかっている．また共有結合性に対する補正も行うことができる．

3.2 球対称結晶場

この章では自由イオンを正八面体 (O_h) または正四面体 (T_d) 対称場に置くとき，どのような結晶場項が生じるかを考察する．それには電子間反発と結晶場の強さの相対的な大きさを知る必要がある．これ以外にもスピン軌道相互作用を摂動として考慮しなければならないが，d 電子系のスピン軌道相互作用は電子間反発や結晶場の効果に比べて小さいことがわかっている．したがって次の三つの近似がとられる．

① 弱結晶場近似：電子間反発の効果が結晶場の効果より大きい場合．すなわち，自由イオン項の分裂に比べて結晶場による分裂は小さい．

② 強結晶場近似：結晶場の効果が電子間反発の効果よりも大きい場合．この極限においては，$d^4 \sim d^7$ 電子系ではスピン対形成が起こる．スピン対形成が起こらなくても強結晶場近似が成り立つことを強調しておく．

③ 中間結晶場近似：電子間反発と結晶場の効果が同程度である場合．このときは二つの効果を同時に扱う必要がある．

3.3 弱結晶場近似

結晶場による自由イオン項の分裂は，群論を用いると容易に知ることができる．しかしここでは群論を用いずに話を進める．結晶場ポテンシャルは電子の軌道角運動量と相互作用する．S 項は $L=0$ であるから結晶場によって分裂しない．同様に P 項も球対称性結晶場で分裂しない．自由イオンの基底項としては，これ以外に D および F 項がある．この二つの自由イオン項が結晶場でどのように分裂するかを考察する．励起状態には G, H などの項もあるが磁性を論じるうえでは重要でない．

3.3.1 正八面体結晶場

d^1 の自由イオン項 ^2D の波動関数は1電子 d 軌道関数と同じであり，O_h 結晶場では ^2D は d 軌道と同じ振る舞いをする．正八面体錯体で d 軌道が t_{2g} 軌道と e_g 軌道に分裂することに対応して，^2D 項は $^2T_{2g}$ と ^2E_g に分裂する．分裂した結晶場項のエネルギーはパラメーター Dq で与えられ，$^2T_{2g}$ は $-4Dq$ に ^2E_g は $6Dq$ にある．分裂幅は $10Dq$ である．

結晶場項を表すのに群論の記号を用いる．結晶場項を ${}^2T_{2g}$ や ${}^2E_g$ のように大文字で表すのに対して，1電子波動関数(1電子軌道)は小文字で表す．たとえば d_{xy}, d_{xz}, d_{yz} の三つの組は t_{2g} 軌道であり，$d_{x^2-y^2}, d_{z^2}$ の二つの組は e_g 軌道である．

T 項は下つきの記号に関係なく軌道縮重は3であり，E 項の縮重は2である．A および B 項はいずれも軌道縮重は1である．上に述べた ${}^2D$ の軌道縮重は5で，正八面体の結晶場では軌道縮重3の ${}^2T_{2g}$ と軌道縮重2の ${}^2E_g$ に分裂する．弱い場ではスピン縮重は影響を受けない．

表2.2から基底 D 項は ${}^2D(d^1)$ 以外にも ${}^5D(d^4), {}^5D(d^6), {}^2D(d^9)$ があり O_h 結晶場で T_{2g} と E_g を与える．それぞれの場合についてどちらがエネルギー最低になるかを考えよう．

${}^5D(d^6)$：d^5 電子配置は半充塡殻を与えて ${}^6S$ 項を生じる．半充塡殻に1個の電子が付加された d^6 電子配置は d^1 と同等であり，${}^5T_{2g}$ がエネルギー最低となる．

${}^2D(d^9)$：d^9 配置は完全充塡殻から1個電子が不足している．これは完全殻に電子の“正孔”があるものとして取り扱われる．結晶場項の分裂は d^1 の場合とは逆になり，${}^2E_g$ が基底となる．

${}^5D(d^4)$：これは半充塡殻に“正孔”があることに相当する．結晶場項の順序は d^6 電子配置のときと反対で，基底項は ${}^5E_g$ となる．

自由イオンの F 項と O_h 結晶場における f 軌道の分裂にはみかけ上の類似性がある．f 軌道は O_h 対称錯体では二つの3重縮重軌道と一つの非縮重軌道に分裂する．d^2 電子配置の ${}^3F$ は ${}^3T_{1g}$ (エネルギー $-6Dq$), ${}^3T_{2g}$ $(2Dq)$, ${}^3A_{2g}$ $(12Dq)$ に分裂する(表3.1参照)．d^8 電子配置の ${}^3F$ は，完全充塡核に二つの正孔があると見なせば結晶場項の分裂は d^2 電子配置のときの反対になる．${}^3F(d^2)$ および ${}^3F(d^8)$ の O_h 結晶場における分裂の様子を図3.1に示した．

${}^4F(d^3)$ と ${}^4F(d^7)$ の O_h 結晶場における分裂の順序は，殻の充塡・半充塡と電子の“正孔”の考えをもとに決めることができる．S 項と P 項は結晶場で分裂しないことは上に述べた．ただし S 項は球対称結晶場では A_g に，P 項は

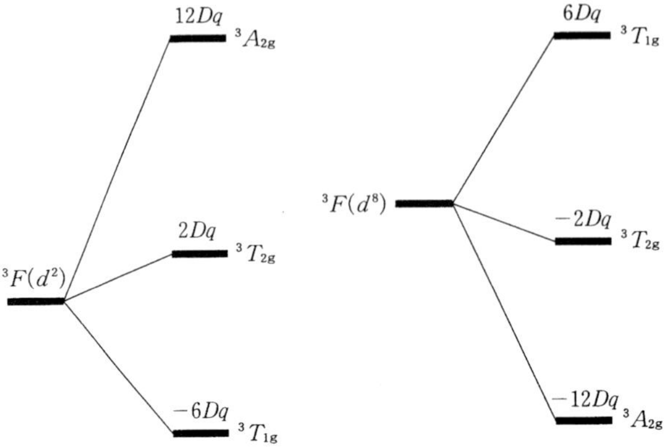

図 3.1 $^3F(d^2)$ および $^3F(d^8)$ の O_h 結晶場における分裂

表 3.1 自由イオンの基底項および同じスピン多重度の励起項から生じる弱結晶場項（エネルギーの低いものから順に並べてある）

電子配置	自由イオン項	結晶場項	
		O_h	T_d
d^0	^1S	$^1A_{1g}$	$^1A_1$
d^1	^2D	$^2T_{2g}$, ^2E_g	^2E, $^2T_2$
d^2	^3F	$^3T_{1g}$, $^3T_{2g}$, $^3A_{2g}$	$^3A_2$, $^3T_2$, $^3T_1$
	^3P	$^3T_{1g}$	$^3T_1$
d^3	^4F	$^4A_{2g}$, $^4T_{2g}$, $^4T_{1g}$	$^4T_1$, $^4T_2$, $^4A_2$
	^4P	$^4T_{1g}$	$^4T_1$
d^4	^5D	^5E_g, $^5T_{2g}$	$^5T_2$, ^5E
d^5	^6S	$^6A_{1g}$	$^6A_1$
d^6	^5D	$^5T_{2g}$, ^5E_g	^5E, $^5T_2$
d^7	^4F	$^4T_{1g}$, $^4T_{2g}$, $^4A_{2g}$	$^4A_2$, $^4T_2$, $^4T_1$
	^4P	$^4T_{1g}$	$^4T_1$
d^8	^3F	$^3A_{2g}$, $^3T_{2g}$, $^3T_{1g}$	$^3T_1$, $^3T_2$, $^3A_2$
	^3P	$^3T_{1g}$	$^3T_1$
d^9	^2D	^2E_g, $^2T_{2g}$	$^2T_2$, ^2E
d^{10}	^1S	$^1A_{1g}$	^1A

T_g に表記が変わる．以上の結果を表 3.1 にまとめた．

3.3.2 正四面体結晶場

O_h および T_d 対称場で分裂する d 軌道の順序が逆になるので，自由イオン項の分裂が逆転する．T_d 結晶場項の表記においては下つき g をはぶく．結果を表 3.1 にまとめた．

3.4 強結晶場の近似

強結晶場の近似においてはスピン多重度が変わることがあるので複雑になる．たとえば，O_h 対称の d^4 錯体には高スピン状態 $(t_{2g}{}^3e_g{}^1)$ と低スピン状態 $(t_{2g}{}^4)$ がある．T_d 対称の錯体については低スピン状態は一般には考える必要はない．その理由は，T_d 配位子場は O_h 配位子場に比べて弱いからである．同じ配位子が同じ金属-配位子距離にあると仮定すると，正四面体錯体の D_q は正八面体錯体の D_q の $-4/9$ である．

3.4.1 高スピン錯体

強い場の近似においては t_{2g} 軌道 $(-4Dq)$ と e_g 軌道 $(6Dq)$ に n 個の電子を配置させることから出発する．d^1 電子配置の場合は電子間反発が働かないので結果は弱結晶場近似と同じである．基底電子配置 $t_{2g}{}^1$ は $-4Dq$ にあり，電子配置 $e_g{}^1$ は $6Dq$ にある．$e_g{}^1$ と $t_{2g}{}^1$ のエネルギー幅は Dq の強さに比例して直線的に変化する．

d^2 電子系では $t_{2g}{}^2$, $t_{2g}{}^1e_g{}^1$, $e_g{}^2$ の三つの電子配置があり，それぞれの結晶場エネルギーは $-8Dq, 2Dq, 12Dq$ である．次のステップとしてそれぞれの配置について電子間反発によって生じる強結晶場項とそのエネルギーを求める．図 3.2 に結果だけを示した．項の誘導とエネルギー計算は他のテキストを参考にされたい．

弱結晶場近似と強結晶場近似は電子間反発と結晶場の強さの相対的大きさを考慮した両極限の取り扱いであり，中間結晶場では二つの扱いは相関づけられる．d^2 配置について定性的な相関図を図 3.2 に示した．弱結晶場と強結晶場の両極限において二つの $^3T_{1g}$ があり，同じ対称性の準位の非交叉則にもとづいて，エネルギー最低の $^3T_{1g}$ どうしと，励起状態の $^3T_{1g}$ どうしが結ばれてい

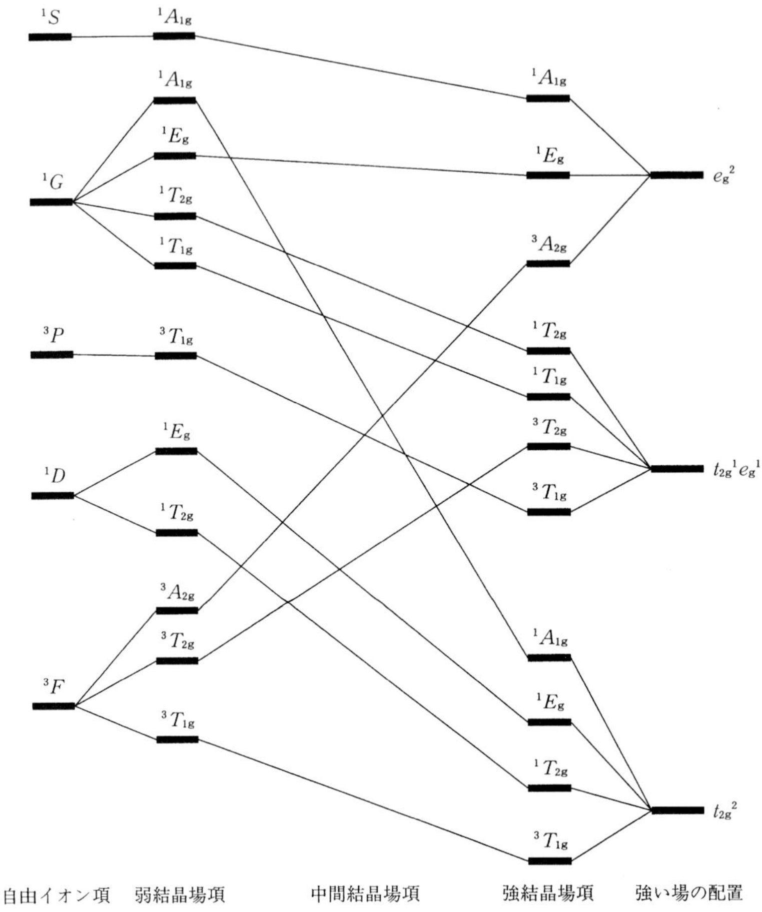

図 3.2 d^2 電子配置の弱い場および強い場における O_h 結晶場項と中間結晶場における定性的な相関図(相対的エネルギーを示したものではない)

る．

ここで基底 $^3T_{1g}$ の結晶場エネルギーに着目すると，弱結晶場では $-6Dq$ (図 3.1) であるのに対して強結晶場では $-8Dq$ である．この結晶場エネルギーの違いは上に述べた非交叉則と関係していて，自由イオンが F 項を基底とするときには常に見られる．弱結晶場の極限においては $^3T_{1g}(F)$ と $^3T_{1g}(P)$

は相互作用することはないが，結晶場によって $^3T_{1g}(F)$ と $^3T_{1g}(P)$ は相互作用する．これを配置間相互作用という．この配置間相互作用は結晶場とともに強くなり，その結果 $^3T_{1g}(F)$ は安定化し，$^3T_{1g}(P)$ は不安定化する．

ここで d^2 の場合について配置間相互作用の大きさを見積もってみよう．このためには第 4 章で説明する手法を用いて，次の演算子についてエネルギー計算を行う．

$$\boldsymbol{H} = \boldsymbol{H}_0 + \boldsymbol{V}_{\text{oct}} \tag{3.1}$$

$\boldsymbol{H}_0$ は自由イオンに作用する演算子であり，$\boldsymbol{V}_{\text{oct}}$ は正八面体結晶場演算子である．ここで $^3T_{1g}(F)$ および $^3T_{1g}(P)$ の波動関数を $|^3T_{1g}{}^0(F)\rangle$, $|^3T_{1g}{}^0(P)\rangle$ と表す．上つきのゼロは“混じりあい”がないときの関数である．ブラケットの意味については第 4 章で説明する．

自由イオンにおいては表 2.3 より

$$\begin{aligned} \langle^3T_{1g}{}^0(F)|\boldsymbol{H}_0|^3T_{1g}{}^0(F)\rangle &= 0 \\ \langle^3T_{1g}{}^0(P)|\boldsymbol{H}_0|^3T_{1g}{}^0(P)\rangle &= 15B \end{aligned} \tag{3.2}$$

弱結晶場では $^3T_{1g}(F)$ は ^3F に比べて $-6Dq$ 安定化するが $^3T_{1g}(P)$ は変化しない．すなわち

$$\begin{aligned} \langle^3T_{1g}{}^0(F)|\boldsymbol{V}_{\text{oct}}|^3T_{1g}{}^0(F)\rangle &= -6Dq \\ \langle^3T_{1g}{}^0(P)|\boldsymbol{V}_{\text{oct}}|^3T_{1g}{}^0(P)\rangle &= 0 \end{aligned} \tag{3.3}$$

一方，$|^3T_{1g}{}^0(F)\rangle$ と $|^3T_{1g}{}^0(P)\rangle$ は結晶場で混じりあうために次の積分はゼロとはならない．

$$\langle^3T_{1g}{}^0(F)|\boldsymbol{V}_{\text{oct}}|^3T_{1g}{}^0(P)\rangle = x \tag{3.4}$$

ハミルトニアン (3.1) についての永年行列式は

$$\begin{array}{c|cc|} & |^3T_{1g}{}^0(F)\rangle & |^3T_{1g}{}^0(P)\rangle \\ \hline \langle^3T_{1g}{}^0(F)| & -6Dq-E & x \\ \langle^3T_{1g}{}^0(P)| & x & 15B-E \end{array} = 0 \tag{3.5}$$

これより

$$(-6Dq-E)(15B-E)-x^2 = 0 \tag{3.6}$$

式 (3.6) を解くには x を知る必要がある．x は式 (3.4) の積分を実際に計算

して求めることができるが，次の方法で容易に知ることができる．

強結晶場の極限においては $B=0$ とおけるので

$$E^2+6DqE-x^2=0 \tag{3.7}$$

この解は $t_{2g}{}^2(-8Dq)$ と $t_{2g}{}^1e_g{}^1(2Dq)$ のエネルギーを与えるはずである．そこで式(3.7)に $E=-8Dq$ または $2Dq$ を代入すると $x=4Dq$ が得られる．これを式(3.6)に代入して

$$E^2+(6Dq-15B)E-16(Dq)^2-90DqB=0 \tag{3.8}$$

式(3.8)の根は電子間反発(B)と結晶場(Dq)が同時に作用するときの二つの $^3T_{1g}$ 項のエネルギーを表している．$B=0$ とおけば強結晶場の極限におけるエネルギー $-8Dq$ と $2Dq$ を，$Dq=0$ とおけば自由イオン項のエネルギー0と $15B$ を与えることを確認されたい．

$^3T_{1g}(P)$ との混じりあいで生じる $^3T_{1g}(F)$ の波動関数は

$$\Psi(^3T_{1g}(F))=\frac{1}{\sqrt{1+c_i{}^2}}[\Psi(^3T_{1g}{}^0(F))+c_i\Psi(^3T_{1g}{}^0(P))] \tag{3.9}$$

係数 c_i を決定するには，式(3.8)の小さい方の根を行列式(3.5)に代入して求める．結果は次のようになる．

$$c_i=\frac{6Dq+E}{4Dq} \tag{3.10}$$

式(3.9)と(3.10)を用いるといろいろな強さの結晶場における $^3T_{1g}(F)$ の波動関数を表すことができる．弱い場の極限では $E=-6Dq$ であるから $c_i=0$ であり，強い場の極限では $E=-8Dq$ であるから $c_i=-1/2$ である．

理由はあとで述べるが，磁気化学においては新しいパラメーター A を導入すると便利である．

$$A=\frac{1.5-c_i{}^2}{1.0+c_i{}^2} \tag{3.11}$$

弱結晶場の極限では $c_i=0$ であるから $A=1.5$ であり，強結晶場の極限では $c_i=-1/2$ であるから $A=1.0$ である．

式(3.8)は2次式であるから $^3T_{1g}$ のエネルギーは Dq に比例しない．図3.3に d^2 および d^8 錯体について ^3F および ^3P 項の分裂の様子を示した．結晶場

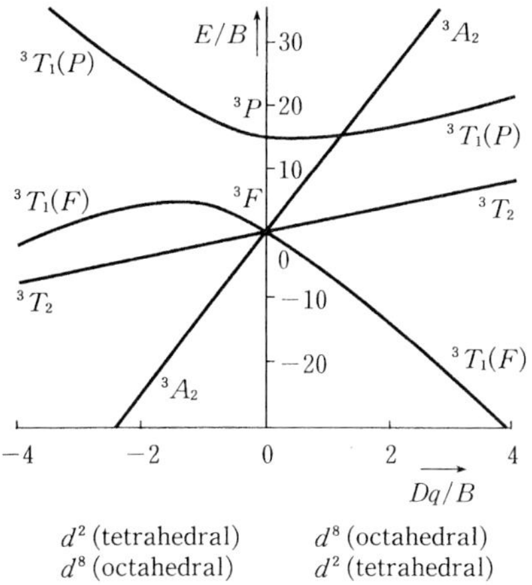

図 3.3　d^2 および d^8 電子配置の ^3F および ^3P 項の結晶場における分裂ダイヤグラム

が強くなるにつれて，$^3T_1(F)$ と $^3T_1(P)$ の配置間相互作用が強くなり，二つの項はしだいに離反していく．これに対して ^3F から生じる $^3A_2$ および $^3T_2$ 結晶場項は Dq と直線的に変化する．

3.4.2　低スピン錯体

結晶場が強くなって $t_{2g} \rightarrow e_g$ 昇位エネルギーが電子対形成エネルギーを越えるようになると，電子は t_{2g} 軌道に優先的に充塡されてスピン対形成が起こる．この場合には軌道縮重が解けると同時にスピン多重度も減少する．たとえば，d^6 配置は弱い O_h 結晶場では $^5T_{2g}$ が基底項であるが，強結晶場では $^1A_{1g}$ が基底となる．エネルギー準位図をみると，自由イオンの ^1I から生じる $^1A_{1g}$ は Dq が大きくなると急速にエネルギーを下げてついには $^5T_{2g}$ と交叉する (図 3.4)．交叉点付近では $^5T_{2g}$ と $^1A_{1g}$ が近いエネルギーで存在して，二つ状態に熱分布が起こる場合がある．そのような錯体をスピンクロスオーバー錯体とよんでいる．低スピン電子配置の基底結晶場項を表 3.2 にまとめた．

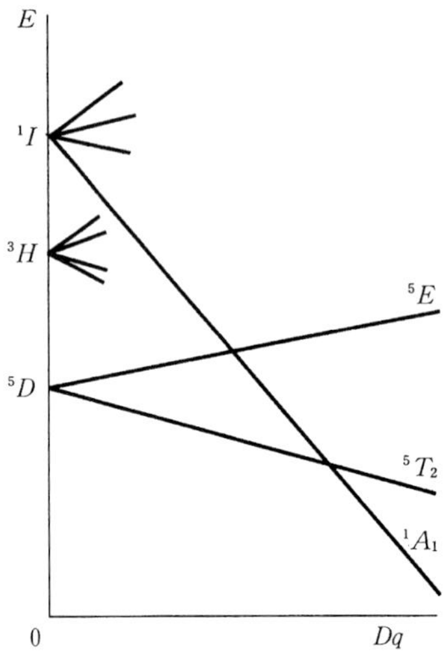

図 3.4　正八面体 d^6 錯体のエネルギー準位と結晶場との定性的な相関図

表 3.2　低スピン電子配置から生じる O_h 強結晶場における基底項

電子配置	O_h 強結晶場における基底項
d^4　$t_{2g}{}^4$	$^3T_{1g}$
d^5　$t_{2g}{}^5$	$^2T_{2g}$
d^6　$t_{2g}{}^6$	$^1A_{1g}$
d^7　$t_{2g}{}^6e_g{}^1$	^2E_g

$d^1 \sim d^3$ および $d^8 \sim d^9$ から生じる O_h 強結晶場項は弱結晶場項と同じである．

3.4.3 中間結晶場

弱い場と強い場の定性的な相関を d^2 配置について述べた（図 3.2）．中間結晶場では電子間反発と結晶場が同程度の効果をもつので，二つを同時摂動として扱って計算する必要がある．厳密な計算が田辺と菅野によって行われていて，田辺・菅野ダイヤグラムとしてたいていのテキストに記載されている．

3.4.4 電子雲拡大系列と分光化学系列

3.4.1 項で F 項から生じる $T_1(F)$ は励起 P 項から生じる $T_1(P)$ と配置間相互作用で混じりあうことを述べた．電子雲拡大系列と分光化学系列は式 (3.9) の混じりあい係数 c_i を見積もる上で役立つ．

① 電子雲拡大系列．金属錯体においては電子間反発パラメーター B は自由イオンのものに比べて小さくなることが知られている．減少の程度は配位子に依存する．$B_{obs}/B_{free} = \eta$ とおいて $1-\eta$ の大きいものから順に配位子を並べたものを電子雲拡大系列とよんでいる．

$I^- > Br^- > CN^- \sim Cl^- > NCS^- > en \sim C_2O_4^{2-} > NH_3 > urea > H_2O > F^-$

この系列の意味を厳密に説明するのは難しいが，少なくとも共有性と関係していることは確かである．

② 分光化学系列．金属イオンを一定にして Dq の減少する順に配位子を並べたものを分光化学系列という．

$CN^- \gg bpy > en > py \sim NH_3 > NCS^- > H_2O > C_2O_4^{2-} > OH^- \sim F^- >$
$SCN^- \sim Cl^- > Br^- > I^-$

配位子を一定にして金属イオンについても分光化学系列が得られている．

Pt(IV)>Re(IV)>Ir(III)>Pd(IV)>Rh(III)>Mo(III)>Mn(IV)>Co(III)>Cr(III)>Fe(III)>V(III)>Fe(II)>Co(II)>Ni(II)>Mn(II)

同じ金属についてみると酸化状態が高くなるほど Dq は大きくなり，同じ酸化状態についてみると第1遷移金属＜第2遷移金属＜第3遷移金属の順に Dq は大きくなる．

3.5 球対称錯体の波動関数とエネルギー準位

O_h 結晶場演算子 V_{oct} と結晶場パラメーター Dq についてはすでに述べた．この節では V_{oct} の形について述べる．O_h 結晶場演算子は一般に4回軸あるいは3回軸を量子化軸にとって表される．軸をどのようにとろうとも結晶場項のエネルギーが変わることはない．

O_h 結晶場演算子 V_{oct} と T_d 結晶場演算子 V_{tet} の間には $V_{tet}=(-4/9)V_{oct}$ の関係があるので，V_{oct} について話を進める．V_{oct} は球調和関数 $Y_l^{m_l}(\theta, \phi)$ で与えられる．ここで θ と ϕ は極座標で表すときの角度であり，l と m_l は量子数と同じである．電子の波動関数の角度部分も球調和関数を用いて記述される．たとえば s 軌道波動関数の角度部分は Y_0^0 であり，p 軌道の角度部分は Y_1^0 と $Y_1^{\pm 1}$ である．$m_l>0$ の $Y_l^{m_l}$ は虚数関数であるので，軌道を実関数として表すには1次結合をとる．たとえば d 軌道の実関数は

$$d_{z^2} = Y_2^0 = |0\rangle$$

$$d_{x^2-y^2} = \sqrt{1/2}[Y_2^2 + Y_2^{-2}] = \sqrt{1/2}[|2\rangle + |-2\rangle]$$

$$d_{xy} = \mathrm{i}\sqrt{1/2}[Y_2^2 - Y_2^{-2}] = \mathrm{i}\sqrt{1/2}[|-2\rangle - |2\rangle]$$

$$d_{xz} = -\sqrt{1/2}[Y_2^1 - Y_2^{-1}] = \sqrt{1/2}[|-1\rangle - |1\rangle]$$

$$d_{yz} = -\mathrm{i}\sqrt{1/2}[Y_2^1 + Y_2^{-1}] = \mathrm{i}\sqrt{1/2}[|1\rangle + |-1\rangle]$$

V_{oct}の形は群論を用いて導くことができる．その誘導については第2章の文献[3)]を参照されたい．

4回軸を量子化軸にとると

$$V_{\mathrm{oct}} = \left[Y_4^0 + \sqrt{\frac{5}{14}}(Y_4^4 + Y_4^{-4}) \right] \tag{3.12}$$

3回軸を量子化軸にとると

$$V_{\mathrm{oct}} = \left[Y_4^0 + \sqrt{\frac{10}{7}}(Y_4^3 + Y_4^{-3}) \right] \tag{3.13}$$

式(3.12)と(3.13)を直交座標系で表すと同じ形になる．

$$V_{\mathrm{oct}} = D\left(x^4 + y^4 + z^4 - \frac{3r^4}{5} \right) \tag{3.14}$$

式(3.14)のDは結晶場パラメーターD_qのものと同じである．qは波動関数の軌道部分の積分に関係したパラメーターである．

弱い場の近似でP, DおよびF項から現れる結晶場項の波動関数とエネルギーを表3.3に示した．下ツキgを省くとT_d結晶場項のエネルギーと波動関数を与える．

表3.3は次の章で磁化率の式を導くときの基礎となる．ここには軌道関数だけが与えてある．スピン関数を考慮するときは$|M_L, M_S\rangle$あるいは$|L, M_L, S, M_S\rangle$のように表す．

表3.1から$d^n(O_h)$の正八面体錯体と$d^{10-n}(T_d)$の正四面体錯体の基底結晶場項は下ツキgを除けば同じであり，同じ波動関数で与えられる．たとえば$d^1(O_h)$の正八面体と$d^9(T_d)$の正四面体の基底項はそれぞれ$^2T_{2g}$と$^2T_2$である．二つは同じ波動関数で与えられるから「^2Dから生じる$^2T_2$項の磁性」として一緒に扱うことができる．

表 3.3 弱い場の近似で生じる最大スピン多重度の結晶場項の波動関数

自由イオン項	結晶場項	エネルギー	波動関数
D	T_{2g}	$-4Dq$	$\|1\rangle$ $\|-1\rangle$ $\sqrt{1/2}(\|2\rangle-\|-2\rangle)$
	E_g	$6Dq$	$\|0\rangle$ $\sqrt{1/2}(\|2\rangle+\|-2\rangle)$
F	T_{1g}	$-6Dq$	$\|0\rangle$ $\sqrt{3/8}\|-1\rangle+\sqrt{5/8}\|3\rangle$ $\sqrt{3/8}\|1\rangle+\sqrt{5/8}\|-3\rangle$
	T_{2g}	$2Dq$	$\sqrt{5/8}\|-1\rangle-\sqrt{3/8}\|3\rangle$ $\sqrt{5/8}\|1\rangle-\sqrt{3/8}\|-3\rangle$ $\sqrt{1/2}(\|2\rangle+\|-2\rangle)$
	A_{2g}	$12Dq$	$\sqrt{1/2}(\|2\rangle-\|-2\rangle)$
P	T_{1g}	0	$\|0\rangle$ $\|1\rangle$ $\|-1\rangle$

波動関数は 4 回軸について量子化され，軌道関数 $|M_L\rangle$ のみを与えてある．

4
球対称結晶場における金属イオンの磁気的性質

4.1　磁化率の式を導くための基礎—行列要素

この節では磁化率の式を導く上で重要な行列要素の求め方を説明する．行列要素はしばしばブラケットで表される．

$$\int \psi_m{}^* \boldsymbol{H} \psi_n \mathrm{d}\tau = \langle \psi_m | \boldsymbol{H} | \psi_n \rangle \tag{4.1}$$

$|\psi_n\rangle$ は波動関数 ψ_n を，$\langle \psi_n|$ はその複素共役 $\psi_n{}^*$ を表す．

行列要素の計算は次の手順で進める．

① 波動関数 ψ_n に $\boldsymbol{H}$ を演算させて $\boldsymbol{H}|\psi_n\rangle$ を求める．演算することで波動関数はもとのままの形であることも，別の形に変わることもある．$\boldsymbol{H}|\psi_n\rangle = c_i|\psi_n\rangle$ すなわち波動関数が変わらないものとして話を進める．

② $\langle \psi_m|$ を $c_i|\psi_n\rangle$ に掛けて $\langle \psi_m|c_i|\psi_n\rangle$ を求める．c_i は定数であるから $\langle \psi_m|c_i|\psi_n\rangle = c_i\langle \psi_m|\psi_n\rangle$ である．

③ $\langle \psi_m|\psi_n\rangle$ は波動関数の規格直交性から $\psi_m = \psi_n$ のときは 1，$\psi_m \neq \psi_n$ のときは 0 である．

磁気化学で問題になるのはスピン軌道結合と磁場による摂動で，それぞれ $\lambda \boldsymbol{LS}$ と $H\beta(\boldsymbol{L}+2\boldsymbol{S})$ で与えられる．スピン軌道結合の演算子は x, y, z 成分で式 (4.2) のように与えられる．

$$\lambda \boldsymbol{LS} = \lambda(\boldsymbol{L}_x\boldsymbol{S}_x + \boldsymbol{L}_y\boldsymbol{S}_y + \boldsymbol{L}_z\boldsymbol{S}_z) \tag{4.2}$$

同様に磁気モーメント演算子の x, y, z 軸方向の成分は次のように与えられる．

$$\begin{aligned} \boldsymbol{\mu}_z &= \beta H_z(\boldsymbol{L}_z+2\boldsymbol{S}_z) \\ \boldsymbol{\mu}_x &= \beta H_x(\boldsymbol{L}_x+2\boldsymbol{S}_x) \\ \boldsymbol{\mu}_y &= \beta H_y(\boldsymbol{L}_y+2\boldsymbol{S}_y) \end{aligned} \tag{4.3}$$

$\boldsymbol{L}_z$ と $\boldsymbol{S}_z$ を演算させて固有値を求めるのは容易であるが，$\boldsymbol{L}_x, \boldsymbol{L}_y, \boldsymbol{S}_x, \boldsymbol{S}_y$ の固有値を求めるには昇降演算子に変換する必要がある．

$$\begin{aligned} \boldsymbol{L}_x &= (1/2)[\boldsymbol{L}_+ + \boldsymbol{L}_-] \quad \boldsymbol{L}_y = (-\mathrm{i}/2)[\boldsymbol{L}_+ - \boldsymbol{L}_-] \\ \boldsymbol{S}_x &= (1/2)[\boldsymbol{S}_+ + \boldsymbol{S}_-] \quad \boldsymbol{S}_y = (-\mathrm{i}/2)[\boldsymbol{S}_+ - \boldsymbol{S}_-] \end{aligned} \tag{4.4}$$

演算の結果をまとめると

$$\begin{aligned}
&\boldsymbol{L}_z|L, M_L, S, M_S\rangle = M_L|L, M_L, S, M_S\rangle && (1)\\
&\boldsymbol{L}_+|L, M_L, S, M_S\rangle = \sqrt{L(L+1)-M_L(M_L+1)}|L, M_L+1, S, M_S\rangle && (2)\\
&\boldsymbol{L}_-|L, M_L, S, M_S\rangle = \sqrt{L(L+1)-M_L(M_L-1)}|L, M_L-1, S, M_S\rangle && (3)\\
&\boldsymbol{S}_z|L, M_L, S, M_S\rangle = M_S|L, M_L, S, M_S\rangle && (4)\\
&\boldsymbol{S}_+|L, M_L, S, M_S\rangle = \sqrt{S(S+1)-M_S(M_S+1)}|L, M_L, S, M_S+1\rangle && (5)\\
&\boldsymbol{S}_-|L, M_L, S, M_S\rangle = \sqrt{S(S+1)-M_S(M_S-1)}|L, M_L, S, M_S-1\rangle && (6)
\end{aligned} \tag{4.5}$$

$\boldsymbol{L}_z$ を波動関数に演算するともとの波動関数に M_L を乗じたものになる．したがって，行列要素 $\langle\psi_m|\boldsymbol{L}_z|\psi_n\rangle$ は ψ_m と ψ_n が同じときにだけゼロとならない．これに対して $\boldsymbol{L}_+$ を演算すると M_L の波動関数が M_L+1 の波動関数に変わるので，$\langle\psi_m|\boldsymbol{L}_+|\psi_n\rangle$ は ψ_m の M_L が ψ_n のものより 1 だけ大きいときにゼロにならない．同じ理由で $\langle\psi_m|\boldsymbol{L}_-|\psi_n\rangle$ は ψ_m の M_L が ψ_n のものより 1 だけ小さいときにゼロとはならない．以上の関係は $\boldsymbol{S}_+, \boldsymbol{S}_-$ についても同様である．以下に演算の例を示す．

$\langle L, M_L+1, S, M_S|\boldsymbol{L}_x|L, M_L, S, M_S\rangle$ の計算．関係式 (4.4) を用いると

$$\begin{aligned}
&\langle L, M_L+1, S, M_S|(1/2)[\boldsymbol{L}_+ + \boldsymbol{L}_-]|L, M_L, S, M_S\rangle \\
&= (1/2)\langle L, M_L+1, S, M_S|\boldsymbol{L}_+|L, M_L, S, M_S\rangle \\
&\quad +(1/2)\langle L, M_L+1, S, M_S|\boldsymbol{L}_-|L, M_L, S, M_S\rangle \\
&= (1/2)\langle L, M_L+1, S, M_S|\sqrt{L(L+1)-M_L(M_L+1)}|L, M_L+1, S, M_S\rangle \\
&\quad +(1/2)\langle L, M_L+1, S, M_S|\sqrt{L(L+1)-M_L(M_L-1)}|L, M_L-1, S, M_S\rangle \\
&= (1/2)\sqrt{L(L+1)-M_L(M_L+1)}\langle L, M_L+1, S, M_S|L, M_L+1, S, M_S\rangle
\end{aligned}$$

$$+(1/2)\sqrt{L(L+1)-M_L(M_L-1)}\langle L, M_L+1, S, M_S|L, M_L-1, S, M_S\rangle$$
$$=(1/2)\sqrt{L(L+1)-M_L(M_L+1)}$$

$\langle L, M_L, S, M_S|\boldsymbol{L}_z\boldsymbol{S}_z|L, M_L, S, M_S\rangle$ の計算．関係式 (4.5) の (1) と (4) を用いると

$$\begin{aligned}&\langle L, M_L, S, M_S|\boldsymbol{L}_z\boldsymbol{S}_z|L, M_L, S, M_S\rangle\\&=\langle L, M_L, S, M_S|M_LM_S|L, M_L, S, M_S\rangle\\&=M_LM_S\langle L, M_L, S, M_S|L, M_L, S, M_S\rangle\\&=M_LM_S\end{aligned}$$

4.2　1次および2次 Zeeman 効果

第1章で磁場に置かれた準位 i のエネルギーは磁場の級数で与えられることを述べた．

$$W_i = W_i^{(0)} + W_i^{(1)}H + W_i^{(2)}H^2 + \cdots \tag{4.6}$$

$W_i^{(1)}H$ は1次 Zeeman エネルギー，$W_i^{(2)}H^2$ は2次 Zeeman エネルギーである．1次および2次 Zeeman 係数 $W_i^{(1)}$ および $W_i^{(2)}$ は摂動論から次のように表される．

$$W_i^{(1)} = \beta\langle\psi_n|\boldsymbol{L}_z+2\boldsymbol{S}_z|\psi_n\rangle \tag{4.7}$$

$$W_i^{(2)} = \sum_m \frac{\beta^2\langle\psi_n|\boldsymbol{L}_z+2\boldsymbol{S}_z|\psi_m\rangle\langle\psi_m|\boldsymbol{L}_z+2\boldsymbol{S}_z|\psi_n\rangle}{W_n^{(0)}-W_m^{(0)}} \tag{4.8}$$

1次 Zeeman 効果は準位 n に磁場が作用することから生じるのに対して，2次 Zeeman 効果は準位 n が磁場によって励起準位 m と混じりあうことから生じる．基底状態に軌道縮重があるときは，1次および2次 Zeeman 効果によって縮重が解かれる．

4.2.1　波動関数と電子スピン共鳴の g 値の関係

ここで波動関数と電子スピン共鳴の g 値の関係を調べよう．電子スピン共鳴はスピンハミルトニアンで解釈される．スピンハミルトニアンはスピン演算

子だけからなり，波動関数はスピン関数だけで記述する．軌道角運動量が存在するときは自由電子の g 値 (2.002319) からのずれに含ませる．簡単のために 1 電子系を考えるとスピンハミルトニアンは

$$\boldsymbol{H}_s = g_z\beta \boldsymbol{H}_z \boldsymbol{S}_z + g_x\beta \boldsymbol{H}_x \boldsymbol{S}_x + g_y\beta \boldsymbol{H}_y \boldsymbol{S}_y \tag{4.9}$$

スピン関数は $|1/2\rangle$ および $|-1/2\rangle$ である．式 (4.9) を用いて次の行列が得られる．

$$\begin{array}{c|ll} & |1/2\rangle & |-1/2\rangle \\ \hline \langle 1/2| & g_z\beta H_z/2 & g_x\beta H_x/2 - \mathrm{i}g_y\beta H_y/2 \\ \langle -1/2| & g_x\beta H_x/2 + \mathrm{i}g_y\beta H_y/2 & -g_z\beta H_z/2 \end{array} \tag{4.10}$$

実際のハミルトニアンは次の形で与えられる．

$$\boldsymbol{H} = \beta H_z(\boldsymbol{L}_z + 2\boldsymbol{S}_z) + \beta H_x(\boldsymbol{L}_x + 2\boldsymbol{S}_x) + \beta H_y(\boldsymbol{L}_y + 2\boldsymbol{S}_y) \tag{4.11}$$

スピン関数を $|\phi+\rangle$ および $|\phi-\rangle$ と表して式 (4.11) を演算させると次の行列が得られる．

$$\begin{array}{c|ll} & |\phi+\rangle & |\phi-\rangle \\ \hline \langle\phi+| & \langle\phi+|\boldsymbol{L}_z+2\boldsymbol{S}_z|\phi+\rangle\beta H_z & \langle\phi+|\boldsymbol{L}_x+2\boldsymbol{S}_x|\phi-\rangle\beta H_x \\ & & +\langle\phi+|\boldsymbol{L}_y+2\boldsymbol{S}_y|\phi-\rangle\beta H_y \\ \langle\phi-| & \langle\phi-|\boldsymbol{L}_x+2\boldsymbol{S}_x|\phi+\rangle\beta H_x & \langle\phi-|\boldsymbol{L}_z+2\boldsymbol{S}_z|\phi-\rangle\beta H_z \\ & +\langle\phi-|\boldsymbol{L}_y+2\boldsymbol{S}_y|\phi+\rangle\beta H_y & \end{array} \tag{4.12}$$

式 (4.10) と (4.12) の行列要素の比較から次の関係が得られる．

$$\begin{aligned} g_z &= 2\langle\phi+|\boldsymbol{L}_z+2\boldsymbol{S}_z|\phi+\rangle \\ g_x &= 2\langle\phi+|\boldsymbol{L}_x+2\boldsymbol{S}_x|\phi-\rangle \\ g_y &= 2\mathrm{i}\langle\phi+|\boldsymbol{L}_y+2\boldsymbol{S}_y|\phi-\rangle \end{aligned} \tag{4.13}$$

あとで述べるスピン軌道相互作用によって基底波動関数 $|\phi\pm\rangle$ に励起準位の関数が混じっている．実測される g 値から式 (4.13) を用いて混じりあいの程度を見積もることができる．

4.2.2　軌道の寄与の消滅

結晶場において軌道角運動量の一部または全部が消滅することについては定

性的に説明した．このことを計算によって確かめてみよう．d 軌道波動関数の角度部分は 3.5 節で述べた．

$$d_{z^2} = |0\rangle$$

$$d_{x^2-y^2} = \sqrt{1/2}[|2\rangle + |-2\rangle]$$

$$d_{xy} = \mathrm{i}\sqrt{1/2}[|-2\rangle - |2\rangle]$$

$$d_{xz} = \sqrt{1/2}[|-1\rangle - |1\rangle]$$

$$d_{yz} = \mathrm{i}\sqrt{1/2}[|1\rangle + |-1\rangle]$$

ここで解くのは次の方程式である．

$$(\boldsymbol{H}_0 + \boldsymbol{H}')\psi = E\psi$$

$\boldsymbol{H}_0$ は水素類似のハミルトニアンで五つの縮退した d 軌道を与える．$\boldsymbol{H}'$ は $(\boldsymbol{l}_z + 2\boldsymbol{S}_z)\beta H$ であるが，ここでは軌道の寄与にだけに注目しているので $\boldsymbol{l}_z\beta H$ とおく．E と ψ は上の関係を満足するエネルギーと波動関数である．

エネルギー E を求めるには行列要素 $\langle d_n|\boldsymbol{l}_z\beta H|d_m\rangle$ を計算する必要がある．一例として，$\langle d_{x^2-y^2}|\boldsymbol{l}_z\beta H|d_{xy}\rangle$ を計算する．それにはまず $|d_{xy}\rangle$ に $\boldsymbol{l}_z\beta H$ を演算させて，次に $\langle d_{x^2-y^2}|$ を乗じて積分する．

$$\begin{aligned}\boldsymbol{l}_z\beta H|d_{xy}\rangle &= \boldsymbol{l}_z\beta H\mathrm{i}\sqrt{1/2}[|-2\rangle - |2\rangle] \\ &= \beta H\mathrm{i}\sqrt{1/2}[\boldsymbol{l}_z|-2\rangle - \boldsymbol{l}_z|2\rangle] \\ &= \beta H\mathrm{i}\sqrt{1/2}[(-2)|-2\rangle - (2)|2\rangle] \\ &= -2\mathrm{i}\beta H\sqrt{1/2}[|-2\rangle + |2\rangle] \\ &= -2\mathrm{i}\beta H|d_{x^2-y^2}\rangle\end{aligned}$$

表 4.1 $\boldsymbol{l}_z, \boldsymbol{l}_x, \boldsymbol{l}_y$ を演算させたときの d 軌道の変換

d 軌道	演算		
	$\boldsymbol{l}_z$	$\boldsymbol{l}_x$	$\boldsymbol{l}_y$
d_{z^2}	$0d_{z^2}$	$-\mathrm{i}\sqrt{3}d_{yz}$	$\mathrm{i}\sqrt{3}d_{xz}$
$d_{x^2-y^2}$	$2\mathrm{i}d_{xy}$	$-\mathrm{i}d_{yz}$	$-\mathrm{i}d_{xz}$
d_{xy}	$-2\mathrm{i}d_{x^2-y^2}$	$\mathrm{i}d_{xz}$	$-\mathrm{i}d_{yz}$
d_{xz}	$\mathrm{i}d_{yz}$	$-\mathrm{i}d_{xy}$	$-\mathrm{i}\sqrt{3}d_{z^2}+\mathrm{i}d_{x^2-y^2}$
d_{yz}	$-\mathrm{i}d_{xz}$	$\mathrm{i}d_{x^2-y^2}+\mathrm{i}\sqrt{3}d_{z^2}$	$\mathrm{i}d_{xy}$

$$\langle d_{x^2-y^2}|\boldsymbol{l}_z\beta H|d_{xy}\rangle = \langle d_{x^2-y^2}|(-2\mathrm{i}\beta H)|d_{x^2-y^2}\rangle$$
$$= -2\beta H$$

これ以外の行列要素を計算するには d 軌道の実関数に l_x, l_y, l_z を演算させた結果 (表 4.1) を利用するとよい．

永年行列式は

$$\begin{array}{c|ccccc|}
 & |d_{xz}\rangle & |d_{yz}\rangle & |d_{xy}\rangle & |d_{x^2-y^2}\rangle & |d_{z^2}\rangle \\
\hline
\langle d_{xz}| & 0-E & -\mathrm{i}\beta H & 0 & 0 & 0 \\
\langle d_{yz}| & \mathrm{i}\beta H & 0-E & 0 & 0 & 0 \\
\langle d_{xy}| & 0 & 0 & 0-E & 2\mathrm{i}\beta H & 0 \\
\langle d_{x^2-y^2}| & 0 & 0 & -2\mathrm{i}\beta H & 0-E & 0 \\
\langle d_{z^2}| & 0 & 0 & 0 & 0 & 0-E
\end{array} = 0$$

これは対角行列になっているので三つのブロック行列に分解できる．

$$\begin{array}{c|cc|}
 & |d_{xz}\rangle & |d_{yz}\rangle \\
\hline
\langle d_{xz}| & 0-E & -\mathrm{i}\beta H \\
\langle d_{yz}| & \mathrm{i}\beta H & 0-E
\end{array} = 0 \qquad E_1 = \beta H,\ E_2 = -\beta H$$

$$\begin{array}{c|cc|}
 & |d_{xy}\rangle & |d_{x^2-y^2}\rangle \\
\hline
\langle d_{xy}| & 0-E & 2\mathrm{i}\beta H \\
\langle d_{x^2-y^2}| & -2\mathrm{i}\beta H & 0-E
\end{array} = 0 \qquad E_3 = 2\beta H,\ E_4 = -2\beta H$$

$$\begin{array}{c|c|}
 & |d_{z^2}\rangle \\
\hline
\langle d_{z^2}| & 0-E
\end{array} = 0 \qquad E_5 = 0$$

以上から 5 重に縮重した d 軌道は 1 次 Zeeman 効果によって $E=\pm 2\beta H$, $\pm\beta H$, 0 の準位に分裂することがわかる．励起状態はないので 2 次 Zeeman 効果を考える必要はない．

Van Vleck の式を用いると磁化率は

$$\chi = \frac{N\{(2\beta)^2+\beta^2+0^2+(-\beta)^2+(-2\beta)^2\}}{5kT} = \frac{2N\beta^2}{kT} \tag{4.14}$$

これが軌道角運動量から生じる磁化率である．

次に O_h 結晶場において磁化率に及ぼす軌道の寄与を考察する．すでに述べたように，O_h 結晶場では d 軌道はエネルギーの低い t_{2g} の組とエネルギーの高い e_g の組に分裂する．磁化率に寄与するのは t_{2g} 軌道の軌道角運動量である．t_{2g} 軌道の1次の Zeeman エネルギーは次の行列式を解いて求められる．

$$\begin{array}{c|ccc|}
 & |d_{xz}\rangle & |d_{yz}\rangle & |d_{xy}\rangle \\
\hline
\langle d_{xz}| & 0-E & -\mathrm{i}\beta H & 0 \\
\langle d_{yz}| & \mathrm{i}\beta H & 0-E & 0 \\
\langle d_{xy}| & 0 & 0 & 0-E
\end{array} = 0 \qquad E = \pm\beta H, 0$$

d_{xy} 軌道と $d_{x^2-y^2}$ 軌道は異なるエネルギーの組に属するが，$\boldsymbol{l}_z\beta H$ に関する行列要素はゼロとならないので2次 Zeeman 効果が働く．2次 Zeeman エネルギーは

$$W^{(2)}H^2 = \frac{\langle d_{xy}|l_z\beta H|d_{x^2-y^2}\rangle\langle d_{x^2-y^2}|l_z\beta H|d_{xy}\rangle}{E(d_{xy})-E(d_{x^2-y^2})}$$

$$= \frac{(2\mathrm{i}\beta H)\times(-2\mathrm{i}\beta H)}{-10Dq} = -\frac{4\beta^2H^2}{10Dq}$$

これを Van Vleck の式に代入すると

$$\chi = \frac{N\left\{\dfrac{\beta^2+0^2+(-\beta)^2}{kT} - \dfrac{2\times(-4\beta^2)}{10Dq}\right\}}{3} = \frac{2N\beta^2}{3kT} + \frac{8N\beta^2}{30Dq} \qquad (4.15)$$

第2項はいわゆる温度に依存しない常磁性(TIP)で，第1項に比べるとかなり小さい．

式(4.14)と(4.15)の比較から，軌道角運動量の磁化率への寄与は，自由イオンに比べて正八面体錯体では約1/3に減少する．もちろん $t_{2g}{}^3$ または $t_{2g}{}^6$ 配置の正八面体錯体では第1項の寄与も存在しない(2.6節参照)．このことは四面体錯体においても同様である．

4.3 弱い正八面体および正四面体結晶場にある遷移金属イオンの磁性

軌道角運動量に影響を与えるもう一つの摂動はスピン軌道相互作用である．この節ではスピン軌道相互作用が遷移金属錯体の磁化率に及ぼす効果を考察す

る．結論からいうと，T 項が基底となるときの磁化率はスピン軌道結合の影響を受ける．理由はスピン軌道結合によって T 項の縮重が解かれて，分裂した準位に熱分布が起こるからである．A または E 項が基底となるときは，軌道角運動量が存在しないのでスピン軌道結合で縮重が解かれることはない．すなわち1次近似ではスピン軌道結合は A 項および E 項の磁性には影響しない．しかし，スピン軌道結合によってエネルギーの高いところにある T 項が混じる結果として，弱い軌道の寄与を示すことがある．

正八面体錯体の磁化率の式を ${}^2T_2$ および ${}^3A_2$ について誘導することにする．他の基底項の磁化率の式も同様にして誘導できるが，結果だけを示す．

4.3.1　${}^2D$ から生じる ${}^2T_2$ 項の磁性

${}^2T_2$ のスピン軌道結合による分裂は少なくとも 100 cm^{-1} 以上あるのに対して，磁場による分裂は 1 cm^{-1} 程度にすぎないので摂動法が適用できる．

波動関数は一般に $|L, M_L, S, M_S\rangle$ で表される．${}^2D$ から生じる ${}^2T_2$ 項の $L=2$ と $S=1/2$ は変わらないから，行列要素を計算するときは $|M_L, M_S\rangle$ と表すだけで十分である．最も普通に現れる行列要素は $\langle M_L', M_S'|\lambda \boldsymbol{LS}|M_L, M_S\rangle$ のタイプである．

${}^2T_2$ の波動関数は表 3.3 から次のように与えられる．

$$\psi_1 = |1, 1/2\rangle$$
$$\psi_2 = |1, -1/2\rangle$$
$$\psi_3 = |-1, 1/2\rangle$$
$$\psi_4 = |-1, -1/2\rangle$$
$$\psi_5 = \sqrt{1/2}[|2, 1/2\rangle - |-2, 1/2\rangle]$$
$$\psi_6 = \sqrt{1/2}[|2, -1/2\rangle - |-2, -1/2\rangle]$$

この波動関数から出発して，スピン軌道相互作用で分裂する準位と波動関数を導く．それには，行列要素 $\langle \psi_i|\lambda \boldsymbol{LS}|\psi_j\rangle$ を計算しなければならない．

ここで $\lambda \boldsymbol{LS}$ は次のように分解される．

$$\lambda \boldsymbol{LS} = \lambda(\boldsymbol{L}_z\boldsymbol{S}_z + \boldsymbol{L}_x\boldsymbol{S}_x + \boldsymbol{L}_y\boldsymbol{S}_y) = \lambda\boldsymbol{L}_z\boldsymbol{S}_z + \frac{\lambda}{2}(\boldsymbol{L}_+\boldsymbol{S}_- + \boldsymbol{L}_-\boldsymbol{S}_+) \qquad (4.16)$$

行列要素の計算には関係式 (4.5) を用いる.

行列要素の計算例を以下に示す.

例 1：$\langle\psi_2|\lambda\boldsymbol{LS}|\psi_2\rangle$

$$= \left\langle 1, -\frac{1}{2}\middle|\lambda\boldsymbol{LS}\middle|1, -\frac{1}{2}\right\rangle$$

$$= \left\langle 1, -\frac{1}{2}\middle|\lambda\boldsymbol{L}_z\boldsymbol{S}_z + \frac{\lambda}{2}(\boldsymbol{L}_+\boldsymbol{S}_- + \boldsymbol{L}_-\boldsymbol{S}_+)\middle|1, -\frac{1}{2}\right\rangle$$

$$= \left\langle 1, -\frac{1}{2}\middle|\lambda\boldsymbol{L}_z\boldsymbol{S}_z\middle|1, -\frac{1}{2}\right\rangle + \left\langle 1, -\frac{1}{2}\middle|\frac{\lambda}{2}\boldsymbol{L}_+\boldsymbol{S}_-\middle|1, -\frac{1}{2}\right\rangle$$

$$+ \left\langle 1, -\frac{1}{2}\middle|\frac{\lambda}{2}\boldsymbol{L}_-\boldsymbol{S}_+\middle|1, -\frac{1}{2}\right\rangle$$

$$\left\langle 1, -\frac{1}{2}\middle|\lambda\boldsymbol{L}_z\boldsymbol{S}_z\middle|1, -\frac{1}{2}\right\rangle = \lambda(1)\left(-\frac{1}{2}\right)\left\langle 1, -\frac{1}{2}\middle|1, -\frac{1}{2}\right\rangle = -\frac{\lambda}{2}$$

$$\left\langle 1, -\frac{1}{2}\middle|\frac{\lambda}{2}\boldsymbol{L}_+\boldsymbol{S}_-\middle|1, -\frac{1}{2}\right\rangle$$

$$= \left\langle 1, -\frac{1}{2}\middle|\frac{\lambda}{2}\sqrt{2(2+1)-1(1+1)}\sqrt{\frac{1}{2}\frac{3}{2}-\left(-\frac{1}{2}\right)\left(-\frac{1}{2}-1\right)}\middle|2, -\frac{3}{2}\right\rangle$$

$$= \frac{\lambda}{2}\sqrt{4}\sqrt{0}\left\langle 1, -\frac{1}{2}\middle|2, -\frac{3}{2}\right\rangle = 0$$

$$\left\langle 1, -\frac{1}{2}\middle|\frac{\lambda}{2}\boldsymbol{L}_-\boldsymbol{S}_+\middle|1, -\frac{1}{2}\right\rangle$$

$$= \left\langle 1, -\frac{1}{2}\middle|\frac{\lambda}{2}\sqrt{2(2+1)-1(1-1)}\sqrt{\frac{1}{2}\frac{3}{2}-\left(-\frac{1}{2}\right)\left(-\frac{1}{2}+1\right)}\middle|0, -\frac{1}{2}\right\rangle$$

$$= \frac{\lambda}{2}\sqrt{6}\sqrt{1}\left\langle 1, -\frac{1}{2}\middle|0, -\frac{1}{2}\right\rangle = 0$$

$$\therefore \quad \langle\psi_2|\lambda\boldsymbol{LS}|\psi_2\rangle = -\frac{\lambda}{2}$$

例 2：$\langle\psi_1|\lambda\boldsymbol{LS}|\psi_6\rangle$

$$= \left\langle 1, \frac{1}{2}\middle|\lambda\boldsymbol{L}_z\boldsymbol{S}_z + \frac{\lambda}{2}(\boldsymbol{L}_+\boldsymbol{S}_- + \boldsymbol{L}_-\boldsymbol{S}_+)\middle|\sqrt{\frac{1}{2}}\left(\left|2, -\frac{1}{2}\right\rangle - \left|-2, -\frac{1}{2}\right\rangle\right)\right\rangle$$

$$= \sqrt{\frac{1}{2}}\left\langle 1, \frac{1}{2}\middle|\lambda\boldsymbol{L}_z\boldsymbol{S}_z\middle|2, -\frac{1}{2}\right\rangle - \sqrt{\frac{1}{2}}\left\langle 1, \frac{1}{2}\middle|\lambda\boldsymbol{L}_z\boldsymbol{S}_z\middle|-2, -\frac{1}{2}\right\rangle$$

$$+\sqrt{\frac{1}{2}}\left\langle 1, \frac{1}{2}\left|\frac{\lambda}{2}\boldsymbol{L}_{+}\boldsymbol{S}_{-}\right|2, -\frac{1}{2}\right\rangle-\sqrt{\frac{1}{2}}\left\langle 1, \frac{1}{2}\left|\frac{\lambda}{2}\boldsymbol{L}_{+}\boldsymbol{S}_{-}\right|-2, -\frac{1}{2}\right\rangle$$

$$+\sqrt{\frac{1}{2}}\left\langle 1, \frac{1}{2}\left|\frac{\lambda}{2}\boldsymbol{L}_{-}\boldsymbol{S}_{+}\right|2, -\frac{1}{2}\right\rangle-\sqrt{\frac{1}{2}}\left\langle 1, \frac{1}{2}\left|\frac{\lambda}{2}\boldsymbol{L}_{-}\boldsymbol{S}_{+}\right|-2, -\frac{1}{2}\right\rangle$$

このなかでゼロにならないのは次の積分だけである．

$$\sqrt{\frac{1}{2}}\left\langle 1, \frac{1}{2}\left|\frac{\lambda}{2}\boldsymbol{L}_{-}\boldsymbol{S}_{+}\right|2, -\frac{1}{2}\right\rangle$$

$$=\sqrt{\frac{1}{2}}\left\langle 1, \frac{1}{2}\left|\frac{\lambda}{2}\sqrt{2(2+1)-2(2-1)}\sqrt{\frac{1}{2}\left(\frac{1}{2}+1\right)-\left(-\frac{1}{2}\right)\left(\frac{1}{2}+1\right)}\right|1, \frac{1}{2}\right\rangle$$

$$=\frac{\lambda}{2}\sqrt{\frac{1}{2}}\sqrt{4}\sqrt{1}\left\langle 1, \frac{1}{2}\middle|1, \frac{1}{2}\right\rangle=\frac{\lambda}{\sqrt{2}}$$

$$\therefore\quad \langle\psi_1|\lambda\boldsymbol{LS}|\psi_6\rangle=\frac{\lambda}{\sqrt{2}}$$

このようにして求めた行列要素をもとに次の永年行列式がつくられる．

$$\begin{array}{c|cccccc|}
 & |\psi_1\rangle & |\psi_2\rangle & |\psi_3\rangle & |\psi_4\rangle & |\psi_5\rangle & |\psi_6\rangle \\
\hline
\langle\psi_1| & \lambda/2-E & 0 & 0 & 0 & 0 & \lambda/\sqrt{2} \\
\langle\psi_2| & 0 & -\lambda/2-E & 0 & 0 & 0 & 0 \\
\langle\psi_3| & 0 & 0 & -\lambda/2-E & 0 & 0 & 0 \\
\langle\psi_4| & 0 & 0 & 0 & \lambda/2-E & -\lambda/\sqrt{2} & 0 \\
\langle\psi_5| & 0 & 0 & 0 & -\lambda/\sqrt{2} & 0-E & 0 \\
\langle\psi_6| & \lambda/\sqrt{2} & 0 & 0 & 0 & 0 & 0-E
\end{array}=0 \qquad (4.17)$$

行列式の行と列を入れ替えてもよいから

$$\begin{array}{c|cccccc|}
 & |\psi_2\rangle & |\psi_3\rangle & |\psi_4\rangle & |\psi_5\rangle & |\psi_1\rangle & |\psi_6\rangle \\
\hline
\langle\psi_2| & -\lambda/2-E & 0 & 0 & 0 & 0 & 0 \\
\langle\psi_3| & 0 & -\lambda/2-E & 0 & 0 & 0 & 0 \\
\langle\psi_4| & 0 & 0 & \lambda/2-E & -\lambda/\sqrt{2} & 0 & 0 \\
\langle\psi_5| & 0 & 0 & -\lambda/\sqrt{2} & 0-E & 0 & 0 \\
\langle\psi_1| & 0 & 0 & 0 & 0 & \lambda/2-E & \lambda/\sqrt{2} \\
\langle\psi_6| & 0 & 0 & 0 & 0 & \lambda/\sqrt{2} & 0-E
\end{array}=0$$

これは対角行列であるから各ブロック行列を解けばよい．

$$\begin{array}{c|c|} & |\psi_2\rangle \\ \hline \langle\psi_2| & -\lambda/2-E \end{array} = 0 \qquad E_2 = -\frac{\lambda}{2} \tag{4.18a}$$

$$\begin{array}{c|c|} & |\psi_3\rangle \\ \hline \langle\psi_3| & -\lambda/2-E \end{array} = 0 \qquad E_3 = -\frac{\lambda}{2} \tag{4.18b}$$

$$\begin{array}{c|cc|} & |\psi_4\rangle & |\psi_5\rangle \\ \hline \langle\psi_4| & \lambda/2-E & -\lambda/\sqrt{2} \\ \langle\psi_5| & -\lambda/\sqrt{2} & 0-E \end{array} = 0 \qquad E_4 = \lambda, \quad E_5 = -\frac{\lambda}{2} \tag{4.18c}$$

$$\begin{array}{c|cc|} & |\psi_1\rangle & |\psi_6\rangle \\ \hline \langle\psi_1| & \lambda/2-E & \lambda/\sqrt{2} \\ \langle\psi_6| & \lambda/\sqrt{2} & 0-E \end{array} = 0 \qquad E_1 = \lambda, \quad E_6 = -\frac{\lambda}{2} \tag{4.18d}$$

以上から，$^2T_2$ 項はスピン軌道相互作用でエネルギー $-\lambda/2$ の 4 重縮重準位とエネルギー λ の 2 重縮重準位に分裂することがわかる．

次にスピン軌道結合で分裂した準位の波動関数（ゼロ次波動関数）を求める．ゼロ次波動関数は Zeeman エネルギーを計算するのに必要である．

1 次行列の場合は簡単で $\phi_2=\psi_2$ および $\phi_3=\psi_3$ である．

2 次行列式の解からゼロ次波動関数を求める方法を式 (4.18d) を例に示す．エネルギー λ の波動関数 Ψ_1 は ψ_1 と ψ_6 の 1 次結合で与えられる．

$$\Psi_1 = (c_1{}^2 + c_6{}^2)^{-1/2}[c_1\psi_1 + c_6\psi_6]$$

係数を決めるには式 (4.18d) の上（または下）の行に $E=\lambda$ を代入して

$$\left[\frac{\lambda}{2}-\lambda\right]c_1 + \frac{\lambda}{\sqrt{2}}c_6 = 0 \qquad \frac{c_6}{c_1} = \frac{1}{\sqrt{2}}$$

これより

$$\Psi_1 = \sqrt{\frac{2}{3}}\left[\psi_1 + \sqrt{\frac{1}{2}}\psi_6\right]$$

エネルギー $-\lambda/2$ の波動関数 ϕ_1 も ψ_1 と ψ_6 の 1 次結合で与えられる．

$$\phi_1 = (c_1{}^2 + c_6{}^2)^{-1/2}[c_1\psi_1 + c_6\psi_6]$$

式 (4.18d) のどちらかの行に $E=-\lambda/2$ を代入して $c_6/c_1=-\sqrt{2}$ が得られ

る．これより

$$\phi_1=\sqrt{\frac{1}{3}}[\psi_1-\sqrt{2}\psi_6]$$

式(4.18c)についても同様に $E=\lambda$ の波動関数 Ψ_2 と $E=-\lambda/2$ の波動関数 ϕ_4 を求める．その結果をまとめると，エネルギー $-\lambda/2$ の準位の四つの波動関数は

$$\begin{aligned}\phi_1&=\sqrt{\frac{1}{3}}[\psi_1-\sqrt{2}\psi_6]\\ \phi_2&=\psi_2\\ \phi_3&=\psi_3\\ \phi_4&=\sqrt{\frac{1}{3}}[\psi_4+\sqrt{2}\psi_5]\end{aligned}\qquad(4.19)$$

エネルギー λ の準位の二つの波動関数は

$$\begin{aligned}\Psi_1&=\sqrt{\frac{2}{3}}\left[\psi_1+\sqrt{\frac{1}{2}}\psi_6\right]\\ \Psi_2&=\sqrt{\frac{2}{3}}\left[\psi_4-\sqrt{\frac{1}{2}}\psi_5\right]\end{aligned}\qquad(4.20)$$

厳密にいうと，$^2T_2$ はスピン軌道相互作用をとおして励起 ^2E と混じりあうので波動関数に次の補正を加える必要がある．

$$\frac{\langle\psi(^2E)|\lambda\boldsymbol{LS}|\psi(^2T_2)\rangle}{E(^2T_2)-E(^2E)}\psi(^2E)=\frac{\langle\psi(^2E)|\lambda\boldsymbol{LS}|\psi(^2T_2)\rangle}{10Dq}\psi(^2E)$$

この補正項は2次 Zeeman 効果として磁化率に寄与する．この寄与は T 項が基底となるときは一般に無視されている．その理由は，2次 Zeeman 効果は T 項の1次 Zeeman 効果に比べるとはるかに小さいからである．しかし，A または E が基底となるときは励起項との混じりあいは重要な意味をもつ．

ゼロ次波動関数(4.19)と(4.20)とエネルギーがわかったので，次に磁場の摂動を考慮して磁化率の式を導く．磁場の摂動演算子は $\boldsymbol{\mu}H=(\boldsymbol{L}+2\boldsymbol{S})\beta H$ であるが，O_h 対称場では $\boldsymbol{\mu}_x=\boldsymbol{\mu}_y=\boldsymbol{\mu}_z$ であるから $\boldsymbol{\mu}_zH=(\boldsymbol{L}_z+2\boldsymbol{S}_z)\beta H$ について計算すればよい．実際の手順は次のように進める．

① エネルギー $-\lambda/2$ の準位について，1次 Zeeman エネルギーを計算して

1次 Zeeman 係数 $W_i^{(1)}$ を求める．

② エネルギー λ の準位について，1次 Zeeman エネルギーを計算して1次 Zeeman 係数 $W_j^{(1)}$ を求める．

③ エネルギー $-\lambda/2$ の準位とエネルギー λ の準位の相互作用から生じる2次 Zeeman エネルギーを計算して $W_i^{(2)}$ を求める．

④ スピン軌道相互作用をとおして基底結晶場項に混じってくる励起項の寄与を計算する．ただし，この寄与は T 項が基底となるときは無視する．

⑤ 上で求めた1次および2次 Zeeman 係数を Van Vleck の式に代入して磁化率の式を導く．

ステップ1：式(4.19)の波動関数を用いて行列要素 $\langle\phi_i|(\boldsymbol{L}_z+2\boldsymbol{S}_z)\beta H|\phi_j\rangle$ を計算する．一例として

$$\begin{aligned}\langle\phi_2|(\boldsymbol{L}_z+2\boldsymbol{S}_z)\beta H|\phi_2\rangle&=\left\langle 1,-\frac{1}{2}\middle|(\boldsymbol{L}_z+2\boldsymbol{S}_z)\beta H\middle|1,-\frac{1}{2}\right\rangle\\&=\left\langle 1,-\frac{1}{2}\middle|\boldsymbol{L}_z\beta H\middle|1,-\frac{1}{2}\right\rangle+\left\langle 1,-\frac{1}{2}\middle|2\boldsymbol{S}_z\beta H\middle|1,-\frac{1}{2}\right\rangle\\&=(1)\beta H\left\langle 1,-\frac{1}{2}\middle|1,-\frac{1}{2}\right\rangle+2\left(-\frac{1}{2}\right)\beta H\left\langle 1,-\frac{1}{2}\middle|1,-\frac{1}{2}\right\rangle=0\end{aligned}$$

このようにして求めた行列要素をもとに永年行列式をつくる．

$$\begin{array}{c|cccc|}
 & |\phi_1\rangle & |\phi_2\rangle & |\phi_3\rangle & |\phi_4\rangle \\ \hline
\langle\phi_1| & 0-E & 0 & 0 & 0\\
\langle\phi_2| & 0 & 0-E & 0 & 0\\
\langle\phi_3| & 0 & 0 & 0-E & 0\\
\langle\phi_4| & 0 & 0 & 0 & 0-E
\end{array}=0 \qquad (4.21)$$

これを解くと $E_1=E_2=E_3=E_4=0$ となる．エネルギー $-\lambda/2$ の縮重準位は1次の近似では磁場によって分裂しない．すなわち $W_i^{(1)}=0$ である．

ステップ2：式(4.20)の波動関数を用いて行列要素 $\langle\Psi_j|(\boldsymbol{L}_z+2\boldsymbol{S}_z)\beta H|\Psi_j\rangle$ を計算する．

$$\begin{array}{c|cc|} & |\Psi_1\rangle & |\Psi_2\rangle \\ \hline \langle\Psi_1| & \beta H-E & 0 \\ \langle\Psi_2| & 0 & -\beta H-E \end{array} =0 \qquad E=\pm\beta H \tag{4.22}$$

すなわち Ψ_1 と Ψ_2 は磁場によって分裂する．1 次 Zeeman 係数は $W_j^{(1)}=\pm\beta$ である．隣り合った Zeeman 分裂項のエネルギー差は $g\beta H$ であるから，この場合の g 値は 2.00 である．

ステップ 3：エネルギー $-\lambda/2$ の準位の波動関数 ($\phi_1\sim\phi_4$) がエネルギー λ の波動関数 (Ψ_1, Ψ_2) と相互作用することによるエネルギー補正を計算する．

エネルギー $-\lambda/2$ の準位に対しては

$$\sum_j \frac{\langle\phi_i|(\boldsymbol{L}_z+2\boldsymbol{S}_z)\beta H|\Psi_j\rangle\langle\Psi_j|(\boldsymbol{L}_z+2\boldsymbol{S}_z)\beta H|\phi_i\rangle}{E_i^0-E_j^0} \tag{4.23}$$

エネルギー λ の準位に対しては

$$\sum_i \frac{\langle\Psi_j|(\boldsymbol{L}_z+2\boldsymbol{S}_z)\beta H|\phi_i\rangle\langle\phi_i|(\boldsymbol{L}_z+2\boldsymbol{S}_z)\beta H|\Psi_j\rangle}{E_j^0-E_i^0} \tag{4.24}$$

式 (4.23) からは $\phi_1\sim\phi_4$ のそれぞれについて 2 次 Zeeman エネルギー $W_i^{(2)}H^2$ が，式 (4.24) からは Ψ_1 と Ψ_2 の 2 次 Zeeman エネルギー $W_j^{(2)}H^2$ が求められる．Van Vleck の式 (1.11) では，2 次 Zeeman 係数が関係する部分は $\sum(-2W_i^{(2)})\exp(-W_i^{(0)}/kT)$ の形であるから，あらかじめそれぞれの準位について $\sum W_i^{(2)}$ を求めておくとよい．

$$\sum W_i^{(2)} = \sum_{i=1}^{4}\sum_{j=1}^{2} \frac{\langle\phi_i|(L_z+2S_z)\beta|\Psi_j\rangle\langle\Psi_j|(L_z+2S_z)\beta|\phi_i\rangle}{(-\lambda/2)-\lambda} = \frac{-8\beta^2}{3\lambda} \tag{4.25}$$

$$\sum W_j^{(2)} = \sum_{j=1}^{2}\sum_{i=1}^{4} \frac{\langle\Psi_j|(L_z+2S_z)\beta|\phi_i\rangle\langle\phi_i|(L_z+2S_z)\beta|\Psi_j\rangle}{\lambda-(-\lambda/2)} = \frac{8\beta^2}{3\lambda} \tag{4.26}$$

ステップ 1 から 3 までの結果を図 4.1 にまとめた．

ステップ 4：図 4.1 のデータを Van Vleck の式に代入して磁化率の式を導く．それには $E=-\lambda/2$ をエネルギーゼロ基準にとると便利である．

$$\chi_A = N\frac{[0/kT-2(-8\beta^2/3\lambda)]\exp(-0/kT)+[\beta^2/kT+(-\beta)^2/kT-2(8\beta^2/3\lambda)]\exp(-3\lambda/2kT)}{4\exp(-0/kT)+2\exp(-3\lambda/2kT)}$$

$$=\frac{N\beta^2}{3kT}\times\frac{16kT/\lambda+[6-16kT/\lambda]\exp(-3\lambda/2kT)}{4+2\exp(-3\lambda/2kT)}$$

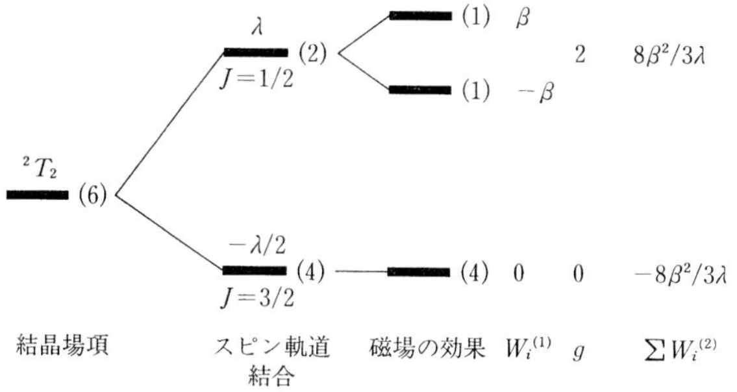

図 4.1　$^2T_2$ にスピン軌道結合と磁場が作用するときの分裂ダイヤグラム
カッコ内は縮重度を示す．

$x=\lambda/kT$ とおいて整理すると

$$\chi_A=\frac{N\beta^2}{3kT}\times\frac{8+(3x-8)\exp(-3x/2)}{x[2+\exp(-3x/2)]} \tag{4.27}$$

$\mu^2=3\chi_A kT/N\beta^2$（式(1.6)）であるから

$$\mu^2=\frac{8+(3x-8)\exp(-3x/2)}{x[2+\exp(-3x/2)]} \tag{4.28}$$

式(4.28)で与えられる磁気モーメントの温度変化を図4.2に示す．温度を $kT/|\lambda|$ で与えておくと便利である．すでに述べたように，スピン軌道結合定数 λ の大きさと符号は金属イオンの電子配置や立体配置（O_h または T_d）で変わるからである．Ti(III)の正八面体錯体では，自由イオンのスピン軌道結合定数（155 cm^{-1}）を用いると 300 K は $kT/\lambda=0.7\times300/155=1.35$ に相当する．室温で予想される磁気モーメントは 1.88 μ_B で，モーメントは温度とともに低下して絶対温度ではゼロに近づく．

この磁気的挙動は図4.1のダイヤグラムから定性的に説明できる．スピン軌道結合で生じた基底 $J=3/2$ の準位には1次 Zeeman 効果が働かないので，1次近似においては磁化率はゼロである．実際には2次の Zeeman 効果が働くので温度に依存しない常磁性が存在する．したがって，低温においては磁化率は温度に依存せず一定となり，磁気モーメントは絶対温度ではゼロに近づく．温度が高くなると $J=1/2$ の準位に熱分布するようになり，磁気モーメントは

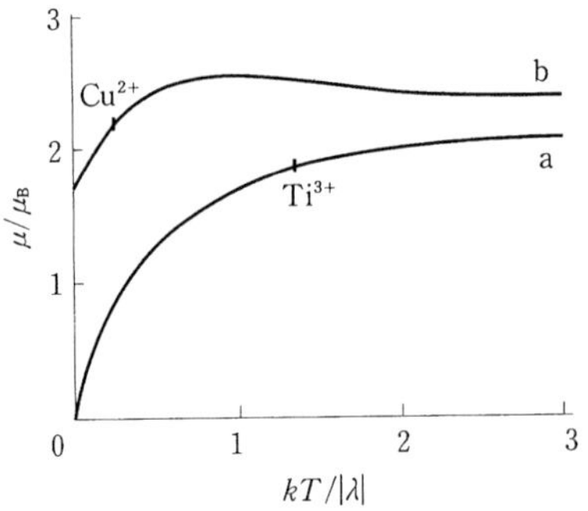

図 4.2　$^2T_2$ の磁気モーメントの温度依存性
(a) $\lambda>0$,　(b) $\lambda<0$.

温度依存を示すようになる．

d^9 電子配置の四面体錯体ではスピン軌道結合定数が負であるから図 4.1 のダイヤグラムは上下逆になる．Cu(II) の四面体錯体では，自由イオンのスピン軌道結合定数 ($-830\ cm^{-1}$) を用いると 300 K は $kT/|\lambda|=0.35$ に相当する．磁気モーメントは室温では約 2.2 μ_B で，温度の低下とともにほぼ直線的に減少して絶対温度では 1.73 μ_B に近づく．この磁気的挙動は図 4.1 のダイヤグラムから定性的に説明できる．エネルギー λ の最低準位は磁場で二つの成分に分裂し，g は 2.00 である．温度ゼロの極限においては磁気モーメントはスピンオンリー値の $\sqrt{3}\,\mu_B$ になる．式 (4.28) において $T\to 0\ (x\to\infty)$ とすると $\mu^2=3$ となることを確かめられたい．温度が上がると 2 次 Zeeman 効果から生じる温度に依存しない小さな常磁性が加わる．さらに温度が上がるとやがてエネルギー $-\lambda/2$ の励起準位に熱分布が始まる．励起状態は 1 次 Zeeman 効果からの寄与はないが 2 次 Zeeman 効果からの寄与がある．この場合には 2 次 Zeeman 係数に $\exp(3\lambda/2kT)$ が掛かるので，磁気モーメントは温度依存を示す．

4.3.2　^5D から生じる $^5T_2$ 項の磁性

波動関数の軌道部分は $^2T_2$ と同じである．これにスピン関数 $|M_S\rangle=|\pm 2\rangle$,

$|\pm1\rangle, |0\rangle$ を組み合わせる．軌道とスピンの多重度を考慮すると $^5T_2$ は 15 に縮重している．これらの波動関数から出発してスピン軌道結合と磁場の効果を計算する．計算の手法は $^2T_2$ のときと同じであるが，15×15 の永年行列方程式を解かなければならない．計算の結果を図 4.3 に与えた．

この結果を Van Vleck の式に代入して磁化率の式を導く．磁気モーメントは次の式で与えられる．

$$\mu^2=\frac{3[28x+9.33+(22.5x+4.17)\exp(-3x)+(24.5x-13.5)\exp(-5x)]}{x[7+5\exp(-3x)+3\exp(-5x)]} \quad (4.29)$$

ここで $x=\lambda/kT$ である．磁気モーメントの温度依存性を図 4.4 に示す．

$^5T_2$ 項の代表的な例として高スピンの Fe(II) 錯体がある．自由イオンの $\lambda=-100\ \mathrm{cm}^{-1}$ を用いると 300 K は $kT/|\lambda|=2.1$ に相当する．室温における磁気モーメントはおおよそ 5.6 μ_B で，温度を下げていくとゆるやかに増大して 160 K 付近で最大値に達したのち，減少に転じて温度ゼロでは 4.95 μ_B になる．図

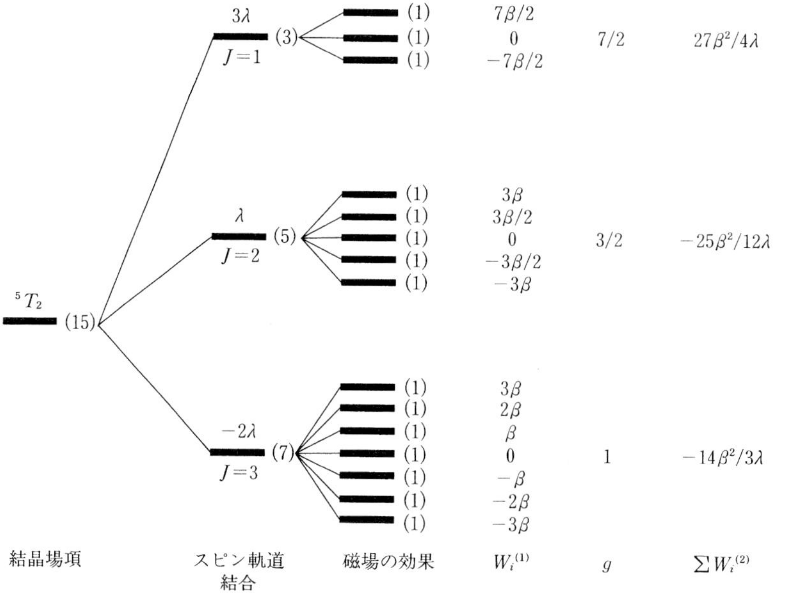

図 4.3　$^5T_2$ にスピン軌道相互作用と磁場が作用するときの分裂ダイヤグラム

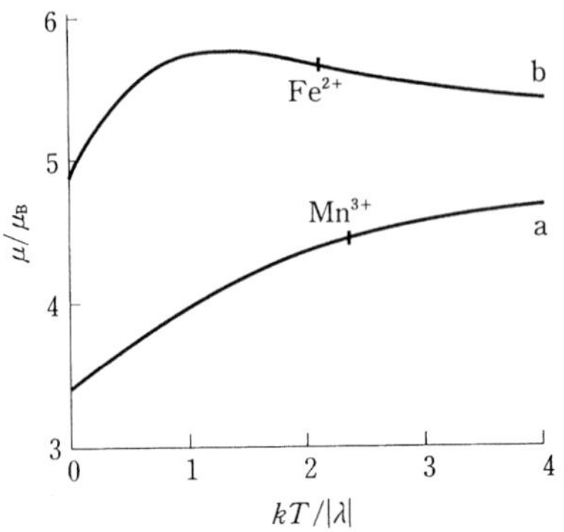

図 4.4　$^5T_2$ の磁気モーメントの温度依存性
(a) $\lambda>0$,　(b) $\lambda<0$.

4.3 からわかることは，スピン軌道結合で生じる $J=3, 2, 1$ の準位はいずれも1次 Zeeman 効果で分裂をするので，磁気モーメントは複雑な温度依存をする．$\lambda>0$ のときは磁気モーメントは温度とともに減少して，絶対温度では $\sqrt{12}=3.46\ \mu_B$ になる．

4.3.3　^3F から生じる $^3T_1$ 項の磁性

$^3T_1$ の軌道部分の関数は表 3.3 に与えてある．波動関数はこれにスピン関数 $|M_S\rangle=|\pm1\rangle$ および $|0\rangle$ を組み合わせる．したがって $^3T_1$ は 9 に縮重している．スピン軌道結合と磁場が作用するときの分裂ダイヤグラムを図 4.5 に与えた．

Van Vleck の式を用いると磁気モーメントの式は次のようになる．

$$\mu^2=\frac{3[0.625x+6.8+(0.125x+4.08)\exp(-3x)-10.89\exp(-9x/2)]}{x[5+3\exp(-3x)+\exp(-9x/2)]} \tag{4.30}$$

磁気モーメントの一般的な挙動を図 4.6 に示した．図にはあとで議論する強い場における磁気挙動も示した．

$^3T_1$ の例としては V(III) の正八面体錯体がある．V(III) の自由イオンの $\lambda=105\ \mathrm{cm^{-1}}$ を仮定すると，磁気モーメントの温度依存は (a) のようになる．この場合の 300 K は $kT/\lambda=2.0$ に相当している．300 K における磁気モーメントはおおよそ 2.7 μ_B で，温度を下げるとしだいに減少して絶対温度では 0.62 μ_B

4.3 弱い正八面体および正四面体結晶場にある遷移金属イオンの磁性

結晶場項	スピン軌道結合		磁場の効果		$W_i^{(1)}$	g	$\sum W_i^{(2)}$
$^3T_1$ (9)	3λ, $J=0$	(1)		(1)	0	0	$49\beta^2/9\lambda$
	$3\lambda/2$, $J=1$	(3)		(1) (1) (1)	$\beta/4$ 0 $-\beta/4$	1/4	$-49\beta^2/24\lambda$
	$-3\lambda/2$, $J=2$	(5)		(1) (1) (1) (1) (1)	$\beta/2$ $\beta/4$ 0 $-\beta/4$ $-\beta/2$	1/4	$-245\beta^2/72\lambda$

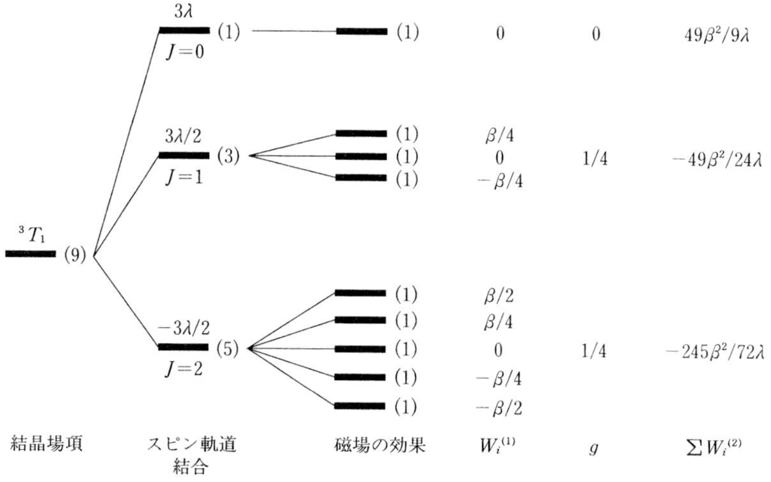

図 4.5 $^3T_1$ にスピン軌道相互作用と磁場が作用するときの分裂ダイヤグラム

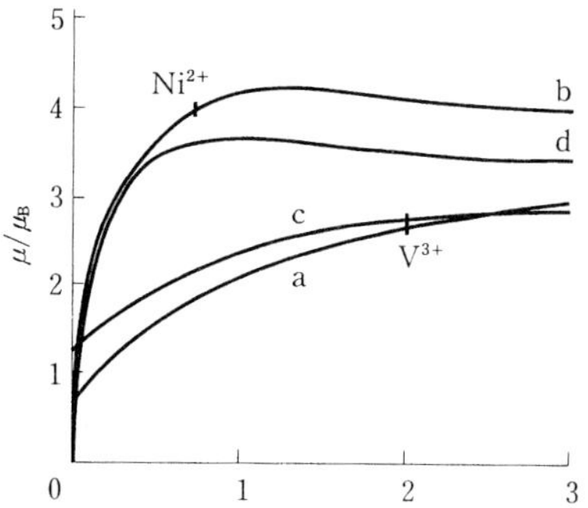

図 4.6 $^3T_1$ の磁気モーメントの温度依存性 (a) $\lambda>0$, (b) $\lambda<0$. (c) および (d) は強い場の極限におけるそれぞれ $\lambda>0$ および $\lambda<0$ のときの挙動である．

になる．

$^3T_1$ の正四面体の例として Ni(II) 錯体がある．この場合には λ は負であるから，図 4.5 のダイヤグラムは逆になる．Ni(II) の自由イオンの $\lambda=-315$ cm^{-1} を用いると 300 K は $kT/|\lambda|=0.67$ に相当する．磁気モーメントは室温で

約 4.0 μ_B で，温度とともに減少して絶対温度ではゼロになる．図 4.5 からわかることは，温度を下げていくとやがてエネルギー最低の準位 ($E=3\lambda$) だけが熱分布されるようになる．この準位は 1 次 Zeeman 効果を示さず，2 次 Zeeman 効果に由来する小さな温度に依存しない常磁性を示すのみである．事実，四面体 Ni(II) 錯体では 150 K 以下では磁化率は小さな一定値を示すことがわかっている．

4.3.4　^4F から生じる $^4T_1$ 項の磁性

$^4T_1$ の波動関数の軌道部分は $^3T_1$ と同じである．これにスピン関数 $|M_S\rangle=|\pm3/2\rangle$ および $|\pm1/2\rangle$ を組み合わせる．スピン軌道相互作用と磁場の効果による $^4T_1$ の分裂を図 4.7 に示した．

Van Vleck の式を適用すると磁気モーメントは次のように与えられる．

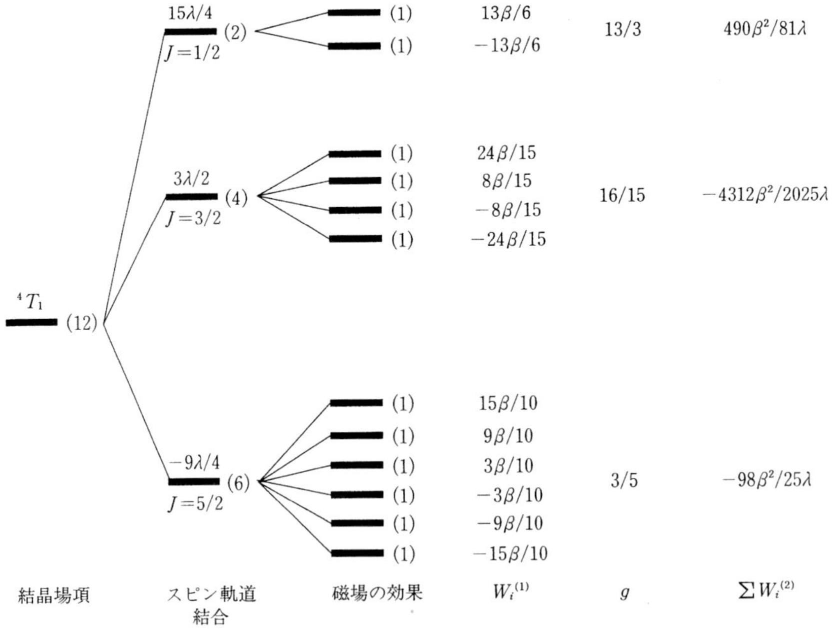

図 4.7　$^4T_1$ にスピン軌道相互作用と磁場が作用するときの分裂ダイヤグラム

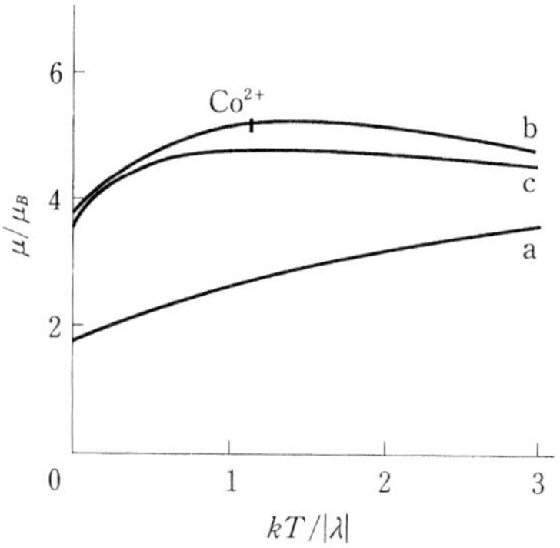

図 4.8 $^4T_1$ の磁気モーメントの温度依存性
(a) $\lambda>0$, (b) $\lambda<0$. (c) は強い場の極限において $\lambda<0$ のときの挙動である.

$$\mu^2=\frac{3[3.15x+3.92+(2.84x+2.13)\exp(-15x/4)+(4.7x-6.05)\exp(-6x)]}{x[3+2\exp(-15x/4)+\exp(-6x)]} \tag{4.31}$$

磁気モーメントの一般的な挙動を図 4.8 に示した. 図 4.8 にはあとで議論する強い場の結果も示してある.

$^4T_1$ を与えるものに Co(II) の正八面体錯体がある. Co(II) のスピン軌道結合定数は負であるから, 図 4.7 の分裂ダイヤグラムは逆になる. 自由イオンの $\lambda=-170\ \mathrm{cm}^{-1}$ を用いると, 正八面体 Co(II) 錯体の磁気モーメントは室温で約 5.2 μ_B 程度で, 温度とともに減少して温度ゼロでは 3.76 μ_B になる.

4.3.5 ^3F から生じる $^3A_2$ 項の磁性

F 項が結晶場で分裂して A_2 基底を与えるケースについては表 3.1 にまとめた. A_2 には軌道縮重がないからスピン軌道相互作用は働かない. この場合には磁気モーメントはスピンオンリーの値に等しくなると予想される. しかしながら, スピン軌道相互作用によって, 励起 T_2 の軌道の寄与がわずかながら混じってくるために, 磁気モーメントはスピンオンリー値からずれを示す. 基底が T 項のときは励起状態との混じりあいは問題にならないが, A_2 が基底のときは無視できない.

ここで ^3F から生じる $^3A_2$ 項について励起 $^3T_2$ との混じりあいによる寄与を計算してみよう. $^3T_2$ は $^3A_2$ から $10Dq$ 上にある.

$^3A_2$ の波動関数を $|M_L, M_S\rangle$ で表すと

$$\begin{aligned}\phi_1 &= \sqrt{1/2}\,[|2, 1\rangle - |-2, 1\rangle] \\ \phi_2 &= \sqrt{1/2}\,[|2, 0\rangle - |-2, 0\rangle] \\ \phi_3 &= \sqrt{1/2}\,[|2, -1\rangle - |-2, -1\rangle]\end{aligned} \tag{4.32}$$

$^3T_2$ の波動関数は

$$\begin{aligned}\phi_4 &= \sqrt{5/8}|1, 1\rangle - \sqrt{3/8}|-3, 1\rangle \\ \phi_5 &= \sqrt{5/8}|1, 0\rangle - \sqrt{3/8}|-3, 0\rangle \\ \phi_6 &= \sqrt{5/8}|1, -1\rangle - \sqrt{3/8}|-3, -1\rangle \\ \phi_7 &= \sqrt{5/8}|-1, 1\rangle - \sqrt{3/8}|3, 1\rangle \\ \phi_8 &= \sqrt{5/8}|-1, 0\rangle - \sqrt{3/8}|3, 0\rangle \\ \phi_9 &= \sqrt{5/8}|-1, -1\rangle - \sqrt{3/8}|3, -1\rangle \\ \phi_{10} &= \sqrt{1/2}\,[|2, 1\rangle + |-2, 1\rangle] \\ \phi_{11} &= \sqrt{1/2}\,[|2, 0\rangle + |-2, 0\rangle] \\ \phi_{12} &= \sqrt{1/2}\,[|2, -1\rangle + |-2, -1\rangle]\end{aligned} \tag{4.33}$$

次に行列要素 $\langle\phi_j|\lambda\boldsymbol{LS}|\phi_i\rangle$ を計算する. ここで ϕ_i は ϕ_1~ϕ_3 であり, ϕ_j は ϕ_4~ϕ_{12} である. ゼロにならない行列要素は次のものだけである.

$$\begin{aligned}&\langle\phi_8|\lambda\boldsymbol{LS}|\phi_1\rangle = -2\lambda \qquad &&\langle\phi_{10}|\lambda\boldsymbol{LS}|\phi_1\rangle = 2\lambda \\ &\langle\phi_4|\lambda\boldsymbol{LS}|\phi_2\rangle = 2\lambda &&\langle\phi_9|\lambda\boldsymbol{LS}|\phi_2\rangle = -2\lambda \\ &\langle\phi_5|\lambda\boldsymbol{LS}|\phi_3\rangle = 2\lambda &&\langle\phi_{12}|\lambda\boldsymbol{LS}|\phi_3\rangle = -2\lambda\end{aligned}$$

すなわち $|\phi_1\rangle$ はスピン軌道相互作用を通して $|\phi_8\rangle$ および $|\phi_{10}\rangle$ と混じりあう. 同様に $|\phi_2\rangle$ は $|\phi_4\rangle$ および $|\phi_9\rangle$ と, $|\phi_3\rangle$ は $|\phi_5\rangle$ および $|\phi_{12}\rangle$ と混じりあう. この混じりあいを考慮した波動関数は

$$\Psi_1 = \phi_1 - \frac{2\lambda}{10Dq}(\phi_{10} - \phi_8)$$
$$\Psi_2 = \phi_2 - \frac{2\lambda}{10Dq}(\phi_4 - \phi_9) \qquad (4.34)$$
$$\Psi_3 = \phi_3 - \frac{2\lambda}{10Dq}(\phi_5 - \phi_{12})$$

ここで規格化定数 $1/[1^2+(2\lambda/10Dq)^2]^{-1/2} \fallingdotseq 1$ とおいた．

2 次のスピン軌道結合で励起 $^3T_2$ と混じりあう結果，$^3A_2$ のエネルギーが下がることを指摘しておこう．

$$\sum_{j=4}^{12} \frac{\langle\phi_i|\lambda LS|\phi_j\rangle\langle\phi_j|\lambda LS|\phi_i\rangle}{E_i - E_j} = -\frac{8\lambda^2}{10Dq} \quad (i=1\sim3)$$

次に Ψ_1, Ψ_2, Ψ_3 を用いて磁場による摂動を計算する．行列要素は

$$\begin{aligned}
&\langle\Psi_1|(\boldsymbol{L}_z+2\boldsymbol{S}_z)\beta H|\Psi_1\rangle \\
&=\langle\phi_1|(\boldsymbol{L}_z+2\boldsymbol{S}_z)\beta H|\phi_1\rangle - \frac{2\lambda}{10Dq}\langle\phi_1|(\boldsymbol{L}_z+2\boldsymbol{S}_z)\beta H|\phi_{10}\rangle \\
&\quad + \frac{2\lambda}{10Dq}\langle\phi_1|(\boldsymbol{L}_z+2\boldsymbol{S}_z)\beta H|\phi_8\rangle - \frac{2\lambda}{10Dq}\langle\phi_{10}|(\boldsymbol{L}_z+2\boldsymbol{S}_z)\beta H|\phi_1\rangle \\
&\quad + \frac{2\lambda}{10Dq}\langle\phi_8|(\boldsymbol{L}_z+2\boldsymbol{S}_z)\beta H|\phi_1\rangle \\
&= 2\beta H - \frac{8\lambda}{10Dq}\beta H
\end{aligned}$$

同様にして

$$\langle\Psi_2|(\boldsymbol{L}_z+2\boldsymbol{S}_z)\beta H|\Psi_2\rangle = 0$$
$$\langle\Psi_3|(\boldsymbol{L}_z+2\boldsymbol{S}_z)\beta H|\Psi_3\rangle = -2\beta H + \frac{8\lambda}{10Dq}\beta H$$

上の計算で $(2\lambda/10Dq)^2$ の項は無視した．

永年行列式は

$$\begin{array}{c|ccc|}
 & |\Psi_1\rangle & |\Psi_2\rangle & |\Psi_3\rangle \\
\hline
\langle\Psi_1| & [2-8\lambda/10Dq]\beta H - E & & \\
\langle\Psi_2| & & 0-E & \\
\langle\Psi_3| & & & [-2+8\lambda/10Dq]\beta H - E
\end{array} = 0 \qquad (4.35)$$

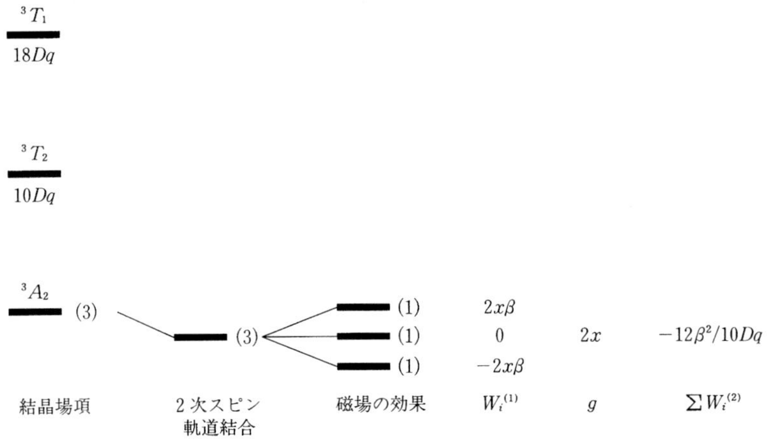

図 4.9　^3F 項から生じる $^3A_2$ にスピン軌道相互作用と磁場が作用するときのエネルギーダイヤグラム ($x=1-4\lambda/10Dq$)

これを解いて

$$E = \pm[2-8\lambda/10Dq]\beta H \text{ および } 0 \tag{4.36}$$

$^3A_2$ がスピン軌道結合と磁場の効果で分裂する様子を図 4.9 にまとめた．2 次のスピン軌道相互作用によって励起 $^3T_2$ の波動関数と混じりあう結果，$^3A_2$ のエネルギーは低下する．$^3A_2$ は 1 次 Zeeman 効果によって分裂し，g 値は $2[1-4\lambda/10Dq]$ で与えられる．さらに 2 次の Zeeman 効果によって $^3T_2$ からの寄与が温度に依存しない常磁性として加わる (式 (4.37))．$E_i-E_j=-10Dq$ を仮定すると 2 次 Zeeman エネルギーは次のように求められる．

$$\sum_{i=1}^{3}\sum_{j=4}^{12}\frac{\langle\Psi_i|(\boldsymbol{L}_z+2\boldsymbol{S}_z)\beta H|\phi_j\rangle\langle\Psi_j|(\boldsymbol{L}_z+2\boldsymbol{S}_z)\beta H|\phi_i\rangle}{E_i-E_j} = -\frac{12\beta^2H^2}{10Dq} \tag{4.37}$$

以上の結果を Van Vleck の式に代入すると次の磁化率の式が得られる．

$$\chi_{\text{ave}} = \frac{8N\beta^2}{3kT}\left\{1-\frac{4\lambda}{10Dq}\right\}^2+\frac{8N\beta^2}{10Dq} \tag{4.38}$$

温度に依存しない常磁性 TIP ($N\alpha$) を差し引いて磁気モーメントを計算すると

$$\mu_{\text{ave}} = \sqrt{8(\chi_{\text{A}}-N\alpha)T} = \sqrt{8}\left(1-\frac{4\lambda}{10Dq}\right) = \mu_{\text{so}}\left(1-\frac{4\lambda}{10Dq}\right) \tag{4.39}$$

μ_{so} はスピンオンリーの磁気モーメントである．式 (4.38) は低温域においては

Curie 則に従うが，高温になると TIP が存在するために直線から曲がってくる．この磁気挙動は 1.4 節でも述べた．式(4.39)から，TIP を正確に見積もって差し引くと磁気モーメントは温度に依存しない．

4.3.6　^4F から生じる $^4A_2$ 項の磁性

^4F から生じる $^4A_2$ についても上に述べた方法で分裂ダイヤグラムを求めることができる．結果を図 4.10 にまとめた．

磁化率と磁気モーメントは次のようになる．

$$\chi_{\text{ave}} = \frac{15N\beta^2}{3kT}\left\{1-\frac{4\lambda}{10Dq}\right\}^2 + \frac{8N\beta^2}{10Dq} \tag{4.40}$$

$$\mu_{\text{ave}} = \sqrt{15}\left(1-\frac{4\lambda}{10Dq}\right) = \mu_{\text{so}}\left(1-\frac{4\lambda}{10Dq}\right) \tag{4.41}$$

4.3.7　D 項から生じる E 結晶場項の磁性

自由イオン D 項から ^2E (d^1 正四面体，d^9 正八面体) および ^5E (d^4 正八面体，d^6 正四面体) がエネルギー最低の結晶場項として生じる (表 3.1)．E 項には軌道角運動量はない．したがってスピン軌道相互作用によって縮重は解かれ

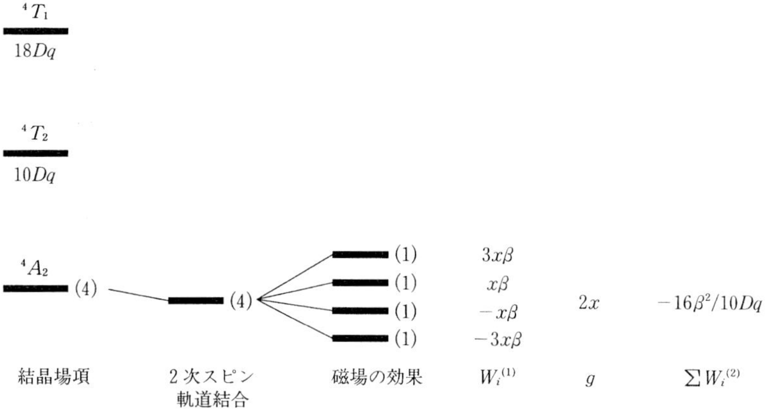

図 4.10　^4F 項から生じる $^4A_2$ にスピン軌道相互作用と磁場が作用するときのエネルギーダイヤグラム ($x=1-4\lambda/10Dq$)

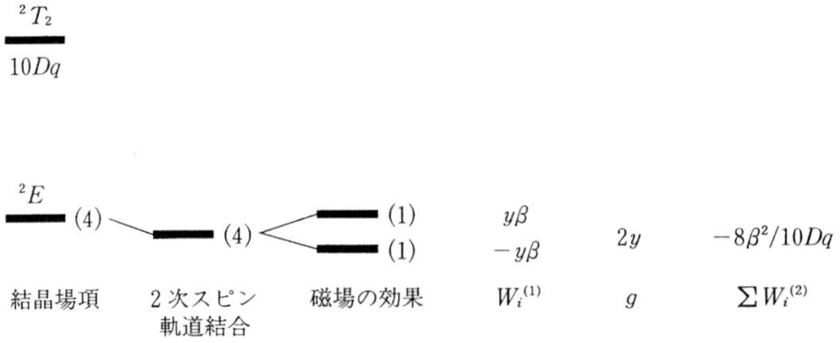

図 4.11　^2D 項から生じる ^2E にスピン軌道相互作用と磁場が作用するときのエネルギーダイヤグラム $(y=1-2\lambda/10Dq)$

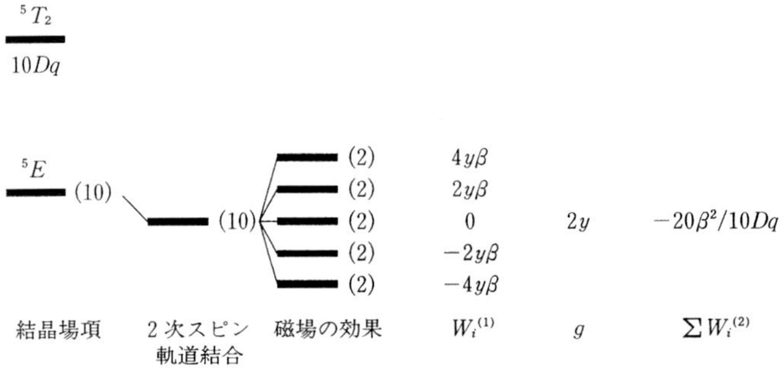

図 4.12　^5D 項から生じる ^5E にスピン軌道相互作用と磁場が作用するときのエネルギーダイヤグラム $(y=1-2\lambda/10Dq)$

ることはない．しかし2次のスピン軌道相互作用で励起 T 項の波動関数が混じってくるために，E 項は磁場で分裂して常磁性を示す．さらに2次Zeeman効果によって温度に依存しない常磁性(TIP)が加わる．

^2E および ^5E 項がスピン軌道結合と磁場の効果で分裂する様子をそれぞれ図4.11および4.12に示した．

この結果をもとに ^2E の磁化率と磁気モーメントは次のようになる．

$$\chi_{\mathrm{ave}}=\frac{N\beta^2}{3kT}\times 3\left\{1-\frac{2\lambda}{10Dq}\right\}^2+\frac{4N\beta^2}{10Dq} \tag{4.42}$$

$$\mu_{\mathrm{ave}}=\sqrt{3}\left(1-\frac{2\lambda}{10Dq}\right)=\mu_{\mathrm{so}}\left(1-\frac{2\lambda}{10Dq}\right) \tag{4.43}$$

表 4.2 自由スピン d^n 配置から生じる A および E 項の磁気モーメント

d 電子数	立体構造	基底項	λ の符号	$\mu_{so}(1-\alpha\lambda/10Dq)$ の α 値	μ_{so} との比較
1	T_d	^2E	正	2	小さい
2	T_d	$^3A_2$	正	4	小さい
3	O_h	$^4A_{2g}$	正	4	小さい
4	O_h	^5E_g	正	2	小さい
5	O_h	$^6A_{1g}$	—	0	等しい
5	T_d	$^6A_1$	—	0	等しい
6	T_d	^5E	負	2	大きい
7	T_d	$^4A_2$	負	4	大きい
8	O_h	$^3A_{2g}$	負	4	大きい
9	O_h	^2E_g	負	2	大きい

同様に ^5E の磁化率と磁気モーメントは次のようになる．

$$\chi_{\text{ave}} = \frac{N\beta^2}{3kT} \times 24\left\{1-\frac{2\lambda}{10Dq}\right\}^2 + \frac{4N\beta^2}{10Dq} \tag{4.44}$$

$$\mu_{\text{ave}} = \sqrt{24}\left(1-\frac{2\lambda}{10Dq}\right) = \mu_{\text{so}}\left(1-\frac{2\lambda}{10Dq}\right) \tag{4.45}$$

A_2 および E 基底項の遷移金属錯体の磁気的性質は λ と $10Dq$ に依存する．d 殻が半充塡以下では λ は正であるから，磁気モーメントはスピンオンリーの値よりも小さくなる．ただし，λ は $10Dq$ に比べて小さいのでスピンオンリー値からのずれは一般に小さい．d 殻が半充塡以上では λ は負であるから，磁気モーメントはスピンオンリーの値よりも大きくなる．しかも，λ は d 周期の後半になるほど大きくなるので，スピンオンリー値からのずれも大きくなる．

表 4.2 には d^n 電子配置から生じる A 項について，λ の符号と磁気モーメントの関係をまとめた．

4.3.8 ^6S から生じる $^6A_1$ 項の磁性

d^5 電子配置から生じる ^6S は結晶場で分裂しない．球対称結晶場では $^6A_1$ を与える．A 項は軌道角運動量をもたないからスピン軌道相互作用は考えられない．さらに同じスピン多重度の励起項はないので，2 次のスピン軌道結合や

2次の Zeeman 効果も働かない．以上の理由から，$^6A_1$ 基底の磁気モーメントはスピンオンリー値の 5.92 μ_B に等しくなる．

4.4 中間結晶場および強結晶場における遷移金属イオンの磁性

第2章で F 項が最低エネルギー項となるとき，同じスピン多重度の P 項が 15 B のエネルギーに存在することを述べた．球対称場では F 項と P 項から同じ対称性の T_1 が生じ，$T_1(F)$ と $T_1(P)$ は結晶場によって相互作用する．そのために，中間結晶場および強結晶場においては T_1 の磁性は結晶場の強さに依存する．

D 項から生じる T_2 結晶場項や，F および D 項から生じる A_2 または E 結晶場項が基底となるときは，同じ対称性で同じスピン多重度の励起項がないので，結晶場によって磁性が変わることはない．

4.4.1 自由イオン F 項から生じる T_1 の中間結晶場における磁性

中間結晶場ではスピン多重度が変わることはないが，十分に強い配位子場が働いている．第2章で述べたように T_1 項の波動関数は $T_1(F)$ と $T_1(P)$ の波動関数の1次結合で与えられる．

$$\Psi(T_1)=(1+c_i^2)^{-1/2}[\Psi(T_1^0(F))+c_i\Psi(T_1^0(P))] \tag{4.46}$$

混じりあい係数は $c_i=(6Dq+E)/4Dq$ (式(3.10)) で与えられ，弱結晶場の極限では $c_i=0$，強結晶場の極限では $c_i=-1/2$ である．

中間結晶場における T_1 項の磁性を扱うには，$A=(1.5-c_i^2)/(1.0+c_i^2)$ をパラメーターとして T_1 の波動関数の軌道部分を次のように定義すると便利である．

$$\begin{aligned}|\pm A\rangle&=(1+c_i^2)^{-1/2}\left[\sqrt{\frac{5}{8}}\left|3, \pm 3\right\rangle+\sqrt{\frac{3}{8}}\left|3, \mp 1\right\rangle+c_i|1, \mp 1\rangle\right]\\ |0\rangle&=(1+c_i^2)^{-1/2}[|3, 0\rangle+c_i|1, 0\rangle]\end{aligned} \tag{4.47}$$

この波動関数を用いるとゼロにならない行列要素は次のものだけである．

$$\begin{aligned}\langle \pm A|\boldsymbol{L}_z|\pm A\rangle &= \pm A\\ \langle \pm A|\boldsymbol{L}_x|0\rangle &= -\sqrt{\frac{1}{2}}A\\ \langle \pm A|\boldsymbol{L}_y|0\rangle &= -\mathrm{i}\sqrt{\frac{1}{2}}A\end{aligned} \tag{4.48}$$

パラメーター A は電子間反発と配位子場の相対的な大きさの尺度であり，弱結晶場の極限では 1.5，強結晶場の極限では 1.0 である (3.4.1 項参照).

(a)　${}^3T_1$ 項. ${}^3T_1$ は $L=1$, $S=1$ であるからスピン軌道結合で $J=2, 1, 0$ の準位が生じる. 式 (4.47) の波動関数を用いると，スピン軌道結合で分裂する準位のエネルギーは次の式から求められる.

$$E(J, L, S)=\frac{-A\lambda}{2}[J(J+1)-L(L+1)-S(S+1)]$$

すなわち $J=2, 1, 0$ 準位のエネルギーはそれぞれ $-A\lambda, A\lambda, 2A\lambda$ である. スピン軌道結合と磁場による摂動の結果を図 4.13 に示した. 弱結晶場の極限では $A=1.5$ とおくと図 4.5 と同じ結果になることがわかる.

これを Van Vleck の式に代入すると

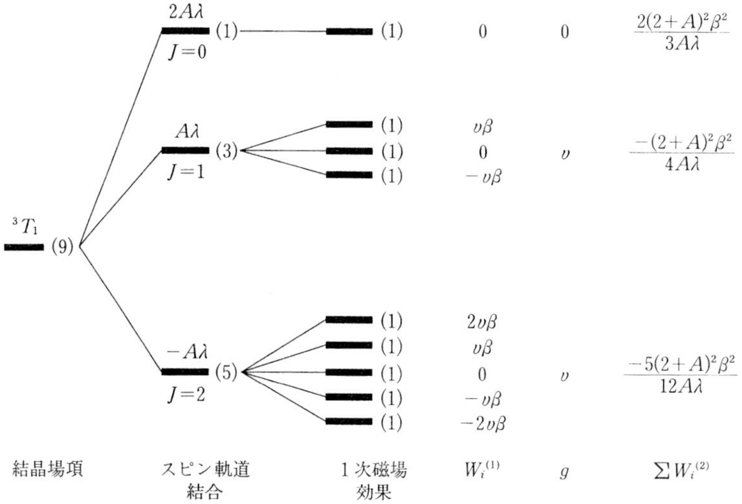

図 4.13　中間および強結晶場にある ${}^3T_1$ の分裂ダイヤグラム ($\upsilon=1-A/2$)

$$\mu^2 = \frac{\begin{array}{l}2.5(A-2)^2x+5(A+2)^2/6A\\+\{0.5(A-2)^2x+(A+2)^2/2A\}\exp(-2Ax)\\-\{4(A+2)^2/3A\}\exp(-3Ax)\end{array}}{(x/3)[5+3\exp(-2Ax)+\exp(-3Ax)]} \tag{4.49}$$

ここで $x=\lambda/kT$ である.

式 (4.49) で $A=1.5$ とおくと弱い場の磁化率の式 (4.30) になることを確かめられたい. $A=1.0$ とおくと強結晶場の極限の磁気モーメントの式が得られる. その結果を図 4.6 に示した. 強結晶場の極限で λ が正のときは, 磁気モーメントはよりゆるやかに減少して, 絶対温度では $1.23\,\mu_\mathrm{B}$ に近づく.

(b) $^4T_1$ 項. スピン軌道結合で $^4T_1$ は $J=1/2, 3/2, 5/2$ の準位に分裂して, そのエネルギーはそれぞれ $5A\lambda/2, A\lambda, -3A\lambda/2$ で与えられる. さらに磁場の摂動による結果を合わせて図 4.14 に示した.

図 4.14 の結果をもとに磁気モーメントは次式で与えられる.

結晶場項	スピン軌道結合	1次磁場効果	$W_i^{(1)}$	g	$\sum W_i^{(2)}$
	$5A\lambda/2$ (2) $J=1/2$	(1) (1)	$x\beta$ $-x\beta$	$2x$	$\dfrac{20(2+A)^2\beta^2}{27A\lambda}$
$^4T_1$ (9)	$A\lambda$ (4) $J=3/2$	(1) (1) (1) (1)	$3y\beta$ $y\beta$ $-y\beta$ $-3y\beta$	$2y$	$\dfrac{-176(2+A)^2\beta^2}{675A\lambda}$
	$-3A\lambda/2$ (6) $J=5/2$	(1) (1) (1) (1) (1) (1)	$5z\beta$ $3z\beta$ $z\beta$ $-z\beta$ $-3z\beta$ $-5z\beta$	$2z$	$\dfrac{-12(2+A)^2\beta^2}{25A\lambda}$

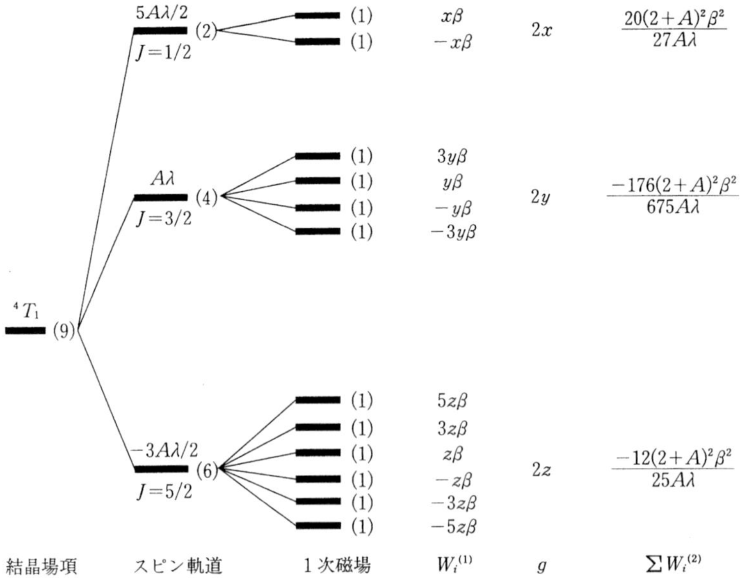

図 4.14 中間および強結晶場にある $^3T_1$ の分裂ダイヤグラム ($x=(10+2A)/6$, $y=(22-4A)/30$, $z=(6-2A)/10$)

$$\mu^2=\frac{\begin{array}{l}7(3-A)^2x/5+12(A+2)^2/25A\\+\{2(11-2A)^2x/45+176(A+2)^2/675A\}\exp(-5Ax/2)\\+\{(A+5)^2x/9-20(A+2)^2/27A\}\exp(-4Ax)\end{array}}{(x/3)[3+2\exp(-5Ax/2)+\exp(-4Ax)]} \qquad (4.50)$$

ここで $A=1.5$ とおくと弱結晶場の極限の式(4.31)が得られる．また，$A=1.0$ とおくと強結晶場の極限の磁気モーメントの式が得られる(図4.8参照)．

4.4.2 球対称場におけるスピン対形成錯体の磁性

結晶場が十分に強いときはスピン対形成が起こり，このときのエネルギー準位はまず $t_2^n e^m$ 電子配置で規定され，それぞれの電子配置においては電子間相互作用によっていくつかの結晶場項を生じる(図3.2参照)．表4.3には強結晶場正八面体錯体の基底 $t_2^n e^m$ 配置とそれから生じるエネルギー最低の結晶場項をまとめた．

スピン対形成錯体の磁性は，これまで議論してきた弱い場の錯体あるいは中間結晶場の錯体の磁性となんら変わらないが，スピン軌道結合定数の λ の符号については注意を要する．結晶場項のスピン軌道結合定数 λ と1電子スピン軌道結合定数 ζ の間には $\lambda=\pm\zeta_{nd}/2S$ の関係があることをすでに述べた(式(2.8))．高スピン錯体の場合には d 軌道が半充塡以下のときは λ は正，半充塡以上では負であるが(表2.4参照)，スピン対形成錯体(低スピン錯体)では t_2 軌道が半充塡以下のときは λ は正，t_2 軌道が半充塡以上のときは負となる．

表4.3 正八面体強結晶場における基底 $t_2^n e^m$ 配置と基底結晶場項

d 電子数	強い場の電子配置	基底結晶場項
1	$t_{2g}{}^1$	$^2T_{2g}$
2	$t_{2g}{}^2$	$^3T_{1g}$
3	$t_{2g}{}^3$	$^4A_{2g}$
4	$t_{2g}{}^4$	$^3T_{1g}$
5	$t_{2g}{}^5$	$^2T_{2g}$
6	$t_{2g}{}^6$	$^1A_{1g}$
7	$t_{2g}{}^6e_g{}^1$	^2E_g
8	$t_{2g}{}^6e_g{}^2$	$^3A_{2g}$
9	$t_{2g}{}^6e_g{}^3$	^2E_g

4.5 軌道角運動量の減少—共有結合性の効果

Griffiths と Stevens は $IrCl_6^{2-}$ の電子スピン共鳴を研究して，その g 値が純粋に d 軌道だけを考えて計算から求められる値よりもかなり小さくなることを見いだした．また，電子スピン共鳴は Cl 核による超々微細結合を示すから，不対電子は塩素の上にも存在する．このことは Ir-Cl 結合に共有性があることの証拠であり，金属の d 軌道と配位子の p 軌道の間に分子軌道がつくられるとき，不対電子の軌道角運動量が減少することを意味している．共有性による軌道角運動量の減少は，磁気モーメント演算子を次のように修正することで説明される．

$$\boldsymbol{\mu} = \beta H(\boldsymbol{kL}+2\boldsymbol{S}) \tag{4.51}$$

$\boldsymbol{k}$ は軌道角運動量の減少を表すパラメーターで，軌道縮小因子 (orbital reduction factor) とよばれる．$\boldsymbol{k}$ はしばしば電子非局在化パラメーターともよばれる．

$\boldsymbol{k}$ と共有結合性の関係を簡単な例で示そう．配位子場モデルでは d_{xz} および d_{yz} 軌道と配位子の p 軌道からつくられる分子軌道は次のように表される (図 4.15).

$$|xz\rangle = N[d_{xz}+(\alpha/2)\{p_x(1)-p_x(2)+p_z(3)-p_z(4)\}]$$
$$|yz\rangle = N[d_{yz}+(\alpha/2)\{p_y(1)-p_y(2)+p_z(5)-p_z(6)\}]$$

α は混じり合い係数である．

z 軸に関する軌道角運動量をこの二つの分子軌道について求めると

$$\begin{aligned}\langle xz|\boldsymbol{l}_z|yz\rangle &= N^2[\langle d_{xz}+(\alpha/2)\{p_x(1)-p_x(2)+p_z(3)-p_z(4)\}|\boldsymbol{l}_z|d_{yz}+\\ &\qquad (\alpha/2)\{p_y(1)-p_y(2)+p_z(5)-p_z(6)\}\rangle]\\ &= -\mathrm{i}N^2(1+4\alpha S_{d,p})\end{aligned} \tag{4.52}$$

ここで $N^2=(1+\alpha^2+4\alpha S_{d,p})^{-1}$ であり，$S_{d,p}$ は金属 d 軌道と配位子 p 軌道との重なり積分である．

一方，式 (4.51) を用いて d_{xz} および d_{yz} 軌道について軌道角運動量を計算す

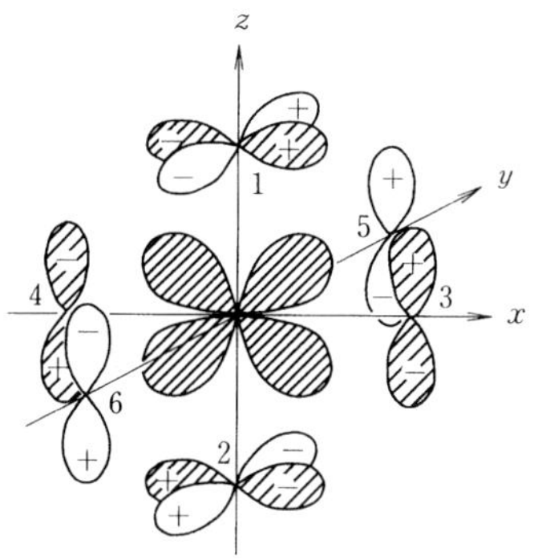

図 4.15 d_{xz}, d_{yz} 軌道と配位子 p_π 軌道との重なり
d_{xz} 軌道だけが示してある.

ると

$$\langle d_{xz}|\boldsymbol{k}\boldsymbol{l}_z|d_{yz}\rangle = -\boldsymbol{k}\mathrm{i} \tag{4.53}$$

この計算には表 4.1 の $\boldsymbol{l}_z d_{yz} = -\mathrm{i}d_{xz}$ の関係を用いた. 式 (4.52) と (4.53) を等しくおくと

$$\boldsymbol{k} = N^2(1+4\alpha S_{d,p}) = 1-\alpha^2 N^2 \tag{4.54}$$

これより $\boldsymbol{k}<1$ であり, 共有結合性によって軌道角運動量が減少することがわかる.

5
軸対称性金属錯体の磁気的性質

第4章では球対称性錯体の磁気的性質について述べた．しかし，厳密な意味で正八面体や正四面体の錯体はまれである．異なる配位子が結合することによって錯体の対称性は低下する．また，配位子が同じであっても，結晶では対イオンの効果で対称性が低下することはしばしば起こる．最もよくみられるのは八面体構造の4回軸（z軸）または3回軸方向の歪みである．そのときの点群はD_{4h}およびD_{3d}で表される．軸性歪みは四面体錯体にもみられる．正四面体の三つの配位子を引き伸ばすとC_{3v}に，二つの配位子の距離と残る二つの配位子の距離が異なるときはD_{2d}になる．この章では，球対称結晶場のT項に4回軸方向の歪み（テトラゴナル歪み）が加わるときの効果を考える．

5.1　軸対称性結晶場

対称性がO_hからD_{4h}に低下するとき，結晶場項がどのように分裂するかは群論から知ることができる．結果を表5.1にまとめた．表にはD_{3d}対称における分裂の様子も示した．D_{4h}およびD_{3d}対称場では，O_h結晶場項のT_{1g}お

表5.1　対称性がO_hからD_{4h}およびD_{3d}に低下するときの結晶場項の分裂

O_h	D_{4h}	D_{3d}
A_{2g}	B_{1g}	A_{2g}
E_g	$A_{1g}+B_{1g}$	E_g
T_{1g}	$A_{2g}+E_g$	$A_{2g}+E_g$
T_{2g}	$B_{2g}+E_g$	$A_{1g}+E_g$

よび T_{2g} は軌道1重項と2重項に分裂する．

D_{4h} 結晶場では正八面体結晶場演算子 V_{oct} に球調和関数の Y_2^0 が加わる．

$$V = V_{oct} + Y_2^0 \tag{5.1}$$

これを直交座標系で表すと次のようになる．

$$V = D\left(x^4 + y^4 + z^4 - \frac{3r^4}{5}\right) + C\left(z^2 - \frac{r^2}{3}\right) \tag{5.2}$$

ここで C はパラメーターである．第2項の軌道部分の積分に関係したパラメーター p を定義すると，テトラゴナル歪みによる摂動エネルギーを Cp で表すことができる．計算の詳細は専門書に譲る．$^2D(d^1)$ から生じる $^2T_2$ および ^2E がテトラゴナル歪みを受けるときの結果を表5.2にまとめた．Cp の符号は z 軸方向に伸びるか縮むかで逆になる．これ以外の電子配置の Cp の符号は，正八面体結晶場項の順序を議論したときと同じように，殻の充塡・半充塡および正孔を考慮して決められる．

磁性を論じる上からは，軸性歪みによる T 項の分裂幅を Δ で表すと便利である．Δ の符号は軌道1重項がエネルギー最低となるときを正にとる．

F 項から生じる $T_1(F)$ は P 項から生じる励起 $T_1(P)$ と結晶場を通して配置間相互作用することを述べた．式(4.47)の波動関数を用いると，$T_1(F)$ がテトラゴナル歪みで分裂するときのエネルギー幅 Δ は次の式で与えられる．

$$\Delta = Cp\frac{42c_i^2 + 72c_i - 12}{5 + 5c_i^2} \tag{5.3}$$

弱い場の極限では $c_i=0$ であるから $\Delta=-2.4\,Cp$ であり，強い場の極限では $c_i=-1/2$ であるから $\Delta=-6Cp$ である．

表5.2 d^1 配置から生じる $^2T_2$ と ^2E にテトラゴナル歪みが働くときの項の分裂とその波動関数およびエネルギー

O_h 結晶場項	D_{4h} 結晶場項	波動関数	エネルギー
T_2	B_2	$\sqrt{1/2}(\|2\rangle - \|-2\rangle)$	$-4Cp$
	E	$\|\pm 1\rangle$	$2Cp$
E	A_1	$\|0\rangle$	$4Cp$
	B_1	$\sqrt{1/2}(\|2\rangle + \|-2\rangle)$	$-4Cp$

スピン多重度は省いている．

5.2 軸対称結晶場における T 項の磁性

O_h 結晶場の T_2 項はテトラゴナル歪みで B_2 と E に分裂する．この分裂が磁性に及ぼす効果を $^2D(d^2)$ から生じる $^2T_2$ 項についてみてみよう．それにはテトラゴナル歪みの効果とスピン軌道相互作用を同時摂動として扱う．

$$(\boldsymbol{H}_0+\boldsymbol{H}')\psi = E\psi$$
$$\boldsymbol{H}' = \lambda \boldsymbol{LS} + \boldsymbol{V}_{\mathrm{tetrag}} \tag{5.4}$$

$\boldsymbol{H}_0$ は球対称結晶場のハミルトニアンで，$^2T_2$ のエネルギーと波動関数を与える (4.3.1 項参照)．$\boldsymbol{H}'$ が問題にしている摂動演算子である．$^2T_2$ の波動関数は

$$\psi_1 = |1, 1/2\rangle$$
$$\psi_2 = |1, -1/2\rangle$$
$$\psi_3 = |-1, 1/2\rangle$$
$$\psi_4 = |-1, -1/2\rangle$$
$$\psi_5 = \sqrt{1/2}\,[|2, 1/2\rangle - |-2, 1/2\rangle]$$
$$\psi_6 = \sqrt{1/2}\,[|2, -1/2\rangle - |-2, -1/2\rangle]$$

この波動関数について行列要素 $\langle\psi_{\mathrm{I}}|\lambda \boldsymbol{LS} + \boldsymbol{V}_{\mathrm{tetrag}}|\psi_{\mathrm{j}}\rangle$ を計算する．計算の一例を示す．

例：$\langle\psi_2|\lambda \boldsymbol{LS} + \boldsymbol{V}_{\mathrm{tetrag}}|\psi_2\rangle = \langle\psi_2|\lambda \boldsymbol{LS}|\psi_2\rangle + \langle\psi_2|\boldsymbol{V}_{\mathrm{tetrag}}|\psi_2\rangle$

$\langle\psi_2|\lambda \boldsymbol{LS}|\psi_2\rangle = -\lambda/2$ であることは 4.3.1 項で示した．$\langle\psi_2|\boldsymbol{V}_{\mathrm{tetrag}}|\psi_2\rangle$ は表 5.2 から E 成分の一つであり，B_2 よりも $6Cp$ 上にある．すなわち積分値は Δ で符号は正である．

$$\therefore\quad \langle\psi_2|\lambda \boldsymbol{LS} + \boldsymbol{V}_{\mathrm{tetrag}}|\psi_2\rangle = -\lambda/2 + \Delta$$

このようにしてすべての行列要素を求めて次の永年行列式がつくられる．

$$
\begin{array}{c|cccccc|}
 & |\psi_2\rangle & |\psi_3\rangle & |\psi_4\rangle & |\psi_5\rangle & |\psi_1\rangle & |\psi_6\rangle \\
\hline
\langle\psi_2| & -\lambda/2+\Delta-E & 0 & 0 & 0 & 0 & 0 \\
\langle\psi_3| & 0 & -\lambda/2+\Delta-E & 0 & 0 & 0 & 0 \\
\langle\psi_4| & 0 & 0 & \lambda/2+\Delta-E & -\lambda/\sqrt{2} & 0 & 0 \\
\langle\psi_5| & 0 & 0 & -\lambda/\sqrt{2} & 0-E & 0 & 0 \\
\langle\psi_1| & 0 & 0 & 0 & 0 & \lambda/2+\Delta-E & \lambda/\sqrt{2} \\
\langle\psi_6| & 0 & 0 & 0 & 0 & \lambda/\sqrt{2} & 0-E
\end{array} = 0 \quad (5.5)
$$

この行列式を解いて次のエネルギーが求められる．

$$E_1 = \Delta-(\lambda/2)$$

$$E_2 = \Delta-(\lambda/2)$$

$$E_3 = (1/2)[(\lambda/2+\Delta)+(\Delta^2+\lambda\Delta+9\lambda^2/4)^{1/2}]$$

$$E_4 = (1/2)[(\lambda/2+\Delta)-(\Delta^2+\lambda\Delta+9\lambda^2/4)^{1/2}]$$

$$E_5 = (1/2)[(\lambda/2+\Delta)+(\Delta^2+\lambda\Delta+9\lambda^2/4)^{1/2}]$$

$$E_6 = (1/2)[(\lambda/2+\Delta)-(\Delta^2+\lambda\Delta+9\lambda^2/4)^{1/2}]$$

これより 6 重縮重の $^2T_2$ 項が 2 重縮重の三つの組に分かれることがわかる．そのゼロ次波動関数は 4.3.1 項に示した方法で求めることができる．結果を表 5.3 にまとめた．ここで $\upsilon=\Delta/\lambda$ とおいている．

次に磁場による Zeeman 効果を考える．球対称のときと違って z 軸方向とこれに垂直な xy 方向は等しくないので，1 次 Zeeman 効果と 2 次 Zeeman 効果はこの異方性を考慮して次の摂動演算子について別々に計算する．

表 5.3　スピン軌道相互作用と軸対称性歪みが作用するときの $^2T_2$ のエネルギーとゼロ次波動関数

エネルギー	ゼロ次波動関数
$E_1 = \lambda(\upsilon-1/2)$	$\phi_1 = \psi_2$
$E_2 = \lambda(\upsilon-1/2)$	$\phi_2 = \psi_3$
$E_3 = (\lambda/2)[(1/2+\upsilon)+(\upsilon^2+\upsilon+9/4)^{1/2}]$	$\phi_3 = (1+a^2)^{-1/2}[\psi_4+a\psi_5]$
$E_4 = (\lambda/2)[(1/2+\upsilon)-(\upsilon^2+\upsilon+9/4)^{1/2}]$	$\phi_4 = (1+b^2)^{-1/2}[\psi_4+b\psi_5]$
$E_5 = (\lambda/2)[(1/2+\upsilon)+(\upsilon^2+\upsilon+9/4)^{1/2}]$	$\phi_5 = (1+a^2)^{-1/2}[\psi_1-a\psi_6]$
$E_6 = (\lambda/2)[(1/2+\upsilon)-(\upsilon^2+\upsilon+9/4)^{1/2}]$	$\phi_6 = (1+b^2)^{-1/2}[\psi_1+b\psi_6]$

$\upsilon=\Delta/\lambda$, $a=[(1/2+\upsilon)+(\upsilon^2+\upsilon+9/4)^{1/2}]/\sqrt{2}$, $b=[(1/2+\upsilon)-(\upsilon^2+\upsilon+9/4)^{1/2}]/\sqrt{2}$

$$\boldsymbol{\mu}_{\parallel} = \boldsymbol{\mu}_z = (\boldsymbol{k}\boldsymbol{L}_z + 2\boldsymbol{S}_z)\beta H_z \tag{5.6}$$

$$\boldsymbol{\mu}_{\perp} = \boldsymbol{\mu}_x = (\boldsymbol{k}\boldsymbol{L}_x + 2\boldsymbol{S}_x)\beta H_x \tag{5.7}$$

(a) z 軸方向の磁化率の式　三つの2重縮重準位のそれぞれに $\boldsymbol{\mu}_{\parallel} = (\boldsymbol{k}\boldsymbol{L}_z + 2\boldsymbol{S}_z)\beta H_z$ を演算させて1次 Zeeman 効果を計算する．一例としてエネルギー $E_1(=E_2)$ にある ϕ_1 と ϕ_2 について Zeeman 係数を求める．残りの2重縮重準位については計算を試みられたい．

$$\langle\phi_1|(\boldsymbol{k}\boldsymbol{L}_z+2\boldsymbol{S}_z)\beta H_z|\phi_1\rangle = \left\langle 1, -\frac{1}{2}\middle|(\boldsymbol{k}\boldsymbol{L}_z+2\boldsymbol{S}_z)\beta H_z\middle|1, -\frac{1}{2}\right\rangle = (\boldsymbol{k}-1)\beta H_z$$

$$\langle\phi_2|(\boldsymbol{k}\boldsymbol{L}_z+2\boldsymbol{S}_z)\beta H_z|\phi_2\rangle = \left\langle -1, \frac{1}{2}\middle|(\boldsymbol{k}\boldsymbol{L}_z+2\boldsymbol{S}_z)\beta H_z\middle|-1, \frac{1}{2}\right\rangle = -(\boldsymbol{k}-1)\beta H_z$$

$$\langle\phi_1|(\boldsymbol{k}\boldsymbol{L}_z+2\boldsymbol{S}_z)\beta H_z|\phi_2\rangle = \langle\phi_2|(\boldsymbol{k}\boldsymbol{L}_z+2\boldsymbol{S}_z)\beta H_z|\phi_1\rangle = 0$$

これより永年行列式は

$$\begin{array}{c|cc|} & |\phi_1\rangle & |\phi_2\rangle \\ \hline \langle\phi_1| & (\boldsymbol{k}-1)\beta H_z - E & 0 \\ \langle\phi_2| & 0 & -(\boldsymbol{k}-1)\beta H_z - E \end{array} = 0 \qquad E = \pm(\boldsymbol{k}-1)\beta H_z \tag{5.8}$$

すなわち1次 Zeeman 係数は $W_i^{(1)} = \pm(\boldsymbol{k}-1)\beta$ である．

次に2次 Zeeman 効果を計算する．2重縮重の ϕ_1 と ϕ_2 については

$$\sum_i\sum_j \frac{\langle\phi_i|(k\boldsymbol{L}_z+2\boldsymbol{S}_z)\beta H_z|\phi_j\rangle\langle\phi_j|(k\boldsymbol{L}_z+2\boldsymbol{S}_z)\beta H_z|\phi_i\rangle}{E_i - E_j} \qquad (i = 1\sim2,\ j = 3\sim6) \tag{5.9}$$

2重項 ϕ_3 と ϕ_5 の2次 Zeeman 係数は $j=1, 2, 4, 6$ について，2重項 ϕ_4 と ϕ_6 の2次 Zeeman 係数は $j=1, 2, 3, 5$ について積分する．結果を表5.4にまとめた．

表 5.4　${}^2T_2$ にテトラゴナル歪みが働くときの1次および2次 Zeeman 係数

E_i	$W_i^{(1)}(z)/\beta$	$W_i^{(2)}(z)/\beta$	$W_i^{(1)}(x)/\beta$	$W_i^{(2)}(x)/\beta$
$E_1 = E_2$	$\pm(\boldsymbol{k}-1)$	0	0	$\frac{4}{\lambda}\left[\frac{(1-\boldsymbol{k}a/\sqrt{2})^2}{(1+a^2)(\upsilon-3/2-Z)} + \frac{(1-\boldsymbol{k}b/\sqrt{2})^2}{(1+b^2)(\upsilon-3/2+Z)}\right]$
$E_3 = E_5$	$\frac{\pm(\boldsymbol{k}+1-a^2)}{1+a^2}$	$\frac{2(\boldsymbol{k}+1-ab)^2}{\lambda(1+a^2)(1+b^2)Z}$	$\frac{\pm(\sqrt{2}\boldsymbol{k}a-a^2)}{1+a^2}$	$\frac{4}{\lambda}\left[\frac{(\boldsymbol{k}a/\sqrt{2}+\boldsymbol{k}b/\sqrt{2}-ab)^2}{2Z(1+a^2)(1+b^2)} - \frac{(1-\boldsymbol{k}a/\sqrt{2})^2}{(1+a^2)(\upsilon-3/2-Z)}\right]$
$E_4 = E_6$	$\frac{\pm(\boldsymbol{k}+1-b^2)}{1+b^2}$	$\frac{-2(\boldsymbol{k}+1-ab)^2}{\lambda(1+a^2)(1+b^2)Z}$	$\frac{\pm(\sqrt{2}\boldsymbol{k}b-b^2)}{1+b^2}$	$\frac{4}{\lambda}\left[\frac{(\boldsymbol{k}a/\sqrt{2}+\boldsymbol{k}b/\sqrt{2}-ab)^2}{2Z(1+a^2)(1+b^2)} + \frac{(1-\boldsymbol{k}b/\sqrt{2})^2}{(1+b^2)(\upsilon-3/2+Z)}\right]$

$Z = (\upsilon^2+\upsilon+9/4)^{1/2}$.

表5.2の結果を Van Vleck の式に代入すると $\chi_{\parallel}$ の式は次のように与えられ

る．

$$\chi_{\parallel}=\frac{N\beta^2}{kT}\left[\frac{2\{W_1^{(1)}(z)\}^2\exp(-E_1/kT)+[2\{W_3^{(1)}(z)\}^2-2kTW_3^{(2)}(z)]\times \exp(-E_3/kT)+[2\{W_4^{(1)}(z)\}^2-2kTW_4^{(2)}(z)]\exp(-E_4/kT)}{2\exp(-E_1/kT)+2\exp(-E_3/kT)+2\exp(-E_4/kT)}\right] \quad (5.10)$$

(b)　$x(y)$ 方向の磁化率の式　$\mu_x=(\boldsymbol{k}\boldsymbol{L}_x+2\boldsymbol{S}_x)\beta H_x$ について同様にして1次および2次 Zeeman 係数を計算する．結果を表5.4に与えた．これを用いると $\chi_\perp$ は次のように与えられる．

$$\chi_{\perp}=\frac{N\beta^2}{kT}\left[\frac{-2kTW_1^{(2)}(x)\exp(-E_1/kT)+[2\{W_3^{(1)}(x)\}^2-2kTW_3^{(2)}(x)]\times \exp(-E_3/kT)+[2\{W_4^{(1)}(x)\}^2-2kTW_4^{(2)}(x)]\exp(-E_4/kT)}{2\exp(-E_1/kT)+2\exp(-E_3/kT)+2\exp(-E_4/kT)}\right]$$

(5.11)

粉末試料で測定を行うときは平均磁化率は $\chi_{\mathrm{ave}}=(\chi_{\parallel}+2\chi_\perp)/3$ である．

平均磁気モーメント μ_{ave} が $\upsilon(\Delta/\lambda)$, kT/λ, $\boldsymbol{k}$ によってどのように影響を受けるかをみてみよう．

(1)　μ_{ave} と υ の関係．$\upsilon=0$ および ±10 のときの平均磁気モーメントの挙動を図5.1に示した．$\upsilon=0$ のときの曲線は O_h 対称場の $^2T_2$ のものに相当している(図4.2)．$\lambda>0$ のとき，$\upsilon=0$ と $\upsilon=-10$ に対する磁気モーメントの挙動

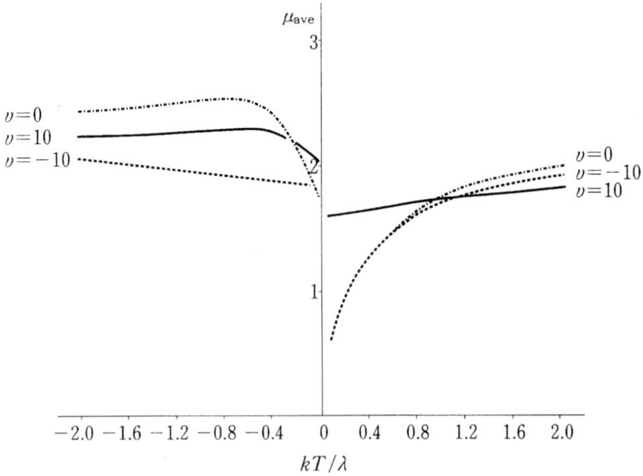

図5.1　$^2T_2$ の μ_{ave} と υ の関係($\boldsymbol{k}=1.0$ としている)

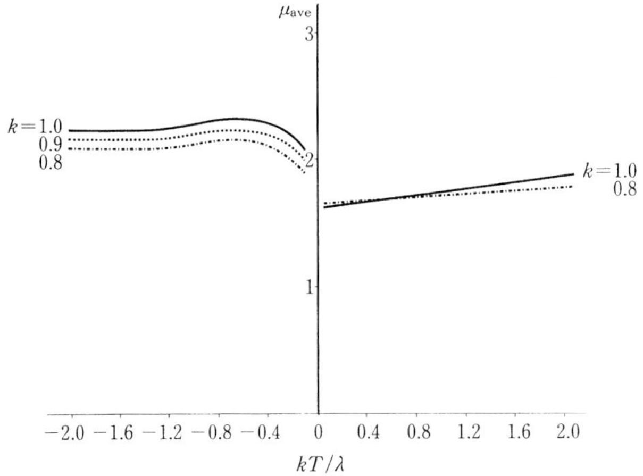

図 5.2 $^2T_2$ の μ_{ave} と $\boldsymbol{k}$ の関係 (υ=10 としている)

は本質的には変わらない．一方 υ=10 のときの磁気モーメントは緩やかに減少して，極低温においても大きな値を示す．$\lambda<0$ で kT/λ が負の大きな領域では，$\upsilon=\pm 10$ に対する磁気モーメントは υ=0 に対する値よりも小さく，温度依存性も小さい．四面体の Cu(II) ($\lambda=-830\ \mathrm{cm}^{-1}$) では室温は $kT/\lambda=-0.25$ に相当するから，磁気モーメントは υ に著しく依存することが予想される．

(2) μ_{ave} と $\boldsymbol{k}$ の関係．υ=10 を仮定して軌道縮小因子 $\boldsymbol{k}$ を 1.0 から 0.8 まで変化させたときの磁気モーメントの挙動を図 5.2 に示した．$\lambda>0$ のときは $\boldsymbol{k}$ が減少しても磁気モーメントはほとんど変化しない．しかし，$\lambda<0$ のときは軌道縮小因子 $\boldsymbol{k}$ の減少とともに磁気モーメントは小さくなる．

(3) $\mu_{\parallel}$ と $\mu_{\perp}$ の υ および kT/λ 依存性．$\boldsymbol{k}$=1.0 で $\upsilon=\pm 10$ のときの $\mu_{\parallel}$ および $\mu_{\perp}$ の挙動を図 5.3 に示した．$\lambda<0$ で υ=10 のときは，$\mu_{\parallel}$ は kT/λ が小さくなると増大するのに対して $\mu_{\perp}$ は減少する．それぞれの変化は μ_{ave} の変化 (図 5.1) に比べてはるかに大きい．注目すべきことに，$\lambda>0$ のときには $\mu_{\parallel}$ と $\mu_{\perp}$ が交叉する (磁気的に等方になる) 温度がある．磁気異方性を測定することの重要性は図 5.4 から明白である．$\upsilon=\pm 10$ のときの $\mu_{\parallel}$, $\mu_{\perp}$ は $kT/\lambda\sim 0.7$ で

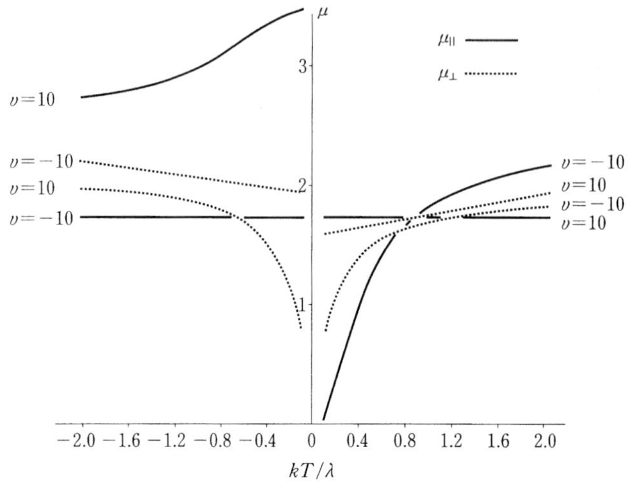

図 5.3　$^2T_2$ の $\mu_{\parallel}$ と $\mu_{\perp}$ の kT/λ 依存性（$\boldsymbol{k}$=1.0 としている）

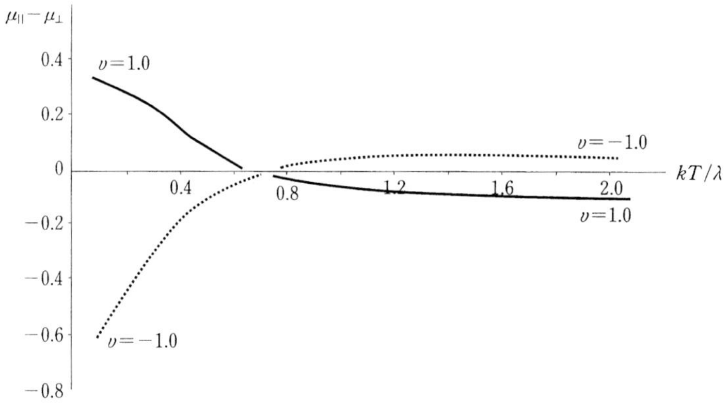

図 5.4　$^2T_2$ の $(\mu_{\parallel}-\mu_{\perp})$vs. kT/λ 曲線の υ 依存性（$\boldsymbol{k}$=1.0 としている）

交叉して，これよりも低い温度では大きな異方性を示すことがわかる．

5.3　d^9 配置から生じる ^2E_g にテトラゴナル歪みがあるときの磁性

d^9 配置では Jahn–Teller 効果のためにテトラゴナル歪みが生じて，2 重縮

重の e_g 軌道 ($d_{x^2-y^2}$ と d_{z^2} 軌道) は分裂する．このとき z 軸方向に伸びると $d_{x^2-y^2}$ がエネルギー最高の d 軌道になり，ここに一つの不対電子が存在する．z 軸方向に圧縮された場合には不対電子は d_{z^2} 軌道に存在する．

5.3.1 軸方向に伸びたときの ^2E_g の磁性

^2E_g に z 軸方向の摂動がかかるときのエネルギー準位を図 5.5 に示した．Jahn-Teller 効果による軌道の分裂はスピン軌道相互作用による準位の分裂よりも大きいことがわかっている．

$^2B_{1g}$ はスピン軌道相互作用によって励起準位と混じりあう．混じりあいを考慮した波動関数は

$$|x^2-y^2, 1/2\rangle = |d_{x^2-y^2}, 1/2\rangle - \frac{\lambda}{2\Delta_3}|d_{xz}, -1/2\rangle + \frac{\mathrm{i}\lambda}{2\Delta_3}|d_{yz}, -1/2\rangle + \frac{\mathrm{i}\lambda}{\Delta_2}|d_{xy}, 1/2\rangle$$

$$|x^2-y^2, -1/2\rangle$$

$$= |d_{x^2-y^2}, -1/2\rangle + \frac{\lambda}{2\Delta_3}|d_{xz}, 1/2\rangle + \frac{\mathrm{i}\lambda}{2\Delta_3}|d_{yz}, 1/2\rangle + \frac{\mathrm{i}\lambda}{\Delta_2}|d_{xy}, -1/2\rangle \quad (5.12)$$

規格化定数は省いてあるが，$\Delta_i \gg \lambda$ であるので実質的に規格化されているものとみなすことができる．式 (5.12) は 1 次および 2 次 Zeeman 効果を計算するときの基礎となる．

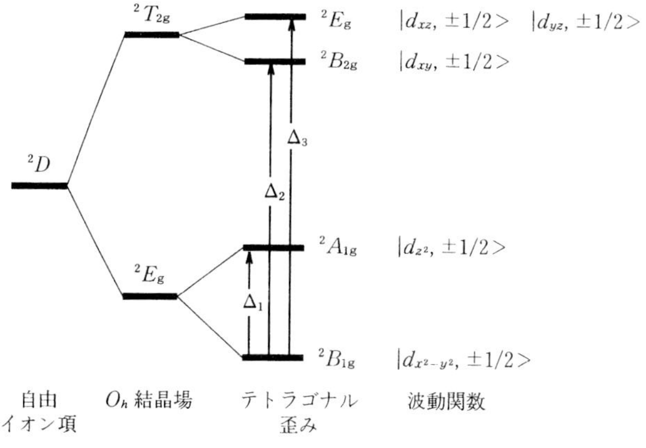

図 5.5 z 軸方向に伸びたときの ^2D 項の分裂

(a) z 軸方向の磁化率 1次 Zeeman 効果のエネルギーを求めるには，式(5.12)の波動関数について演算子 $\boldsymbol{\mu}_z H_z$ について行列要素を求めて永年行列方程式を解く．

$$\begin{array}{c|cc|} & |x^2-y^2,1/2\rangle & |x^2-y^2,-1/2\rangle \\ \hline \langle x^2-y^2,1/2| & \left(1-\dfrac{4\boldsymbol{k}_z\lambda}{\Delta_2}\right)\beta H_z - E & 0 \\ \langle x^2-y^2,-1/2| & 0 & \left(1-\dfrac{4\boldsymbol{k}_z\lambda}{\Delta_2}\right)\beta H_z - E \end{array} = 0 \qquad (5.13)$$

これより

$$E = \pm(1-4\boldsymbol{k}_z\lambda/\Delta_2)\beta H_z$$

1次 Zeeman 係数は $W^{(1)}(z)=\pm(1-4\boldsymbol{k}_z\lambda/\Delta_2)\beta$ である．また $g_z=2(1-4\boldsymbol{k}_z\lambda/\Delta_2)$ である．

次に2次 Zeeman 効果のエネルギーを式(5.12)の波動関数を用いて計算する．

$$W^{(2)}(z) = \sum_i \frac{\beta^2\langle x^2-y^2,1/2|\boldsymbol{k}_z\boldsymbol{l}_z+2\boldsymbol{s}_z|\Psi_i\rangle\langle\Psi_i|\boldsymbol{k}_z\boldsymbol{l}_z+2\boldsymbol{s}_z|x^2-y^2,1/2\rangle}{E(x^2-y^2,1/2)-E_i^{(0)}}$$

$$= -\frac{4\boldsymbol{k}_z{}^2\beta^2}{\Delta_2}$$

以上の結果を Van Vleck の式に代入して z 方向の磁化率の式が導かれる．

$$\chi_{\parallel} = \frac{N\beta^2}{kT}\left\{1-\frac{4\boldsymbol{k}_z\lambda}{\Delta_2}\right\}^2 + \frac{8N\beta^2\boldsymbol{k}_z{}^2}{\Delta_2} \qquad (5.14)$$

(b) 直角方向の磁化率 x 方向と y 方向は等価であるから $\boldsymbol{\mu}_x$ を演算子として1次および2次の Zeeman 効果を計算する．結果は次のようになる．

$$\begin{aligned} g_x &= 2(1-\boldsymbol{k}_x\lambda/\Delta_3) \\ \chi_{\perp} &= \frac{N\beta^2}{kT}\left\{1-\frac{\boldsymbol{k}_x\lambda}{\Delta_3}\right\}^2 + \frac{2N\beta^2\boldsymbol{k}_x{}^2}{\Delta_3} \end{aligned} \qquad (5.15)$$

以上のようにテトラゴナル歪みがあるときの磁化率と g 値は異方性を示す．軸方向に伸びるときは $g_{\parallel}>g_{\perp}>2.0$ および $\chi_{\parallel}>\chi_{\perp}$ となることがわかるであろう．電子スペクトルから d 軌道の分裂 Δ_i がわかれば，軌道縮小因子 $\boldsymbol{k}$ を見積もることができる．

5.3.2　軸方向に圧縮されたときの ^2E_g の磁性

軸方向に圧縮されるときの ^2D の分裂を図 5.6 に示した．

スピン軌道相互作用による励起準位との混じりあいを考慮すると，基底 $^2A_{1g}$ の波動関数は次のようになる．

$$|z^2, \pm 1/2\rangle = |d_{z^2}, \pm 1/2\rangle + \frac{i\sqrt{3}\lambda}{2\Delta_3}|d_{yz}, \mp 1/2\rangle \pm \frac{\sqrt{3}\lambda}{2\Delta_3}|d_{xz}, \mp 1/2\rangle \tag{5.16}$$

これを用いると以下の結果が得られる．

$$g_{\parallel} = 2 \qquad g_{\perp} = 2(1 - 3\boldsymbol{k}_x\lambda/\Delta_3) \tag{5.17}$$

$$\chi_{\parallel} = N\beta^2/kT \tag{5.18}$$

$$\chi_{\perp} = \frac{N\beta^2}{kT}\left\{1 - \frac{3\boldsymbol{k}_x\lambda}{\Delta_3}\right\}^2 + \frac{6N\beta^2\boldsymbol{k}_x{}^2}{\Delta_3} \tag{5.19}$$

$^2A_{1g}$ が基底となるときは $g_{\perp} > g_{\parallel} = 2.0$ および $\chi_{\perp} > \chi_{\parallel}$ の関係がある．

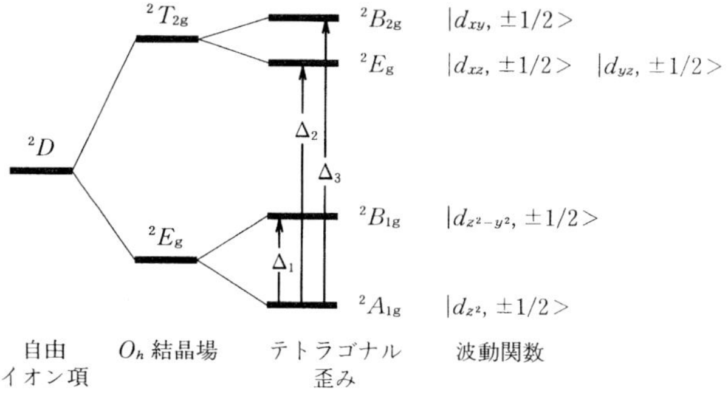

図 5.6　軸方向に圧縮されたときの ^2D 項の分裂

5.4　$^4A_2$ にテトラゴナル歪みがあるときの磁性

^4F から生じる $^4A_2$ の磁性については 4.3.6 項で述べた．$^4A_2$ は軌道縮重は 1 であり，スピン軌道相互作用によって分裂することはない．しかし励起準位の $^4T_2$ が ^4E と $^4B_2$ に分裂する効果として，$^4B_1$ が異なる準位に分裂する．これをゼロ磁場分裂とよんでいる（図 5.7）．ゼロ磁場分裂を説明するにあたって，^4E

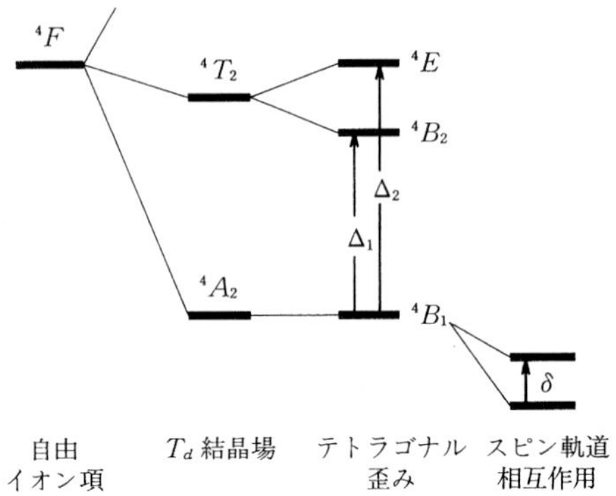

図 5.7　$^4A_2(T_d)$ にテトラゴナル歪みとスピン軌道結合が作用するときのエネルギー準位図

と $^4B_2$ の分裂幅は λ や kT に比べて大きいものと仮定する．

$^4B_1, {}^4B_2, {}^4E$ の波動関数は表 3.3 の軌道関数にスピン関数を組み合わせて次のように与えられる．

$$^4B_1 \qquad \phi_1 = \sqrt{1/2}(|2, 3/2\rangle - |-2, 3/2\rangle)$$

$$\phi_2 = \sqrt{1/2}(|2, 1/2\rangle - |-2, 1/2\rangle)$$

$$\phi_3 = \sqrt{1/2}(|2, -1/2\rangle - |-2, -1/2\rangle)$$

$$\phi_4 = \sqrt{1/2}(|2, -3/2\rangle - |-2, -3/2\rangle)$$

$$^4B_2 \qquad \phi_5 = \sqrt{1/2}(|2, 3/2\rangle + |-2, 3/2\rangle)$$

$$\phi_6 = \sqrt{1/2}(|2, 1/2\rangle + |-2, 1/2\rangle)$$

$$\phi_7 = \sqrt{1/2}(|2, -1/2\rangle + |-2, -1/2\rangle)$$

$$\phi_8 = \sqrt{1/2}(|2, -3/2\rangle + |-2, -3/2\rangle)$$

$$^4E \qquad \phi_9 = \sqrt{5/8}|-1, 3/2\rangle - \sqrt{3/8}|3, 3/2\rangle$$

$$\phi_{10} = \sqrt{5/8}|-1, 1/2\rangle - \sqrt{3/8}|3, 1/2\rangle$$

$$\phi_{11} = \sqrt{5/8}|-1, -1/2\rangle - \sqrt{3/8}|3, -1/2\rangle$$

$$\phi_{12} = \sqrt{5/8}|-2, -3/2\rangle - \sqrt{3/8}|3, -3/2\rangle$$

$$\phi_{13} = \sqrt{5/8}|1, 3/2\rangle - \sqrt{3/8}|-3, 3/2\rangle$$
$$\phi_{14} = \sqrt{5/8}|1, 1/2\rangle - \sqrt{3/8}|-3, 1/2\rangle$$
$$\phi_{15} = \sqrt{5/8}|1, -1/2\rangle - \sqrt{3/8}|-3, -1/2\rangle$$
$$\phi_{16} = \sqrt{5/8}|1, -3/2\rangle - \sqrt{3/8}|-3, -3/2\rangle$$

2 次のスピン軌道結合で $^4B_1$ に $^4B_2$ と ^4E の波動関数が混じってくる．この混じりあいを考慮した $^4B_1$ の波動関数は次のようになる．

$$\begin{aligned}
\Psi_1 &= \phi_1 - \frac{3\lambda}{\Delta_1}\phi_5 + \frac{\sqrt{6}\lambda}{\Delta_2}\phi_{10} \\
\Psi_2 &= \phi_2 - \frac{\lambda}{\Delta_1}\phi_6 + \frac{2\sqrt{2}\lambda}{\Delta_2}\phi_{11} - \frac{\sqrt{6}\lambda}{\Delta_2}\phi_{13} \\
\Psi_3 &= \phi_3 + \frac{\lambda}{\Delta_1}\phi_7 - \frac{2\sqrt{2}\lambda}{\Delta_2}\phi_{14} + \frac{\sqrt{6}\lambda}{\Delta_2}\phi_{12} \\
\Psi_4 &= \phi_4 + \frac{3\lambda}{\Delta_1}\phi_8 - \frac{\sqrt{6}\lambda}{\Delta_2}\phi_{15}
\end{aligned} \tag{5.20}$$

ここで Δ_1 と Δ_2 は図 5.7 に示した分裂エネルギー幅であり，$(\lambda/\Delta)^2 \ll 1$ と仮定した．式 (5.20) を用いて $\langle\Psi_i|\lambda \boldsymbol{LS}|\Psi_i\rangle$ を計算する．その結果は

$$E_1 = E_4 = E_1^{(0)} - \frac{9\lambda^2}{\Delta_1} - \frac{6\lambda^2}{\Delta_2} \tag{5.21}$$

$$E_2 = E_3 = E_2^{(0)} - \frac{\lambda^2}{\Delta_1} - \frac{14\lambda^2}{\Delta_2} \tag{5.22}$$

以上から $^4B_1$ がエネルギーの異なる二つの状態に分裂することがわかる．これがゼロ磁場分裂である．エネルギー E_1 は $M_S = \pm 3/2$ に，E_2 は $M_S = \pm 1/2$ に相当している．分裂幅 δ は

$$\delta = E_2 - E_1 = 8\lambda^2(1/\Delta_1 - 1/\Delta_2) \tag{5.23}$$

δ の符号と大きさは ^4E と $^4B_2$ の順序と分裂幅に依存している．

次に $^4A_2$ にテトラゴナル歪みがあるときの磁化率の式を導く．それにはまず，式 (5.20) の波動関数を用いて $\boldsymbol{\mu}_z = (\boldsymbol{k}\boldsymbol{L}_z + 2\boldsymbol{S}_z)\beta H_z$ および $\boldsymbol{\mu}_x = (\boldsymbol{k}\boldsymbol{L}_x + 2\boldsymbol{S}_x)\beta H_x$ について行列要素を求めて永年行列式をつくる．

$\boldsymbol{\mu}_z$ については

	$\|\Psi_1\rangle$	$\|\Psi_2\rangle$	$\|\Psi_3\rangle$	$\|\Psi_4\rangle$
$\langle\Psi_1\|$	$3\{1-4\boldsymbol{k}\lambda/\Delta_1\}\beta H_z-E$	0	0	0
$\langle\Psi_2\|$	0	$\{1-4\boldsymbol{k}\lambda/\Delta_1\}\beta H_z+\delta-E$	0	0
$\langle\Psi_3\|$	0	0	$-\{1-4\boldsymbol{k}\lambda/\Delta_1\}\beta H_z+\delta-E$	0
$\langle\Psi_4\|$	0	0	0	$-3\{1-4\boldsymbol{k}\lambda/\Delta_1\}\beta H_z-E$

(5.24)

これを解いて

$$E_1=E_4=\pm 3(1-4\boldsymbol{k}\lambda/\Delta_1)\beta H_Z$$
$$E_2=E_3=\pm(1-4\boldsymbol{k}\lambda/\Delta_1)\beta H_Z+\delta \tag{5.25}$$

$^4B_2$ からの 2 次 Zeeman 効果は

$$\sum_{i=1}^{4}\sum_{j=5}^{8}W_i^{(2)}=\frac{\langle\Psi_1|\mu_z|\phi_j\rangle\langle\Psi_1|\mu_z|\phi_j\rangle}{E_i-E_j}=\frac{8N\beta^2\boldsymbol{k}^2}{\Delta_1} \tag{5.26}$$

これを Van Vleck の式に代入して整理すると

$$\chi_z=\frac{N\beta^2}{kT}\times\frac{9(1-4\boldsymbol{k}\lambda/\Delta_1)^2+(1-4\boldsymbol{k}\lambda/\Delta_1)^2\exp(-\delta/kT)}{1+\exp(-\delta/kT)}+\frac{8N\beta^2\boldsymbol{k}^2}{\Delta_1}$$

$\delta\ll kT$ のときは $\exp(-\delta/kT)=1-\delta/kT+(\delta/kT)^2/2$ とおけるから

$$\chi_z=\frac{5N\beta^2}{kT}z^2\left(1+\frac{2\delta}{5kT}\right)+\frac{8N\beta^2\boldsymbol{k}^2}{\Delta_1}\qquad(z=1-4\boldsymbol{k}\lambda/\Delta_1) \tag{5.27}$$

$\boldsymbol{\mu}_x$ については

	$\|\Psi_1\rangle$	$\|\Psi_2\rangle$	$\|\Psi_3\rangle$	$\|\Psi_4\rangle$
$\langle\Psi_1\|$	$0-E$	$\sqrt{3}\{1-4\boldsymbol{k}\lambda/\Delta_2\}\beta H_x$	0	0
$\langle\Psi_2\|$	$\sqrt{3}\{1-4\boldsymbol{k}\lambda/\Delta_2\}\beta H_x$	$\delta-E$	$2\{1-4\boldsymbol{k}\lambda/\Delta_2\}\beta H_x$	0
$\langle\Psi_3\|$	0	$2\{1-4\boldsymbol{k}\lambda/\Delta_2\}\beta H_x$	$\delta-E$	$\sqrt{3}\{1-4\boldsymbol{k}\lambda/\Delta_2\}\beta H_x$
$\langle\Psi_4\|$	0	0	$\sqrt{3}\{1-4\boldsymbol{k}\lambda/\Delta_2\}\beta H_x$	$0-E$

(5.28)

$x=(1-4\boldsymbol{k}\lambda/\Delta_2)\beta$ とおいて永年行列式を展開すると

$$E^4-2\delta E^3-(10x^2H^2-\delta^2)E^2+6\delta x^2H^2E+9x^4H^4=0$$

この解は

$$
\begin{aligned}
E_1 &= (1/2)[2xH+\delta-(16x^2H^2+4xH\delta+\delta^2)^{1/2}]\\
E_2 &= (1/2)[2xH+\delta+(16x^2H^2+4xH\delta+\delta^2)^{1/2}]\\
E_3 &= (1/2)[-2xH+\delta+(16x^2H^2-4xH\delta+\delta^2)^{1/2}]\\
E_4 &= (1/2)[-2xH+\delta-(16x^2H^2-4xH\delta+\delta^2)^{1/2}]
\end{aligned} \tag{5.29}
$$

式(5.29)は H の級数になっていないのでこのままでは Van Vleck の式が適用できない．そこで Maclaurin の定理を用いて H のべき級数に展開する．

$$
\begin{aligned}
E_1 &= -(3x^2/\delta)H^2\\
E_2 &= \delta+2xH+(3x^2/\delta)H^2\\
E_3 &= \delta-2xH+(3x^2/\delta)H^2\\
E_4 &= -(3x^2/\delta)H^2
\end{aligned} \tag{5.30}
$$

1次および2次 Zeeman 係数がわかったので Van Vleck の式に代入して

$$\chi_x = \frac{N\beta^2}{kT}\times\frac{[4x^2-(6kTx^2/\delta)]\exp(-\delta/kT)+6kTx^2/\delta}{\exp(-\delta/kT)+1}+\frac{8N\beta^2\boldsymbol{k}^2}{\Delta_2}$$

ここで $\exp(-\delta/kT)\fallingdotseq 1-\delta/kT+(\delta/kT)^2/2$ と近似できるので

$$\chi_x = \frac{5N\beta^2}{kT}x^2\left(1-\frac{\delta}{5kT}\right)+\frac{8N\beta^2\boldsymbol{k}^2}{\Delta_2} \qquad (x = 1-4\boldsymbol{k}\lambda/\Delta_2) \tag{5.31}$$

式(5.27)と(5.31)から平均磁化率は

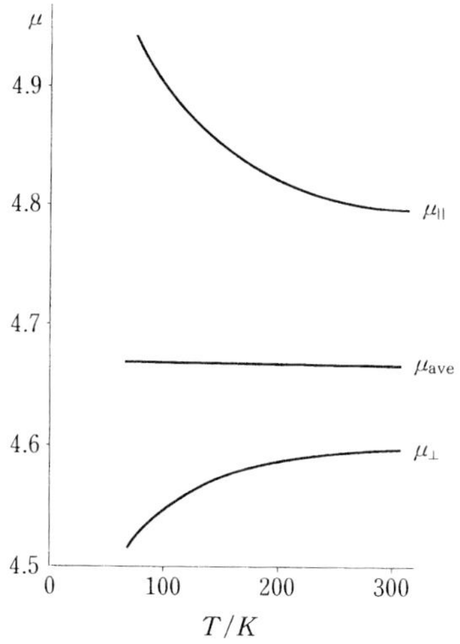

図5.8 四面体 Co(II) の $^4A_2$ 項にテトラゴナル歪みによるゼロ磁場分裂があるときの磁気モーメントの温度依存性 $\lambda=-170\ \mathrm{cm^{-1}}$, $\boldsymbol{k}=1.0$, $\Delta_1=3000\ \mathrm{cm^{-1}}$, $\Delta_2=3500\ \mathrm{cm^{-1}}$, $\delta=11\ \mathrm{cm^{-1}}$ と仮定している．

$$\chi_{\text{ave}} = (\chi_z + 2\chi_x)/3$$
$$= \frac{N\beta^2}{3kT}\left[5z^2 + 10x^2 + \frac{2\delta}{kT}(z^2 - x^2)\right] + \frac{8N\beta^2 \boldsymbol{k}^2}{3}\left[\frac{1}{\Delta_1} + \frac{2}{\Delta_2}\right] \tag{5.32}$$
$$z = 1 - 4\boldsymbol{k}\lambda/\Delta_1, \quad x = 1 - 4\boldsymbol{k}\lambda/\Delta_2$$

図 5.8 に四面体 Co(II) の $^4A_2$ 項にゼロ磁場分裂があるときの磁気モーメントの温度依存性を示した．$\lambda = -172\ \text{cm}^{-1}$, $\Delta_1 = 3000\ \text{cm}^{-1}$, $\Delta_2 = 3500\ \text{cm}^{-1}$ を仮定するとゼロ磁場分裂は $\delta = 11\ \text{cm}^{-1}$ となる．平均磁気モーメントは 75～300 K で変化しないが，$\mu_{\parallel}$ と $\mu_{\perp}$ は温度の低下とともに離反していく．もし δ が負になるときは $\mu_{\parallel}$ と $\mu_{\perp}$ の温度変化は図 5.8 に示したものと逆になる．これからわかるように磁化率の異方性を測定することによって δ の符号を決めることができる．

5.5　ゼロ磁場分裂の一般的取り扱い

5.4 節で四面体 Co(II) にテトラゴナル歪みがあるときのゼロ磁場分裂について考察した．ここではゼロ磁場分裂の一般的な取り扱いについて述べる．

ゼロ磁場分裂の演算子は式 (5.33) で与えられる．

$$\boldsymbol{H}_{\text{ZF}} = \boldsymbol{S}\cdot\boldsymbol{D}\cdot\boldsymbol{S} \tag{5.33}$$

Zeeman 効果を含めた演算子は

$$\boldsymbol{H} = \beta\boldsymbol{S}\cdot\boldsymbol{g}\cdot H + \boldsymbol{S}\cdot\boldsymbol{D}\cdot\boldsymbol{S} \tag{5.34}$$

$\boldsymbol{D}$-および $\boldsymbol{g}$-テンソルの主軸が一致すると仮定すると式 (5.34) は次のように書き換えられる．

$$\boldsymbol{H} = g\beta\boldsymbol{SH} + D[\boldsymbol{S}_z{}^2 - S(S+1)/3] + E(\boldsymbol{S}_x{}^2 - \boldsymbol{S}_y{}^2) \tag{5.35}$$

分子軸に平行に磁場が作用するときの演算子 $\boldsymbol{H}_z$ と分子軸に直角に磁場が作用するときの演算子 $\boldsymbol{H}_x$ は次のように表される．

$$\boldsymbol{H}_z = g_z\beta\boldsymbol{S}_z H_z + D[\boldsymbol{S}_z{}^2 - S(S+1)/3] + E(\boldsymbol{S}_x{}^2 - \boldsymbol{S}_y{}^2)$$
$$\boldsymbol{H}_x = g_x\beta\boldsymbol{S}_x H_x + D[\boldsymbol{S}_z{}^2 - S(S+1)/3] + E(\boldsymbol{S}_x{}^2 - \boldsymbol{S}_y{}^2)$$

ここで g_z, g_x はそれぞれの場合の g 値である．D および E はゼロ磁場分裂パラメーターである．D および E は $\boldsymbol{D}$-テンソルの主値 $D_{uu}(u=x,y,z)$ と次のように関係づけられる．

$$D = 3D_{zz}/2$$
$$E = |D_{xx}-D_{yy}|/2 \tag{5.36}$$

式(5.35)を軸性歪みをもつ八面体型Ni(II)，Cr(III)および高スピン d^5 イオン(Fe(III)やMn(II))に適用する．xy 方向の歪みはないので E はゼロである．

5.5.1　軸性歪みがある八面体Ni(II)のゼロ磁場分裂

八面体型Ni(II)の基底項 $^3A_{2g}$ にテトラゴナルまたはトリゴナル歪みがあるときのゼロ磁場分裂を考察する．式(5.35)はスピンだけに関係するので軌道関数は考える必要はない．スピン3重項の $|M_s\rangle$ 関数は $|1\rangle$, $|0\rangle$ および $|-1\rangle$ で与えられる．

z 方向に磁場が作用するときの行列要素 $\langle M_s|\boldsymbol{H}_z|M_s'\rangle$ を計算して次の行列が得られる．

	$\|1\rangle$	$\|0\rangle$	$\|-1\rangle$
$\langle 1\|$	$g_z\beta H_z+D$	0	0
$\langle 0\|$	0	0	0
$\langle -1\|$	0	0	$-g_z\beta H_z+D$

(5.37)

この行列を解いて次のエネルギーが求められる．

$$E_0 = 0$$
$$E_{1,2} = \pm g_z\beta H_z + D \tag{5.38}$$

すなわち軸性歪みで $^3A_{2g}$ の $M_s=\pm1$ と $M_s=0$ 準位は分裂する．ゼロ磁場における分裂幅は D である．さらに $M_s=\pm1$ 準位は磁場でZeeman分裂する．エネルギー準位図を5.9(a)に示した．ゼロ次および1次Zeeman係数とエネルギーがわかったので，これをVan Vleckの式に代入して z 軸方向の磁化率の式を導くことができる．

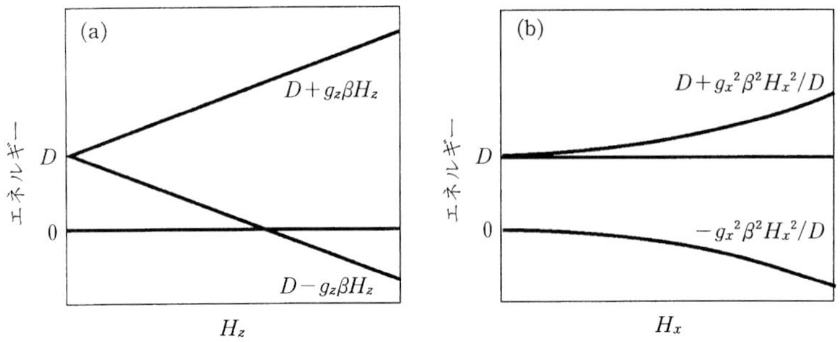

図 5.9　$S=1$ にゼロ磁場分裂があるときのエネルギーダイヤグラム
(a) $H /\!/ z$, (b) $H /\!/ x$

$$\chi_z=\frac{2Ng_z{}^2\beta^2}{kT}\times\frac{\exp(-D/kT)}{1+2\exp(-D/kT)} \tag{5.39}$$

次に x 方向に磁場が作用するときの行列要素 $\langle M_s|\boldsymbol{H}_x|M_s'\rangle$ を計算する．

	$\|1\rangle$	$\|0\rangle$	$\|-1\rangle$
$\langle 1\|$	D	$\sqrt{2}g_x\beta H_x/2$	0
$\langle 0\|$	$\sqrt{2}g_x\beta H_x/2$	0	$\sqrt{2}g_x\beta H_x/2$
$\langle -1\|$	0	$\sqrt{2}g_x\beta H_x/2$	D

(5.40)

これより

$$\begin{aligned} E_1 &= D \\ E_{2,3} &= (\pm\sqrt{2g_x{}^2\beta^2H_x{}^2+D^2}+D)/2 \end{aligned} \tag{5.41}$$

$|D|$ が $g_x\beta H_x$ に比べてかなり大きいときは $E_{2,3}$ は次のように近似できる．

$$\begin{aligned} E_2 &= -g_x{}^2\beta^2H_x{}^2/D \\ E_3 &= g_x{}^2\beta^2H_x{}^2/D+D \end{aligned} \tag{5.42}$$

結果を図 5.9 (b) に示した．この場合にはゼロ磁場で $M_S=0$ と 1 が縮重している．この結果をもとに x 方向の磁化率は

$$\chi_x=\frac{2Ng_x{}^2\beta^2}{D}\times\frac{1-\exp(-D/kT)}{1+2\exp(-D/kT)} \tag{5.43}$$

図 5.10 に $D=+5\,\mathrm{cm}^{-1}$ および $-5\,\mathrm{cm}^{-1}$ のときの χ_z と χ_x の温度依存を示した．$D>0$ のときは $\chi_z<\chi_x$ となり，$D<0$ のときは $\chi_z>\chi_x$ となる．単結晶

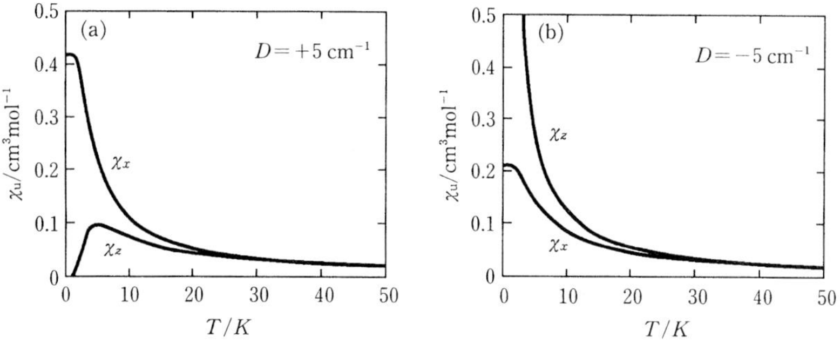

図 5.10　ゼロ磁場分裂を示す $S=1$ の χ_z と χ_x の温度依存
(a) $D=+5\ \mathrm{cm^{-1}}$, (b) $D=-5\ \mathrm{cm^{-1}}$

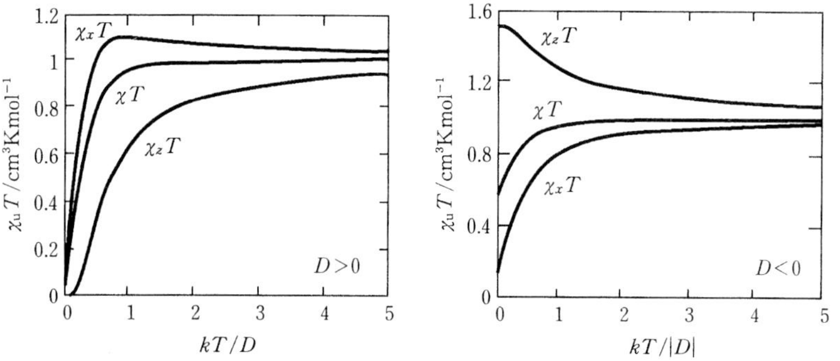

図 5.11　ゼロ磁場分裂を示す $S=1$ の $\chi_z T$, $\chi_x T$ および χT の $kT/|D|$ に対するプロット

で磁化率を測定すると χ_z と χ_x の大小関係から D の符号を決めることができる．粉末試料で磁化率を測定するときは $\chi=(\chi_z+2\chi_x)/3$ が求められる．

図 5.11 には $\chi_z T, \chi_x T$ および χT の $kT/|D|$ に対するプロットを示した．$\chi_i T$ は磁気モーメントと $\mu_i=\sqrt{8\chi_i T}$ の関係から，図 5.11 は磁気モーメントの温度依存に相当している．$D>0$ の磁気モーメントは温度とともに減少して極低温では反磁性になるであろう．$D<0$ のときも磁気モーメントは温度とともに減少するがゼロにはならない．

5.5.2　軸性歪みがある八面体 Cr(III) のゼロ磁場分裂

次に 4 回軸方向に歪みをもつ Cr(III) をとりあげる．$^4A_{2g}$ の四つの $|M_s\rangle$ 関数は $|3/2\rangle$, $|1/2\rangle$, $|-1/2\rangle$ および $|-3/2\rangle$ である．分子軸方向に磁場が作用するときの行列要素 $\langle M_s|\boldsymbol{H}_z|M_s'\rangle$ は対角行列を与えるので，容易に次のエネルギーを得ることができる．

$$\begin{aligned} E_{\pm1/2} &= \pm g_z\beta H_z/2 \\ E_{\pm3/2} &= 2D \pm 3g_z\beta H_z/2 \end{aligned} \tag{5.44}$$

すなわちスピン 4 重項は $M_s=\pm1/2$ と $\pm3/2$ の二つの準位に分裂する．ゼロ磁場におけるエネルギーはそれぞれ 0 および $2D$ である．それぞれはさらに磁場により Zeeman 分裂する．以上の結果をもとに z 軸方向の磁化率は次のように導くことができる．

$$\chi_z = \frac{Ng_z^2\beta^2}{4kT} \times \frac{1+9\exp(-2D/kT)}{1+\exp(-2D/kT)} \tag{5.45}$$

分子軸に直角に磁場が作用するときの行列要素 $\langle M_s|\boldsymbol{H}_x|M_s'\rangle$ は

(5.46)

	$\|3/2\rangle$	$\|-3/2\rangle$	$\|1/2\rangle$	$\|-1/2\rangle$
$\langle 3/2\|$	$2D$	0	$\sqrt{3}g_x\beta H_x/2$	0
$\langle -3/2\|$	0	$2D$	0	$\sqrt{3}g_x\beta H_x/2$
$\langle 1/2\|$	$\sqrt{3}g_x\beta H_x/2$	0	0	$g_x\beta H_x$
$\langle -1/2\|$	0	$\sqrt{3}g_x\beta H_x/2$	$g_x\beta H_x$	0

$|D| \gg g_x\beta H_x$ を仮定すると次の近似解が得られる．

$$\begin{aligned} E_{1,2} &= 2D + 3g_x^2\beta^2H_x^2/8D \\ E_{3,4} &= \pm g_x\beta H_x - 3g_x^2\beta^2H_x^2/8D \end{aligned}$$

この結果をもとに x 軸方向の磁化率の式が求められる．

$$\chi_x = \frac{Ng_x^2\beta^2}{4D} \times \frac{4D/kT+3-3\exp(-2D/kT)}{1+\exp(-2D/kT)} \tag{5.47}$$

式 (5.45) および (5.47) をもとに χ_zT, χ_xT および χT の $kT/|D|$ に対するプロットを図 5.12 に示した．$D>0$ のときは $\chi_zT<\chi_xT$ となり，$D<0$ のときは $\chi_zT>\chi_xT$ となる．ゼロ磁場分裂のために χT（したがって磁気モーメン

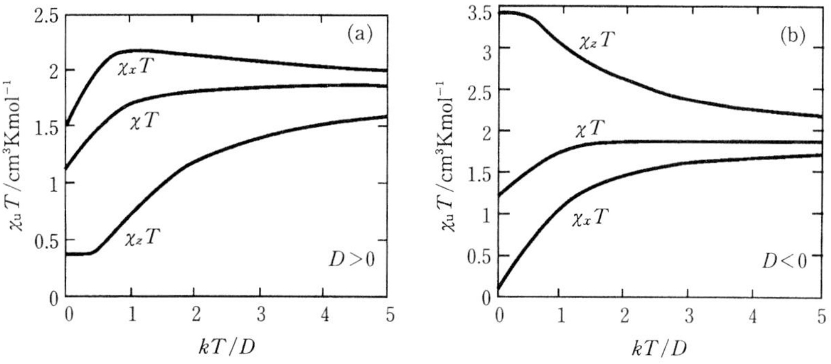

図 5.12 ゼロ磁場分裂を示す Cr (III) ($S=3/2$) の $\chi_z T$, $\chi_x T$ および χT の $kT/|D|$ に対するプロット

ト) は温度とともに減少して，極低温での磁気モーメントは D の符号のいかんにかかわらず 3.0～3.3μ_B に近づくであろう.

5.5.3 軸性歪みがある八面体型 d^5 イオンのゼロ磁場分裂

次に高スピン Fe (III) や Mn(II) のゼロ磁場分裂を考察する．スピン 6 重項の $|M_S\rangle$ 関数は $|5/2\rangle, |3/2\rangle, |1/2\rangle, |-1/2\rangle, |-3/2\rangle, |-5/2\rangle$ である．磁場が分子軸と平行のときは行列要素 $\langle M_s|\boldsymbol{H}_z|M_s'\rangle$ は対角行列を与える．これを解くとスピン 6 重項は三つの 2 重項に分裂することがわかる.

$$
\begin{aligned}
E_{1,2} &= \pm g_z\beta H_z/2 \\
E_{3,4} &= 2D \pm 3g_z\beta H_z/2 \\
E_{5,6} &= 6D \pm 5g_z\beta H_z/2
\end{aligned}
\tag{5.48}
$$

$E_{1,2}$, $E_{3,4}$ および $E_{5,6}$ のゼロ磁場におけるエネルギーは，$E_{1,2}$ を基準にとるとそれぞれ 0, $2D$ および $6D$ である．Van Vleck の式を用いると z 軸方向の磁化率の式は次のように導かれる.

$$
\chi_z = \frac{Ng_z^2\beta^2}{4kT} \times \frac{1+9\exp(-2D/kT)+25\exp(-6D/kT)}{1+\exp(-2D/kT)+\exp(-6D/kT)} \tag{5.49}
$$

磁場が x 方向にあるときは行列要素 $\langle M_s|\boldsymbol{H}_x|M_s'\rangle$ は次の行列を与える.

	$\|5/2\rangle$	$\|-5/2\rangle$	$\|3/2\rangle$	$\|-3/2\rangle$	$\|1/2\rangle$	$\|-1/2\rangle$
$\langle 5/2\|$	$6D$	0	$\sqrt{5}g_x\beta H_x/2$	0	0	0
$\langle -5/2\|$	0	$6D$	0	$\sqrt{5}g_x\beta H_x/2$	0	0
$\langle 3/2\|$	$\sqrt{5}g_x\beta H_x/2$	0	$2D$	0	$\sqrt{2}g_x\beta H_x$	0
$\langle -3/2\|$	0	$\sqrt{5}g_x\beta H_x/2$	0	$2D$	0	$\sqrt{2}g_x\beta H_x$
$\langle 1/2\|$	0	0	$\sqrt{2}g_x\beta H_x$	0	0	$3g_x\beta H_x/2$
$\langle -1/2\|$	0	0	0	$\sqrt{2}g_x\beta H_x$	$3g_x\beta H_x/2$	0

(5.50)

$|D| \gg g_x\beta H_x$ を仮定すると行列 (5.50) の解は次のように近似される．

$$\begin{aligned} E_{1,2} &= 6D + 5g_x^2\beta^2 H_x^2/16D \\ E_{3,4} &= 2D + 11g_x^2\beta^2 H_x^2/16D \\ E_{5,6} &= \pm 3g_x\beta H_x/2 - g_x^2\beta^2 H_x^2/D \end{aligned} \tag{5.51}$$

この結果をもとに Van Vleck の式から χ_x の式が導かれる．

$$\chi_x = \frac{Ng_x^2\beta^2}{8D} \times \frac{18D/kT + 16 - 11\exp(-2D/kT) - 5\exp(-6D/kT)}{1 + \exp(-2D/kT) + \exp(-6D/kT)} \tag{5.52}$$

図 5.13 に $\chi_z T$, $\chi_x T$ および χT の $kT/|D|$ に対するプロットを示した．$D>0$ のときは $\chi_z T < \chi_x T$ となり，$D<0$ のときは $\chi_z T > \chi_x T$ となる．ゼロ磁場分裂のために χT は温度の低下とともに減少して，$D>0$ のときは ~4.5 μ_B に，$D<0$ のときは ~5 μ_B に近づくと予想される．

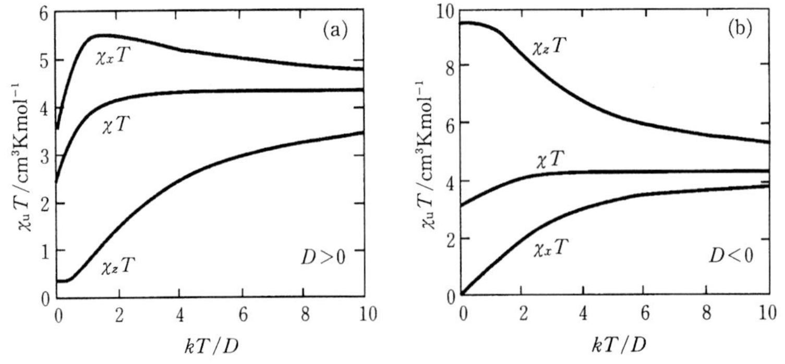

図 5.13　ゼロ磁場分裂を示す八面体型 d^5 イオン ($S=5/2$) の $\chi_z T$, $\chi_x T$ および χT の $kT/|D|$ に対するプロット

6
遷移金属錯体の磁気的性質

第 4 章と第 5 章では球対称および軸対称結晶場における金属イオンの磁性の理論式を導いた．この章では実際の磁気データをもとに，理論式の適用可能な範囲と限界を確かめることにする．錯体の膨大な磁気的データが文献[1]にまとめられている．

6.1 第 2 および第 3 遷移金属錯体の磁性

第 2 および第 3 遷移金属錯体の磁性は第 1 遷移金属錯体とは多くの点で異なる．まず第 2 および第 3 遷移金属錯体はほとんどの場合に低スピンとして現れる．その理由は，$4d$ および $5d$ 軌道は $3d$ 軌道に比べて空間的広がりが大きいために電子間反発が減少するからである．さらに，第 2 および第 3 遷移金属イオンの有効核電荷は大きいので d 軌道の分裂は大きくなる．一般に $4d$ 錯体の $10Dq$ は相当する $3d$ 錯体の約 1.5 倍，$5d$ 錯体の $10Dq$ は相当する $4d$ 錯体の約 1.3 倍であることがわかっている．

もう一つの特徴として，第 2 および第 3 遷移金属のスピン軌道結合定数が大きくなることがあげられる．表 6.1 を表 2.4 と比べると，$4d$ イオンのスピン結合定数は相当する $3d$ イオンの約 3 倍に，$5d$ イオンのスピン軌道結合定数は相当する $4d$ イオンの約 3 倍になっている．第 4 章で誘導した磁気モーメントの式を $4d$ および $5d$ 錯体に適用すると，室温の $kT/|\lambda|$ は多くの場合に 0.3 よりも小さくなり，実測される磁気モーメントはスピンオンリーの値よりもずっと小さくなると予想される．しかし実際にはそれほどまでには小さくなら

表 6.1 第2および第3遷移金属イオンのスピン軌道結合定数の推定値/cm^{-1}

金属イオン	ζ	O_h 対称場の基底項	λ
Mo (IV)	850	$^3T_{1g}$	+425
Mo (III)	800	$^4A_{2g}$	+267
Ru (IV)	1400	$^3T_{1g}$	−700
Ru (III)	1250	$^2T_{2g}$	−1250
Rh (IV)	1700	$^2T_{2g}$	−1700
W (IV)	2300	$^3T_{1g}$	+1150
Re (V)	3700	$^3T_{1g}$	+1850
W (III)	1800	$^4A_{2g}$	+600
Re (IV)	3300	$^4A_{2g}$	+1100
Re (III)	2500	$^3T_{1g}$	−1250
Os (IV)	4000	$^3T_{1g}$	−2000
Ir (V)	5500	$^3T_{1g}$	−2750
Os (III)	3000	$^2T_{2g}$	−3000
Ir (IV)	5000	$^2T_{2g}$	−5000

ないことがわかっている．これは球対称からの歪みが主な原因である．4d および5d 錯体では6より大きい配位数もしばしばみられる．

第2および第3遷移金属の錯体は多核構造をとりやすく，金属-金属結合をもつものも多い．これが磁気モーメントの異常の原因である場合がある．磁性のデータの多くは1970年までに測定されたもので，当時は構造の情報が乏しい時代であった．磁気的性質は構造を鋭敏に反映するので，磁性を論じる上で構造を知ることは不可欠である．

6.2 d^1 錯体の磁気的性質

代表的な d^1 錯体の磁気モーメントを表6.2にまとめた．d^1 八面体型錯体の磁気モーメントは式(4.28)で与えられる．室温の磁気モーメントは約1.88 μ_B で，温度の低下とともに減少して絶対温度ではゼロに近づくであろう．Ti(III)錯体は，容易に酸化あるいは加水分解されるために信頼できる磁性のデータは限られている．室温における磁気モーメントは一般に1.6～1.8 μ_B の範囲にあって，絶対温度まで温度を下げてもゼロには近づかない．磁化率はCurie-Weissの式に従い，一般に大きな負のWeiss定数を示す．代表的な八

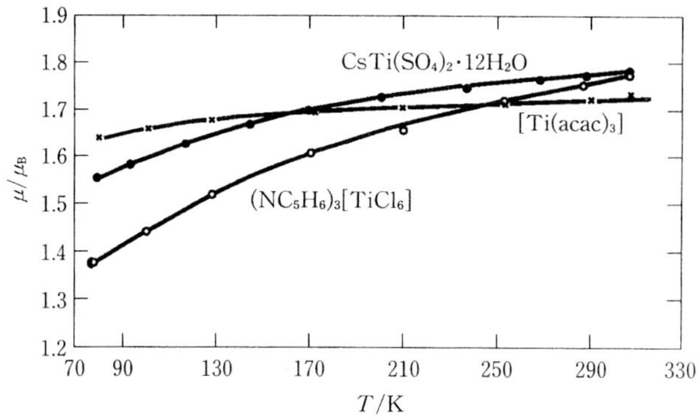

図 6.1 八面体型 Ti (III) 錯体の磁気モーメントの温度変化

表 6.2 代表的な d^1 錯体の磁気モーメント

錯　体	μ/μ_B (300 K)	θ/K	文　献
$[Ti(H_2O)_6]Cl_3$	1.79	−22	a
$[Ti(acac)_3]$	1.73	−34	a
$[Ti(NH_3)_6]Cl_3$	1.80	−48	a
$CsTi(SO_4)_2 \cdot 12H_2O$	1.80	−10	b
$(pyH)_3[TiCl_6]$	1.76	−62	c
$[Ti(urea)_6]I_3$	1.69	−40	d
$[TiCl_3(\gamma\text{-picoline})_3]$	1.75	−24	d
$[VO(salicylaldiminate)_2]$	1.72		e
[VO(phthalocyanine)]	1.75		f
$[VCl_4]$	1.62	−1	g
$[VCl_4(bipy)]$	1.76		h
$Ln[CrO_4]$	1.76	0	i
$(NH_4)[MoOCl_5]$	1.67	−15	j
$Cs[MoF_6]$	1.66	−224	k

a　H. L. Schlafer and R. Gotz, *Z. Phys. Chem.*, **41**, 97 (1964).
b　B. N. Figgis, J. Lewis and F. Mabbs, *J. Chem. Soc.*, **1963**, 2473.
c　W. Giggenbach and C. H. Brubaker, Jr., *Inorg. Chem.*, **7**, 129 (1968).
d　D. J. Machin, K. S. Murray and R. A. Walton, *J. Chem. Soc.*, **1968**, 195.
e　E. Bayer, H. J. Bielig and K. H. Hausser, *Ann. Chem.*, **584**, 116 (1953).
f　W. Klemm and H. Senff, *J. Prakt. Chem.*, **154**, 73 (1939).
g　R. B. Johannesen, G. A. Candela and T. Tsang, *J. Chem. Phys.*, **48**, 5544 (1968).
h　R. J. H. Clark, *J. Chem. Soc.*, **1963**, 1377.
i　W. Klemm, W. Brandt and R. Hoppe, *Chem. Ber.*, **93**, 1506 (1960).
j　C. R. Hare, I. Bernal and H. B. Gray, *Inorg. Chem.*, **1**, 828 (1962).
k　G. B. Hargreaves and R. D. Peacock, *J. Chem. Soc.*, **1958**, 3776.

面体型 Ti(III) 錯体の磁気モーメントの温度依存性を，図 6.1 に示した．これら化合物を含めて Ti(III) 錯体には構造歪みがあることが，電子スピン共鳴や X 線結晶構造解析から示されている．$CsTi(SO_4)_2 \cdot 12H_2O$ の磁気挙動は D_{3d} 歪みによる $^2T_{2g}$ の分裂を考慮して，式 (5.10) および (5.11) で解釈されている．

V(IV) は一般に VO^{2+} として存在して，オキソイオンを頂点に配位させた 5 配位 4 角錐構造あるいは軸方向に歪んだ八面体構造を与える．強い V=O 結合のために (d_{xz}, d_{yz}) と d_{xy} 軌道は 1000〜2000 cm^{-1} 分裂して，d_{xy} 軌道がエネルギー最低となる．オキソバナジウム(IV) 錯体の d 軌道の分裂はスピン軌道結合による分裂に比べて大きいので，磁化率は Curie 則に従い，磁気モーメントはスピンオンリー値に近い．

d^1 四面体錯体に VCl_4 および VO_4^{4-} がある．このときの基底項は ^2E で軌道の寄与はない．磁化率は式 (4.42) で説明され，多くの場合に Curie 則に従う．

6.3　d^2 錯体の磁気的性質

d^2 八面体錯体の磁気モーメントは式 (4.30) で与えられる．室温の磁気モーメントはスピンオンリー値よりもわずかに小さく，温度の低下とともに減少して絶対温度では 0.62 μ_B に近づくと予想される．代表的な d^2 八面体型錯体の磁気モーメントを表 6.3 に与えた．V(III) 錯体の室温における磁気モーメントは 2.6〜2.8 μ_B であり，液体窒素では 2.2〜2.5 μ_B 程度に減少する．観測された磁気モーメントの減少は $^3T_{1g}$ に 期待されるものに比べるとかなり小さい(図 4.6 参照)．$(NH_4)V(SO_4)_2 \cdot 12H_2O$ の磁気モーメントは 30〜300 K では Curie 則に従い約 2.80 μ_B である．低温では磁化率は温度に依存しなくなる．その理由は，トリゴナル歪みのために $^3T_{1g}$ は ^3E と $^3A_1$ に分裂し，$^3A_1$ がエネルギー最低準位となるためである．$^3E - {}^3A_1$ の分裂幅は約 2000 cm^{-1} ある．

$[MoCl_6]^{2-}$ の室温における磁気モーメントは 2.2〜2.3 μ_B で，スピンオンリー値よりかなり小さい．$[WCl_6]^{2-}$ のモーメントは 1.4〜1.8 μ_B とさらに小さい．これはスピン軌道結合定数が大きくなる効果である．$K_4[Mo(CN)_8]$ は

表 6.3　代表的な d^2 八面体型錯体の磁気モーメント

化合物	μ/μ_B (300 K)	θ/K	文　献
$(NH_4)V(SO_4)_2 \cdot 12H_2O$	2.80		a
$[V(acac)_3]$	2.80	−2	a
$K_3[V(ox)_3] \cdot 2H_2O$	2.80	−1	a
$K_3[VF_6]$	2.79	−14	b
$[V(en)_3]Cl_3$	2.79		c
$[V(urea)_6](ClO_4)_3$	2.71		d
$Rb_2[MoCl_6]$	2.24	−176	e
$Rb_2[MoBr_6]$	2.18	−140	f
$K_2[WCl_6]$	1.43	−180	g
$K_2[WBr_6]$	1.50	−200	g

a　J. van den Handel and A. Siegert, *Physica.*, **4**, 871 (1937).
b　A. Bose, A. S. Chakravarty and R. Chatterjee, *Proc. Roy. Soc.*, **255A**, 145 (1960).
c　R. J. H. Clark and M. L. Greenfield, *J. Chem. Soc.*, **1967**, A409.
d　D. Machin and K. S. Murray, *J. Chem. Soc.*, **1967**, A1498.
e　D. R. Eaton, W. D. Phillips and D. J. Caldwell, *J. Am. Chem. Soc.*, **85**, 397 (1963).
f　A. J. Edwards, R. D. Peacock and A. Said, *J. Chem. Soc.*, **1962**, 4643.
g　C. D. Kennedy and R. D. Peacock, *J. Chem. Soc.*, **1963**, 3392.

反磁性である．これは 8 配位正立方体構造では軌道 1 重項が基底となり，また結晶場分裂が大きいことによる．

四面体錯体では $^3A_2$ が基底項となり，スピン軌道相互作用で励起 $^3T_2$ 項が混じってくる (図 4.9 参照)．磁気モーメントは $\mu = \mu_{so}[1-4\lambda/10Dq]$ (式 (4.39)) で与えられ，$\lambda > 0$ であるからスピンオンリー値よりも小さい．$(AsPh_4)[VCl_4]$ の磁気モーメントは室温で 2.55 μ_B と報告されている．

6.4　d^3 錯体の磁気的性質

代表的な d^3 錯体の磁気モーメントを表 6.4 に与えた．O_h 対称場では $^4A_{2g}$ が基底項となり，1 次近似においては $\mu = \mu_{so}[1-4\lambda/10Dq]$ (式 (4.41)) の関係が成り立つ．多くの八面体型 V(II) および Cr(III) 錯体はスピンオンリー値に近い磁気モーメントを示す．$[Cr(en)_3]^{3+}$ や $[Cr(C_2O_4)_3]^{3-}$ ではキレート配位によるトリゴナル歪みがある．5.4 節で論じたように，トリゴナル歪みで励起 $^4T_2$ が ^4E と $^4B_2$ に分裂する結果，基底 $^4A_2$ はゼロ磁場分裂を示す．ただしゼ

表 6.4 代表的な d^3 錯体の磁気モーメント

化 合 物	μ/μ_B (300 K)	θ/K	文 献
$[V(en)_3]Cl_2 \cdot H_2O$	3.70	0	a
$[V(bipy)_3]I_2$	3.67		b
$KCr(SO_4)_2 \cdot 12H_2O$	3.86	0	c
$[Cr(NH_3)_6]I_3$	3.80	1	d
$K_3[Cr(NCS)_6]4H_2O$	3.80	0	e
$[Cr(en)_3]Cl_3 \cdot 3H_2O$	3.83	−4	f
$Li_2[MnF_6]$	3.84	0	g
$K_2[MnCl_6]$	3.84		h
$K_3[MoCl_6]$	3.79	−11	f
$[Mo(bipy)_3]Cl_3$	3.66		i
$[MoCl_3(py)_3]$	3.79		j
$K_2[ReCl_6]$	3.25	−88	f
$K_2[Re(NCS)_6]$	3.05	−149	k

a L. F. Larkworthy, K. C. Patel and D. J. Phillips, *Chem. Commun.*, **1968**, 1667.
b R. Purthel, *Z. Phys. Chem.*, **211**, 74 (1959).
c S. K. Dutta-Roy, *Ind. J. Phys.*, **30**, 169 (1956).
d L. Leiterer, *Z. Phys. Chem.*, **B36**, 325 (1937).
e R. B. Janes, *Phys. Rev.*, **48**, 78 (1935).
f B. N. Figgis, J. Lewis and F. E. Mabbs, *J. Chem. Soc.*, **1961**, 3138.
g R. Hoppe, W. Kiebe and W. Daehne, *Z. Anorg. Chem.*, **307**, 276 (1961).
h S. S. Bhatnagar, B. Prakash and J. C. Maheswari, *J. Indian Chem. Soc.*, **16**, 313 (1939).
i M. C. Steele, *Aust. J. Chem.*, **10**, 489 (1957).
j D. A. Edwards and G. W. A. Fowles, *J. Less Common Metals.*, **4**, 512 (1962).
k G. E. Boyd, C. M. Nelson and W. T. Smith, *J. Am. Chem. Soc.*, **76**, 348 (1954).

ロ磁場分裂は~1 cm^{-1} にすぎないので，極低温域以外では問題にならない．

6.5 d^4 錯体の磁気的性質

自由イオンの ^5D 項は O_h 対称の弱結晶場および中間結晶場において ^5E_g と $^5T_{2g}$ に分裂する．基底項 ^5E_g に励起 $^5T_{2g}$ の寄与が混じってくるので，有効磁気モーメントは $\mu=\mu_{so}[1-2\lambda/10Dq]$ (式 (4.43)) で与えられる．λ は正であるから磁気モーメントはスピンオンリー値 4.90 μ_B よりもわずかに小さくなると予想される．多くの八面体型 Cr (II) および Mn (III) 錯体はスピンオンリー値に近い磁気モーメントを示すことが知られている (表 6.5)．

強い八面体結晶場では $^3T_{1g}$ が基底となる．そのような錯体を表 6.6 にまと

表 6.5 代表的な d^4 高スピン錯体の磁気モーメント

錯 体	μ/μ_B (300 K)	θ/K	文 献
$(NH_4)_2Cr(SO_4)_2\cdot 6H_2O$	4.88	0	a
$[CrCl_2(H_2O)_4]$	4.97	0	b
$Cr(ClO_4)_2\cdot 6H_2O$	4.97	0	b
$[Cr(en)_3]SO_4$	4.87	0	c
$[MnCl_3(phen)(H_2O)]$	4.75	−7	d
$[Mn(acac)_3]$	4.85	−15	e
$K_3[Mn(malonate)_3]$	4.95	0	f

a A. Earnshaw, L. F. Larkworthy and K. C. Patel, *Chem. Commun.*, **1966**, 181.
b A. Earnshaw, L. F. Larkworthy and K. C. Patel, *J. Chem. Soc.*, **1965**, 3267.
c A. Earnshaw, L. F. Larkworthy and K. C. Patel, *J. Chem. Soc.*, **1969**, A1339.
d H. A. Goodwin and R. S. Sylva, *Aust. J. Chem.*, **20**, 629 (1967).
e V. V. Zelentsov, *Z. Strukt. Khim.*, **8**, 651 (1967).
f J. I. Bullock, M. M. Patel and J. E. Salmon, *J. Inorg. Nucl. Chem.*, **31**, 415 (1969).

表 6.6 主なる d^4 低スピン錯体の磁気モーメント

錯 体	μ/μ_B (300 K)	θ/K	文 献
$[Cr(bipy)_3]Cl_2$	2.93	0	a
$[Cr(phen)_3]Cl_2\cdot 2H_2O$	2.79	−5	a
$K_4[Cr(CN)_6]2H_2O$	3.40		b
$K_3[Mn(CN)_6]$	3.50		c
$[Mo(diars)_2Cl_2]$	2.85	−20	d
$[Re(acac)_3]$	2.3		e
$[ReCl_2(diars)_2]ClO_4$	2.14		f
$K_2[RuCl_6]$	2.70		f
$[RuCl_4(bipy)]$	2.8		g
$Cs_2[OsCl_6]$	1.67		f
$[OsCl_2(diars)_2](ClO_4)_2$	1.25		h

a A. Earnshaw, L. F. Larkworthy, K. C. Patel, K. S. Patel, R. L. Carlin and E. G. Terezakis, *J. Chem. Soc.*, **1966**, A511.
b D. M. Bhar and P. Ray, *J. Indian Chem. Soc.*, **5**, 497 (1928).
c A. H. Cooke and H. J. Duffus, *Proc. Phys. Soc.* (*London*), **A68**, 32 (1955).
d J. Lewis, R. S. Nyholm and P. W. Smith, *J. Chem. Soc.*, **1962**, 2592.
e R. Colton, R. Levitus and G. Wilkinson, *J. Chem. Soc.*, **1960**, 4121.
f A. Earnshaw, B. N. Figgis, J. Lewis and R. D. Peacock, *J. Chem. Soc.*, **1961**, 3132.
g B. N. Figgis, *J. Inorg. Nucl. Chem.*, **8**, 476 (1958).
h R. S. Nyholm and G. J. Sutton, *J. Chem. Soc.*, **1958**, 572.

めた．$K_3[Mn(CN)_6]$ の磁気モーメントは 300 K の 3.50 μ_B から 4 K では 1.0 μ_B に低下する．この磁気挙動は図 4.6 (d) で $\lambda=-178\ cm^{-1}$ としたときに近い．

6.6 d^5 錯体の磁気的性質

自由イオンの ^6S は軌道角運動量をもたないので，八面体型錯体はスピンオンリー値に近い磁気モーメントを示す．このことは対称性が D_{4h} や D_{3v} に低下しても本質的に変わらない．ただし，スピン軌道結合で三つのKramers 2重項の組($M_S=\pm5/2, \pm3/2, \pm1/2$)に分裂するので小さな異方性がみられる．正四面体型錯体には $[MnX_4]^{2-}$ (X＝ハロゲン)や $[FeX_4]^-$ の第4級アンモニウム塩が知られていて，いずれもスピンオンリー値に近い磁気モーメントを示す．

強い O_h 結晶場では $^2T_{2g}$ が基底項となる．そのような錯体を表6.7にまとめた．室温における磁気モーメントは2.1～2.4 μ_B の範囲にあってCurie–

表 6.7 主なる d^5 低スピン錯体の磁気モーメント

錯 体	μ/μ_B (300 K)	θ/K	文 献
$K_4[Mn(CN)_6]$	2.18	−18	a
$K_3[Fe(CN)_6]$	2.25	−57	a
$KBa[Fe(S_2C_2O_2)_3]6H_2O$	2.28	−42	b
$[Fe(bipy)_3](ClO_4)_3\cdot3H_3O$	2.40	−27	a
$[Fe(phen)_3](ClO_4)_3\cdot3H_3O$,	2.40	−18	a
$Na_3[Fe(CN)_5(NO_2)]2H_2O$	2.10	−25	c
$[Fe(bipy)_2(CN)_2]ClO_4$	2.34		d
$[Fe(phen)_2(CN)_2]ClO_4$,	2.40		d
$[Fe(en)_3]Cl_3$	2.45		e
$[Fe(terpy)_2](ClO_4)_3$	2.16		f
$[Ru(NH_3)_6]Cl_3$	2.13		d
$[RuCl_2(bipy)_2]ClO_4$	1.99		g
$[OsCl_3(py)_3]$	1.76		g
$[OsCl_2(phen)_2]ClO_4$	1.73		g

a B. N. Figgis, *Trans. Farad. Soc.*, **57**, 204 (1961).
b R. L. Carlin and F. Canziani, *J. Chem. Phys.*, **40**, 371 (1964).
c L. A. Welo, *Phil. Mag.*, **6**, 481 (1928).
d B. N. Figgis, J. Lewis, F. E. Mabbs and G. A. Webb, *J. Chem. Soc.*, **1966**, A422.
e G. A. Renovitch and W. A. Baker, Jr., *J. Am. Chem. Soc.*, **90**, 3585 (1968).
f W. M. Reiff, W. A. Baker, Jr. and N. E. Erickson, *J. Am. Chem. Soc.*, **90**, 4794 (1968).
g J. Lewis, F. E. Mabbs and R. A. Walton, *J. Chem. Soc.*, **1967**, A1366.

表 6.8 代表的な Fe(III) のスピンクロスオーバー錯体

化合物	$\mu/\mu_B\,(T/\mathrm{K})$		文献
$[Fe(R_2NCS_2)_3]$ (R=Me)	4.9 (400)	2.2 (82)	a
(R=n-Bu)	5.4 (273)	2.8 (84)	a
[Fe(Hthpu)(thpu)]	5.6 (300)	2.4 (150)	b
$[Fe(3\text{-}OEt\text{-}salBzen)_2]BPh_4$	5.8 (300)	2.1 (50)	c
$[Fe(salen)(Im)_2]ClO_4$	5.5 (300)	1.8 (4.2)	d

H_2thpu=pyruvic acid thiosemicarbazone, 2-OEt-salBzen=3-ethyloxy-N-[2-(ethylamino) ethyl] salicylaldiminate, Im=imidazole

a A. H. Ewald, R. L. Martin, I. G. Ross and A. H. White, *Proc. Roy. Soc.*, **A280**, 235 (1964).

b M. D. Timken, S. R. Wilson and D. N. Hendrickson, *Inorg. Chem.*, **24**, 3450 (1985).

c M. D. Timken, D. N. Hendrickson and E. Sinn, *Inorg. Chem.*, **24**, 3947 (1985).

d B. J. Kennedy, A. C. McGrath, K. S. Murray, B. W. Skelton and A. H. White, *Inorg. Chem.*, **26**, 483 (1987).

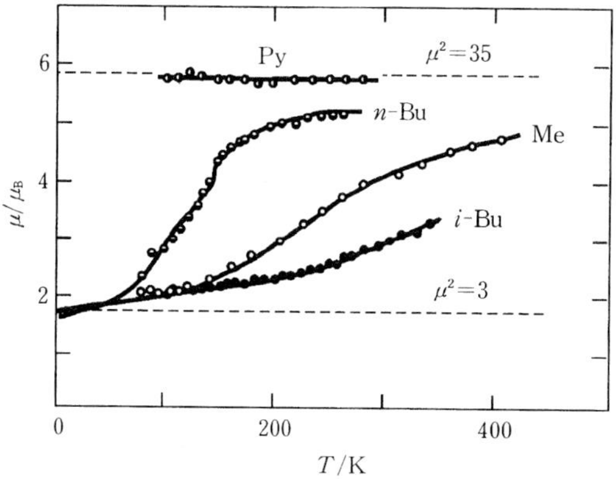

図 6.2 $[Fe(S_2CNR_2)_3]$ のスピンクロスオーバー

Weiss の式に従い，一般に大きな Weiss 定数を示す．

Fe(III) 錯体のなかには高スピン ($S=5/2$) と低スピン ($S=1/2$) のクロスオーバーを示すものが知られている (表 6.8)．これらスピンクロスオーバー錯体では $^2T_{2g}$ が $^6A_{1g}$ よりも下にある．$[Fe(S_2CNR_2)_3]$ の磁性は N,N-二置換ジチオカルバミン酸の置換基に依存して，NR_2=pyrrolidyl (Py) のときは高スピンのままである (図 6.2)．

スピンクロスオーバー錯体の磁性は，$^{2}T_{2g}$ および $^{6}A_{1g}$ 準位への熱分布を考えるだけではうまく説明できない．$[Fe(S_2CNR_2)_3]$ では鉄まわりの立体配置は D_3 であり，対称性低下によって $^{2}T_{2g}$ 項が分裂する．$^{2}T_{2g}$ の分裂はスピン軌道結合によっても起こる (図 6.3)．図 6.3 で E と ζ はともに kT と同程度になり，磁気モーメントの温度依存に関係する．$^{2}T_{2g}$ の分裂を考慮すると磁気モーメントの式は次のようになる．

$$\mu^2 = \frac{3g^2/4 + 8x^{-1}[1-\exp(-3x/2)] + 105\exp[-x(1+E/\zeta)]}{1+2\exp(-3x/2)+3\exp[-x(1+E/\zeta)]} \tag{6.1}$$

ここで $x=\zeta/kT$ である．

$[Fe(S_2CNR_2)_3]$ のスピンクロスオーバー挙動は，式 (6.1) を用いても完全には説明できない．そこで Fe (III)-L 結合距離が高スピンと低スピンで大きく異なることを考慮した取り扱いがなされている．

Fe (III) 錯体のなかには中間スピン ($S=3/2$) に相当する磁気モーメントを

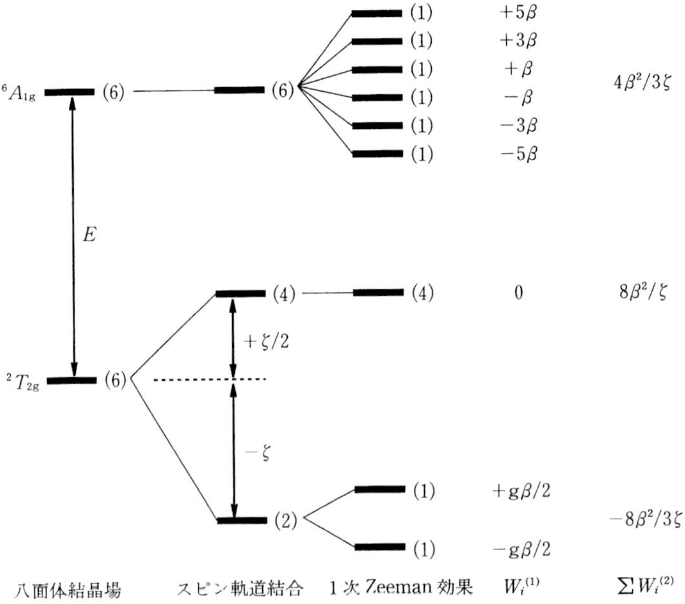

図 6.3　$^{2}T_{2g} \leftrightarrow {}^{6}A_{1g}$ クロスオーバーのエネルギー準位

表 6.9 中間スピンに相当する磁気モーメントを示す Fe(III) 錯体

化合物	μ/μ_B (T/K)	文　献
[Fe(S_2CNEt_2)$_2$Cl]	4.02 (295)	a
[Fe(S_2CNEt_2)$_2$Br]	4.05 (293)	a
[Fe(S_2CNEt_2)$_2$I]	4.07 (294)	a
[Fe(TPP)]ClO_4	5.0 (298)	b
[Fe(OEP)]ClO_4	4.8 (295)	c
[Fe(mcdt)$_3$]$CHCl_3$	5.5 (300)	d

a　P. Ganguli, V. R. Marathe and S. Mitra, *Inorg, Chem.*, **14**, 970 (1975).
b　M. E. Kastner, W. R. Scheidt, T. Mashiko and C. A. Reed, *J. Am. Chem. Soc.*, **100**, 666 (1978).
c　D. H. Dolphin, J. R. Sams and T. B. Tsin, *Inorg. Chem.*, **16**, 711 (1977).
d　R. J. Butcher and E. Sinn, *J. Am. Chem. Soc.*, **98**, 5159 (1976).

示すものが知られている(表 6.9). [Fe(S_2CNEt_2)$_2$X](X=Cl, Br, I)の室温における磁気モーメントは 4.02～4.07 μ_B で，液体窒素温度までほとんど温度依存を示さない. [Fe(TPP)]ClO_4, [Fe(OEP)]ClO_4 および [Fe(mcdt)$_3$] の溶媒付加物の磁気モーメントは室温で 4.8～5.5 μ_B で，温度を下げると 4.0 μ_B 程度にまで低下する. これら錯体では $S=3/2 \leftrightarrow S=5/2$ のスピン平衡が予想される.

6.7 d^6 錯体の磁気的性質

d^6 配置から生じる ^5D は O_h 結晶場で $^5T_{2g}$ と ^5E_g に分裂する. 基底 $^5T_{2g}$ 項の磁気的挙動については 4.3.2 項で述べた. Fe(II) 錯体では自由イオンの $\lambda=-100\ cm^{-1}$ を仮定すると室温で 5.64 μ_B が予想される. しかし多くの八面体型 Fe(II) 錯体の磁気モーメントは 5.2～5.5 μ_B にあって予想値よりも低い(表 6.10). その原因は構造歪みにある.

$(NH_4)_2Fe(SO_4)_2 \cdot 6H_2O$ はテトラゴナル歪みを示し，室温の磁気モーメントは 5.5 μ_B である. 一方 [Fe(H_2O)$_6$]SiF_6 にはトリゴナル歪みがあり，室温の磁気モーメントは 5.2 μ_B である. テトラゴナル歪みがあるときは $^5T_{2g}$ は $^5B_{2g}$ と

表 6.10　主なる常磁性 d^6 錯体の磁気モーメント

錯　体	μ/μ_B (300 K)	θ/K	文　献
$(NH_4)_2Fe(SO_4)_2\cdot 6H_2O$	5.5	−4	a
$[Fe(H_2O)_6]SiF_6$	5.2		b
$[Fe(py)_6]I_2$	5.49	+2	c
$Na_3[CoF_6]$	5.39	+5	d
$K_3[CoF_6]$	5.53	+10	d
$(NMe_4)_2[FeCl_4]$	5.41	−1	e
$(NEt_4)_2[FeBr_4]$	5.38	−1	e
$(NPr_4)_2[FeI_4]$	5.58	−5	e
[Fe(phtharocyanine)]	3.9		f

a　A. Bose, A. S. Chakravarty and R. Chatterji, *Proc. Royal Soc.* (*London*), **A261**, 43 (1961).
b　M. Majumdar and S. K. Datta, *Ind. J. Phys.*, **40**, 590 (1967).
c　N. S. Gill, *J. Chem. Soc.*, **1961**, 3512.
d　R. Hoppe, *Rec. Trav. Chim.*, **75**, 569 (1956).
e　R. J. H. Clark, R. S. Nyholm and F. B. Taylor, *J. Chem. Soc.*, **1967**, A1802.
f　C. G. Barraclough, R. L. Martin, S. Mitra and R. C. Sherwood, *J. Chem. Phys.*, **53**, 1643 (1970).

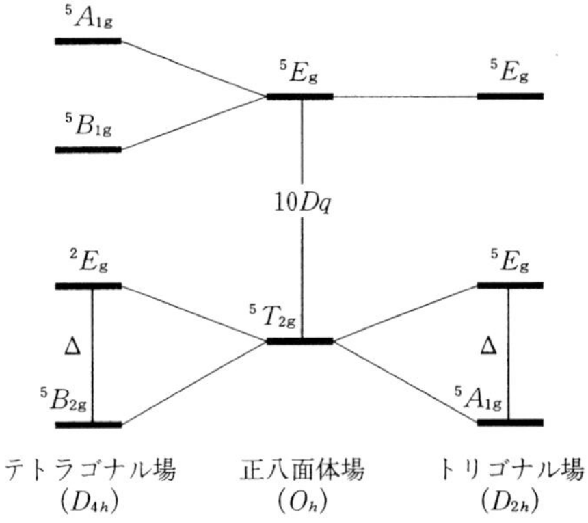

図 6.4　正八面体結晶場項にテトラゴナルまたはトリゴナル歪みが生じるときの分裂

^5E_g に，^5E_g は $^5B_{1g}$ と $^5A_{1g}$ に分裂する．基底 $^5B_{2g}$ と同じ既約表現の励起準位はないので，励起準位はスピン軌道相互作用を通して基底 $^5B_{2g}$ の磁性に影響するだけである (図 6.4)．トリゴナル歪みがあるときは $^5E_g(O_h)$ は分裂することなく，$^5T_{2g}(O_h)$ から生じる ^5E_g と配置間相互作用する．その結果，二つの

^5E_g 準位は結晶場とスピン軌道結合を通して基底 $^5A_{1g}$ の磁性に影響する．

正四面体の Fe(II) 錯体に $[FeCl_4]^-$ および $[FeBr_4]^-$ の 4 級アンモニウムやホスホニウム塩があり，室温で 5.35～5.60 μ_B の磁気モーメントを示す．この場合は ^5E が基底となり，3000～4000 cm^{-1} 上に $^5T_2$ が存在する．2 次のスピン軌道結合で $^5T_2$ が寄与するために，磁気モーメントはスピンオンリー値よりも大きくなる (図 4.12 参照)．

フタロシアニン鉄(II)の磁気モーメントは室温で 3.9 μ_B である．磁気モーメントは 80 K まではほとんど温度に依存しないが，80 K 以下では急に減少して 1.5 K では 0.75 μ_B となる．この挙動は Fe(II) が $d_{xz}{}^2 d_{yz}{}^2 d_{xy}{}^1 d_{z^2}{}^1 (S=1)$ 配置をとり $S=1$ にゼロ磁場分裂があるとして説明されている．

Fe(II) の八面体錯体には $^5T_{2g} \leftrightarrow {}^1A_{1g}$ スピンクロスオーバーを示すものが知られている (表 6.11)．$[Fe(phen)_2(NCS)_2]$ や $[Fe(bipy)_2(NCS)_2]$ では合成法の違いで磁気モーメントが異なることが報告されている．いずれも狭い温度域でスピン転移を起こすのが特徴である (図 6.5)．そのような急激なスピン転移は構造変化を伴って起こると考えられている．

表 6.11　代表的な Fe(II) のスピンクロスオーバー錯体

錯　体	μ/μ_B (T/K)		文　献
$[Fe(phen)_2(NCS)_2]$	5.3～6.0 (273)	1.0～2.0 (88)	a,b,c
$[Fe(bipy)_2(NCS)_2]$	5.2 (300)	0.9～1.7 (100)	d
$[Fe(tpb)_2]$	2.7 (300)	0.4 (100)	e
$[Fe(ampy)_3]Cl_2$	4.9 (300)	0.6 (50)	f
$[Fe(pbim)_3](ClO_4)_2$	5.25 (300)	1.40 (100)	g
$[Fe(pnp)I_2]$	5.48 (300)	4.16 (100)	h

tbp$^-$ = tris (1-pyrazolyl) borate,　ampy = 2-aminoethylpyridine,　pbim = 2-(2′-pyridyl) benzimidazole, pnp = 2,6-bis (2-diphenylphosphinoethyl) pyridine

a　E. König and K. Madeja, *Inorg. Chem.*, **6**, 48 (1967).
b　I. Dezi, B. Molnar, T. Tarnoczi and K. Tompa, *J. Inorg. Nucl. Chem.*, **29**, 2486 (1967).
c　A. J. Cummingham, J. E. Fergsson, H. K. J. Powell, E. Sinn and H. Wong, *J. Chem. Soc., Dalton*, **1972**, 2155.
d　A. T. Casey, *Aust. J. Chem.*, **21**, 2291 (1968).
e　J. P. Jesson and J. F. Weiher, *J. Chem. Phys.*, **46**, 1995 (1967).
f　G. A. Renivitch and W. A. Baker, Jr., *J. Am. Chem. Soc.*, **89**, 6377 (1967).
g　J. R. Sams and T. B. Tsin, *J. Chem. Soc. Dalton*, **1976**, 488.
h　W. S. J. Kelly, G. H. Ford and S. M. Nelson, *J. Chem. Soc. (A)*, **1971**, 388.

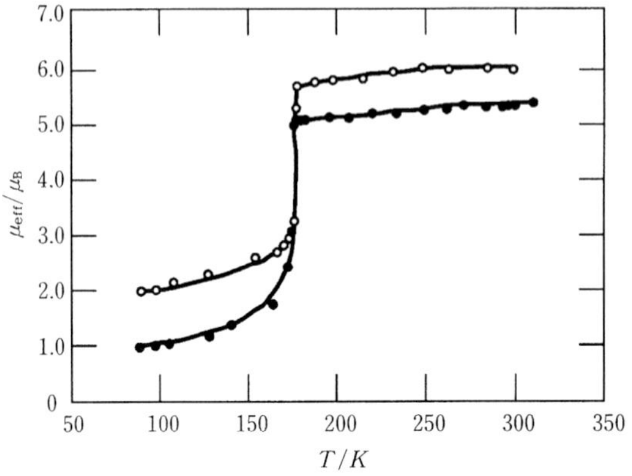

図 6.5　$[Fe(bipy)_2(NCS)_2]$ のスピンクロスオーバー挙動
合成が異なる試料について示している.

Fe(II) の低スピン錯体は, $[Fe(CN)_6]^{4-}$, $[Fe(phen)_3]^{2+}$, $[Fe(bipy)_3]^{2+}$ など比較的限られている. 一方 Co(III) 錯体のほとんどは低スピン状態をとり, 高スピンが確かめられているのは $[CoF_6]^{3-}$ くらいである. d^6 低スピン錯体は反磁性であるが, 実際には温度に依存しない常磁性 (TIP) が存在する. TIP は $16N\beta^2/10Dq$ で与えられる. Co(III) 錯体の $10Dq$ を 20000 cm^{-1} と仮定すると TIP は 200×10^{-6} cm^3 mol^{-1} 程度になる. このため Co(III) 錯体は室温で 0.6～0.8 μ_B の常磁性を示す. 低スピン Fe(II) 錯体には室温でもっと大きな常磁性を示すものもある.

6.8　d^7 錯体の磁気的性質

八面体型高スピン Co(II) 錯体では ${}^4T_{1g}$ が基底項となり, 300 K で約 5.2 μ_B の磁気モーメントを示すことが予想される. しかし一般に 6 配位 Co(II) 錯体の磁気モーメントは予想よりも小さい (表 6.12). その理由は構造の歪みや共有結合性にある.

低スピン正八面体錯体では ${}^2E_g$ が基底項となるから, 磁気モーメントはスピ

表 6.12 主なる八面体型および四面体型 Co (II) 錯体の磁気モーメント

錯 体	μ/μ_B (300 K)	θ/K	文 献
$CoCl_2 \cdot 6H_2O$	4.82	+30	a,b
$[Co(NH_3)_6]SO_4$	4.90	+27	c
$[Co(phen)_3](ClO_4)_2$	4.70	+11	d
$K_2Ba[Co(NO_2)_6]$	1.88	+25	d
$K_2Pb[Co(NO_2)_6]$	1.81	+5	d
$[Co(diarsine)_3](ClO_4)_2$	1.92		e
$Cs_2[CoCl_4]$	4.71	+10	f
$Hg[Co(NCS)_4]$	4.33	+10	g
$(QH)_2[CoCl_4]$	4.71	+11	h
$(QH)_2[CoBr_4]$	4.81	+10	h

diarsine = *o*-phenylenebis (dimethylarsine), QH = quinolinium

a R. B. Flippen and S. A. Friedberg, *J. Appl. Phys.*, **31**, 3385 (1960).

b T. Haseda, *J. Phys. Soc. Jpn.*, **15**, 483 (1960).

c R. B. Jane, *Phys. Rev.*, **48**, 78 (1935).

d B. N. Figgis and R. S. Nyholm, *J. Chem. Soc.*, **1959**, 338.

e F. H. Burstall and R. S. Nyholm, *J. Chem. Soc.*, **1952**, 3570.

f B. N. Figgis, M. Gerloch and R. Mason, *Proc. Roy. Soc.* (*London*), **A279**, 210 (1964).

g B. N. Figgis and R. S. Nyholm, *J. Chem. Soc.*, **1958**, 4190.

h F. A. Cotton and R. H. Holm, *J. Chem. Phys.*, **31**, 788 (1959).

ンオンリー値に近くて温度に依存しない．代表的なものに $K_2M^{II}[Co(NO_2)_6]$ (M=Ba, Pb, Ca) があり，室温で 1.81～1.88 μ_B を示す．

正四面体の Co (II) 錯体は $^4A_2$ が基底で磁気モーメントは $\mu=\mu_{so}(1-4\lambda/10Dq)$ で与えられる (式 (4.41))．$10Dq$ は 3000～4000 cm^{-1} 程度であるから 4.4～4.8 μ_B の磁気モーメントが予想される．事実，観測された磁気モーメントはこの範囲にある．四面体 Co (II) は軸性歪みとスピン軌道結合によってゼロ磁場分裂することを述べた．$HgCo(NCS)_4$ のゼロ磁場分裂は 13 cm^{-1}，Cs_3CoCl_5 に含まれる $[CoCl_4]^{2-}$ のゼロ磁場分裂は -9 cm^{-1} と見積もられている．

Co (II) の平面 4 配位錯体は一般に 2.2～2.7 μ_B を示す (表 6.13)．スピンオンリー値よりも大きくなるのは低い励起準位から軌道の寄与があるためである．β-[Co (phthalocyanine)] の磁気モーメントは 20～300 K で 2.54 μ_B で，大きな異方性を示す．Co (II) が $(d_{xz}, d_{yz})^4(d_{xy})^2(d_{z^2})^1$ 電子配置であるときの

表 6.13 平面型 Co(II) 錯体の磁気モーメント

	μ/μ_B		文献
	300 K	90 K	
α-[Co(phthalocyanine)]	2.38	2.2	a
β-[Co(phthalocyanine)]	2.54	2.32	b
$[Co(dtaca)_2]$	2.25	2.15	c
$[Co(mndt)_2]$	2.16		d
[Co(salen)]	2.24	2.06	e
$[Co(diars)_2](ClO_4)_2$	2.10	1.98	e

dtaca＝dithioacetylacetonate, mndt＝maleonitriledithiolate, salen＝*N*, *N′*-ethylenedi (salicylideneaminate), pbds ＝*o*-phenylenebis (dimethylarsine)

a J. M. Assour and W. K. Kahn, *J. Am. Chem. Soc.*, **87**, 207 (1965).
b R. L. Martin and S. Mitra, *Chem. Phys. Lett.*, **3**, 183 (1969).
c A. K. Gregson, R. L. Martin and S. Mitra, *Chem. Phys. Lett.*, **5**, 310 (1970).
d A. H. Maki, N. Edelstein, A. Davison and R. H. Holm, *J. Am. Chem. Soc.*, **86**, 4580 (1964).
e B. N. Figgis and R. S. Nyholm, *J. Chem. Soc.*, **1959**, 338.

磁化率は式 (6.2) で与えられる．β-[Co (phthalocyanine)] の大きな磁気異方性は $\Delta E=2400\ \mathrm{cm}^{-1}$ および $\lambda=400\ \mathrm{cm}^{-1}$ で解釈される．

$$\chi_{\parallel}=\frac{N\beta^2}{kT},\qquad \chi_{\perp}=\frac{N\beta^2}{4kT}\left[2+\frac{6\lambda}{\Delta E}\right]+\frac{3N\beta^2}{\Delta E+\lambda/2}+\frac{3N\beta^2}{\Delta E-\lambda/2} \tag{6.2}$$
$$\Delta E=E(d_{z^2})-E(d_{xz},d_{yz})$$

Co(II) 錯体にもスピンクロスオーバーを示すものが知られている (表 6.14)．高スピンの基底項は $^4T_1$ であり，低スピンの基底項は ^2E である (図 6.6)．$^4T_1$ と ^2E のエネルギー幅を E とすると磁気モーメントは次式で与えられる．

$$\mu^2=\frac{\begin{array}{c}14.08x+54.44+(8.533x-19.16)\exp(-3x/4)\\ +(9.45x-35.28)\exp(-2x)+6x\exp[(E/kT)-5x/4]\end{array}}{x\{1+2\exp(-3x/4)+3\exp(-2x)+2\exp[(E/kT)-5x/4]\}} \tag{6.3}$$

ここで $x=\zeta/kT$ である．

$[Co(PMI)_3](BF_4)_2$ の磁性は式 (6.3) で説明され，$E=1123\ \mathrm{cm}^{-1}$ および $\zeta=540\ \mathrm{cm}^{-1}$ と見積もられている．

Ni(III) 錯体はみかけ上 4 配位，5 配位および 6 配位のものが知られており，

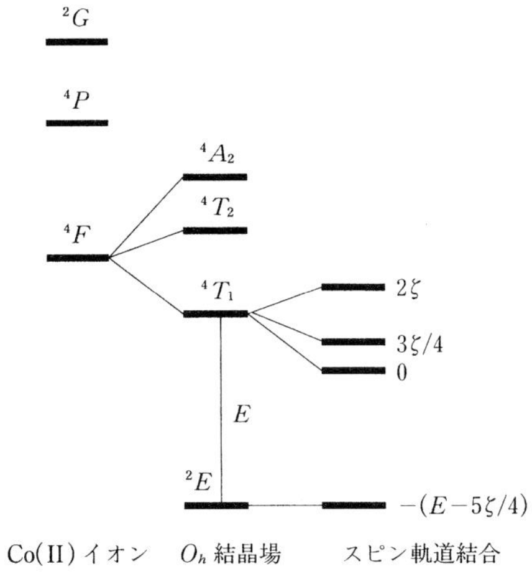

図 6.6 Co (II) スピン平衡のエネルギーダイヤグラム

表 6.14 代表的な Co (II) のスピンクロスオーバー錯体

化合物	μ/μ_B		文　献
	300 K	100 K	
$[Co(PMI)_3](BF_4)_2$	4.31	2.16	a
$[Co(BDH)_3]I_3$	4.20	3.35	a
$[Co(terpy)_2I_2]2H_2O$	3.60	2.29	b
$[Co(terpy)_2Br_2]2H_2O$	2.85	2.05	b
$[Co(csalen)(py)_2]$	4.57	2.13	c,d
$[Co(Me\text{-}NNP)(NCS)_2]$	3.58	2.17	e
$[Co(pmp)(NCS)_2]$	3.10	2.44	f

PMI = 2-(*N*-methyl) iminomethylpyridine, BDH = diacetyldihydrazone, PAcH = 2-acetylpyridine hydrazone, csalen^{2-} = *N*, *N'*-ethylenedi (3-carboxysalicylaldiminate), Me-NNP = *N*-{2-(dimethylamino) ethyl}-*N*-{2-(diphenylphosphino) ethyl} methylamine, pmp = 2,6-di (diphenylphosphinomethyl) pyridine

a R. C. Stoufer, D. W. Smith, F. A. Clevenger and T. E. Norris, *Inorg. Chem.*, **5**, 1167 (1966).
b C. M. Harris, T. N. Lockyer, R. L. Martin, H. R. H. Patil, E. Sinn and I. M. Stewart, *Aust. J. Chem.*, **22**, 2105 (1969).
c O. Kahn, R, Claude and H. Coudanne, *Nouv. J. Chim.*, **4**, 167 (1980).
d J. Zarembowitch and O. Kahn, *Inorg. Chem.*, **23**, 589 (1984).
e R. Morassi and L. Sacconi, *J. Am. Chem. Soc.*, **92**, 5241 (1970).
f W. V. Dahlhoff and S. M. Nelson, *J. Chem. Soc.* (*A*), **1971**, 2184.

表 6.15　主なる Ni (III) 錯体の磁気モーメント

錯　体	μ/μ_B (300 K)	文　献
$K_3[NiF_6]$	2.57	a
$(NEt_4)[Ni\{(CN)_2C_2S_2\}_2]$	1.83 (アセトン溶液)	b
$(NEt_4)[Ni\{(CF_3)_2C_2S_2\}_2]$	1.85	b
$K[Ni\{(C_6H_5)_2C_2S_2\}_2]$	1.82	c
$[NiBr_3(PEt_3)_2]$	1.77	d
$[Ni(diars)_2]Cl_3$	1.89	e

a　W. Klemm, *Z. Anorg. Chem.*, **308**, 179 (1961).
b　A. Davison, N. Edelstein, R. H. Holm and A. H. Maki, *Inorg. Chem.*, **2**, 1227 (1963).
c　G. N. Schrauzer and V. Mayweg, *Z. Naturforsch.*, **19b**, 192 (1964).
d　K. A. Jensen and B. Nygaard, *Acta Chem. Scand.*, **3**, 474 (1949).
e　R. S. Nyholm, *J. Chem. Soc.*, **1951**, 2602.

いずれも低スピンである (表 6.15).

6.9　d^8 錯体の磁気的性質

O_h 結晶場では基底項は $^3A_{2g}$ であり，励起 $^3T_{2g}$ は Ni (II) では約 10000 cm^{-1} 上にある．構造歪みがあっても $^3A_{2g}$ は分裂することはないが，$^3T_{2g}$ が分裂する結果として $^3A_{2g}$ はゼロ磁場分裂する (5.5.1 項参照)．ただしゼロ磁場分裂は 2〜3 cm^{-1} にすぎない．ゼロ磁場の効果を無視すると $^3A_{2g}$ の磁気モーメントは $\mu=\mu_{so}(1-4\lambda/10Dq)$ (式 (4.39)) で与えられる．正八面体型 Ni (II) 錯体の磁気モーメントは 2.9〜3.3 μ_B の範囲にある．

T_d 結晶場では $^3T_1$ が基底項となる．Ni (II) 錯体では自由イオンの $\lambda(-315$ $cm^{-1})$ を仮定すると 300 K は $kT/|\lambda|=0.67$ に相当する (図 4.6 (b))．室温の磁気モーメントは 3.8〜4.0 μ_B で，温度とともに減少して絶対温度ではゼロに近づくであろう．代表的な Ni (II) 錯体の磁気モーメントを表 6.16 にまとめた．$(NEt_4)_2[NiCl_4]$ の磁気モーメントは室温の 3.89 μ_B から 80 K では 3.28 μ_B に減少するが，減少の程度は理論から予想されるよりもはるかに小さい．この理由は構造歪みで $^3T_1$ が分裂するためである．

N-メチルサリチルアルジミンの Ni (II) 錯体をピリジンに溶かすと [Ni(sal

表 6.16 四面体 Ni(II) 錯体の磁気モーメント

	μ/μ_B		文献
	300 K	80 K	
$(AsMePh_3)_2[NiCl_4]$	3.89	3.28	a
$(NEt_4)_2[NiCl_4]$	3.85	3.48	b
$(NEt_4)_2[NiBr_4]$	3.80	3.51	b
$(NEt_4)_2[NiI_4]$	3.44	3.31	b
$[Ni(PPh_3)_2Br_2]$	3.27	3.09	a
$[Ni(sal\text{-}tBu)_2]$	3.27	3.17	b

sal-tBu = N-*t*-butylsalicylaldiminate

a B. N. Figgis, J. Lewis, F. Mabbs and G. A. Webb, *J. Chem. Soc.*, **1966**, A1411.

b L. Sacconi, M. Ciampolini and U. Campigli, *Inorg. Chem.*, **4**, 407 (1965).

$-Me)_2]$ (平面，$S=0$) ⇄ $[Ni(sal\text{-}Me)_2(py)_2]$ (八面体，$S=1$) の平衡が生じて磁気モーメントは中間的な値を示す．またベンゼンに溶かした $[NiCl_2\{P(Ph)_2(tBu)\}_2]$ では平面 ($S=0$) ⇄ 四面体 ($S=1$) の平衡が生じる．この二つは立体構造が異なる錯体の間の平衡であり，立体構造は本質的に変化しないが異なるスピン状態が接近するために起こるスピンクロスオーバーとは区別して考えるべきである．二つの構造の間の平衡は温度に依存するので，磁化率の温度依存式を導くことができる式(6.4)．ここで E は常磁性錯種と反磁性錯種のエネルギー差である．

$$\chi_A = \frac{Ng^2\beta^2}{3kT}\left[\frac{6}{3+x}\right] \qquad \left(x = \exp\left(\frac{E}{kT}\right)\right) \qquad (6.4)$$

6.10 d^9 錯体の磁気的性質

八面体結晶場におけるエネルギーダイヤグラムを図 5.6 に示した．基底項は ^2E_g で約 10000 cm^{-1} 上に $^2T_{2g}$ がある．d^9 電子配置では Jahn-Teller 効果のためにテトラゴナル歪みが起こり，一般に軸方向に伸びた構造をとる．基底 ^2E_g の分裂は約 10000 cm^{-1}，励起 $^2T_{2g}$ 項の分裂は 2000〜3000 cm^{-1} 程度である．スピン軌道相互作用で基底準位に励起準位が混じる結果として，d^9 イオンの磁気モーメントは大きな異方性を示す．平均磁気モーメントは温度に依存しない常磁性を無視すると次式で与えられる．

$$\mu_{\mathrm{ave}} = 1.73\left(1-\frac{2\lambda}{10Dq}\right) \tag{6.5}$$

Cu(II)の場合には $\lambda=-830\ \mathrm{cm^{-1}}$ および $10Dq=10000\ \mathrm{cm^{-1}}$ を仮定すると約 2.0 μ_B となる．実際には λ が自由イオンの値よりも小さくなるので，実測される磁気モーメントは～1.9 μ_B 程度である(表6.17)．

主磁化率の関係は軸方向に伸びるか縮むかで異なる(式(5.27)，(5.28)および式(5.31)，(5.32))．Cu(II)錯体はほとんどの場合に軸方向に伸びた構造で $\chi_{\parallel}>\chi_{\perp}$ の関係がある．$\chi_{\parallel}-\chi_{\perp}$ は 300 K で約 $550\times10^{-6}\ \mathrm{cm^3\ mol^{-1}}$ 程度である．

四面体結晶場では基底項は $^2T_2$ で約 10000 cm^{-1} 上に ^2E がある．磁気モーメントは室温で約 2.2 μ_B で温度依存を示すと予想される．しかし“四面体”銅(II)錯体の磁気モーメントは 1.9～2.0 μ_B の範囲にあって温度にはほとんど依存しない．この理由は大きな軸性歪み(D_{2d})と共有結合性にある．D_{2d} 対称では $^2T_2(T_d)$ は ^2B と ^2E に，$^2E(T_d)$ は $^2B_1$ と $^2A_1$ に分裂する(図6.7)．Cs_2CuCl_4 の $^2E-{}^2B_2$ 分裂幅は 5000 cm^{-1} 程度である．この場合も大きな磁気異方性($\chi_{\parallel}-\chi_{\perp}$ は 300 K で $526\times10^{-6}\ \mathrm{cm^3\ mol^{-1}}$)がある．

多くのCu(II)錯体は平面4配位構造をとり，一つの不対電子は $d_{x^2-y^2}$ に存

表6.17　6配位Cu(II)錯体の磁気モーメント

	μ/μ_B	θ/K	文　献
$CuSO_4\cdot5H_2O$	1.95	0.7	a
$K_2Cu(SO_4)_2\cdot6H_2O$	1.93	0	b
$Cu(en)_2SO_4\cdot4H_2O$	1.91	0	c
$[Cu(phen)_3](ClO_4)_2$	1.91	−9	d
$[Cu(bipy)_3](ClO_4)_2$	1.96	5	d

a　R. Benzie and A. Cooke, *Proc. Phys. Soc.* (*London*), **A64**, 125 (1956).
b　R. Benzie, A. Cooke and S. Whitley, *Proc. Roy. Soc.* (*London*), **A232**, 277 (1955).
c　J. J. Fritz, R. V. G. Rao and S. Seki, *J. Phys. Chem.*, **62**, 703 (1958).
d　B. N. Figgis and C. M. Haris, *J. Chem. Soc.*, **1959**, 855.

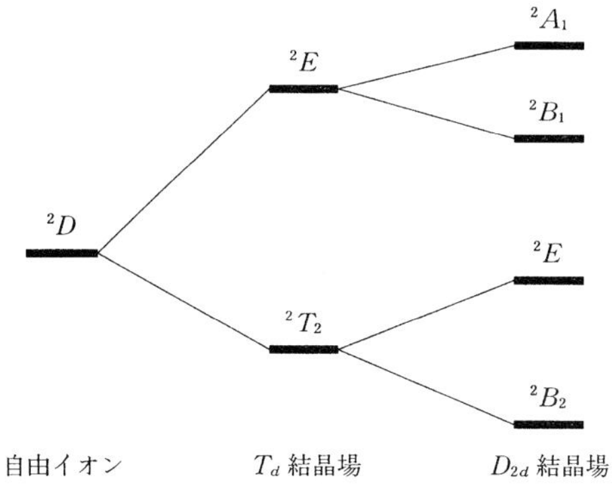

図 6.7　d^9 イオンの T_d および D_{2d} 結晶場におけるエネルギーダイヤグラム

在する (図 5.5 参照). 基底項は $^2B_{1g}$ であるから磁性は八面体型錯体に似ている. ただし励起項は 15000 cm^{-1} 以上も離れているので, 平均磁気モーメントは 1.8～1.9 μ_B 程度になる. この場合にも大きな異方性がある. たとえば [Cu(acac)$_2$] の $\chi_{\parallel}-\chi_{\perp}$ は 300 K で 306×10^{-6} $cm^3\ mol^{-1}$ である.

6 配位 Ag (II) 錯体に [Ag(bipy)$_3$]X_2 ($X=ClO_4^-$, NO_3^-) があり, 室温で約 2.1 μ_B を示す. 平面型の [Ag(py)$_4$]S_2O_8, [Ag(phen)$_2$]$(NO_3)_2$, [Ag(phen)$_2$]S_2O_8 の磁気モーメントは 1.8～1.9 μ_B の範囲にある.

引 用 文 献

1)　E. König, *Magnetic Properties of Coordination and Organometallic Transition Metal Compounds, Landolt-Börnstein Tables*, New Series Group II, Vol. II, Springer-Verlag (1966).

7
多核金属錯体の磁性

7.1 はじめに

これまでは常磁性金属中心が磁気的に孤立した系を扱ってきた．そのような化合物は磁気的に希薄 (magnetically dilute) であるという．この章では金属イオン間に磁気的相互作用が働く化合物を扱う．そのような化合物は磁気的に濃厚 (magnetically condensed) であるという．

常磁性中心が近づくと，スピンが反平行に配列する反強磁性的相互作用とスピンが平行に配列する強磁性的相互作用が起こる．どちらの相互作用であっても温度を上げていくと，熱エネルギーが磁気的相互作用に打ち勝つようになり，その温度以上では常磁性にもどる．常磁性から反強磁性に転移する温度をNéel 点 (Néel 温度)，強磁性に転移する温度を Curie 点 (Curie 温度) という．

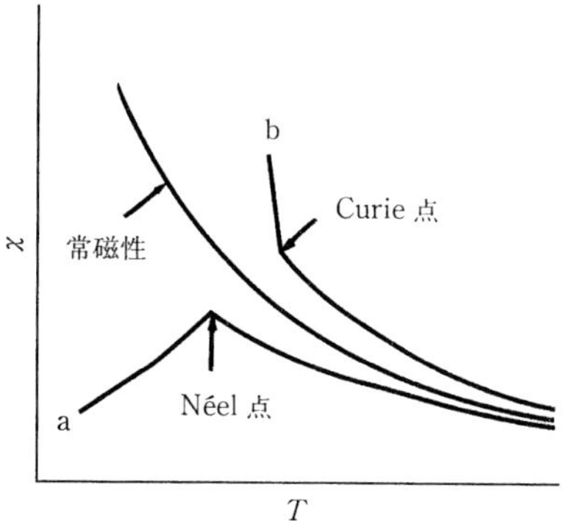

図 7.1 (a) 反強磁性的および (b) 強磁性的相互作用が働くときの磁化率の温度変化

反強磁性的相互作用が働くときは磁化率は Néel 点以下で減少し，強磁性的相互作用が働くときは Curie 点以下で増大する (図 7.1).

この章で扱うのは複数の常磁性中心からなる組成構造がはっきりした分子性化合物である．常磁性中心が 3 次元バルクに集積されるときの磁性については第 8 章で述べる.

7.2 等方的なスピン交換の演算子

磁気的に濃厚な系の磁性は Heisenberg, Dirac, Van Vleck らによって発展させられた双極子結合モデル (dipolar coupling model, HDVV モデル) で説明される[1,2]．この取り扱いでは軌道角運動量は考えない．スピンは常磁性中心に局在していて，磁気交換相互作用は等方的であるものと仮定する．スピン交換の演算子は次式で与えられる.

$$\boldsymbol{H} = -2\sum J_{ij}\boldsymbol{S}_i\boldsymbol{S}_j \tag{7.1}$$

S_i, S_j は隣接する二つの金属イオン i と j のスピン量子数，J_{ij} は交換積分である．金属イオン i と j に反強磁性的相互作用が働くときは $J_{ij}<0$ となり，強磁性的相互作用が働くときは $J_{ij}>0$ となる.

等価な n 個の金属イオンが相互作用するときは $S_T = nS, nS-1, nS-2, \cdots, 0$ または $1/2$ のスピン準位が生じ，エネルギーは次式で与えられる[1].

$$E(S_T) = \frac{-zJ}{n-1}[S_T(S_T+1) - nS(S+1)] \tag{7.2}$$

ここで n は常磁性中心の数，z は最隣接常磁性中心の数，J は隣接常磁性イオン間の交換積分である.

7.3 2 核金属錯体の磁化率の式

まず二つの等価な常磁性金属イオンの相互作用を考える．このときのスピン交換の演算子は次式で与えられる.

$$\boldsymbol{H} = -2J\boldsymbol{S}_1\boldsymbol{S}_2 \tag{7.3}$$

ここで交換積分 $J_{12}=J$ とおいている．しばしば $\boldsymbol{H}=-J\boldsymbol{S}_1\boldsymbol{S}_2$ が用いられることがあるので注意を要する．$S_1=S_2$ のときスピン・スピン相互作用で $S_T=2S, 2S-1, \cdots, 0$ の準位が生じる．各 S_T 準位のエネルギーを計算するには式(7.3)を変形する必要がある．それには次の関係を用いる．

$$\boldsymbol{S}_T{}^2 = (\boldsymbol{S}_1+\boldsymbol{S}_2)^2 = \boldsymbol{S}_1{}^2+\boldsymbol{S}_2{}^2+2\boldsymbol{S}_1\boldsymbol{S}_2 \tag{7.4}$$

式(7.3)と(7.4)から

$$\boldsymbol{H} = -J[\boldsymbol{S}_T{}^2-\boldsymbol{S}_1{}^2-\boldsymbol{S}_2{}^2] \tag{7.5}$$

この第2項と第3項はエネルギーを平行移動させるだけである．重要なのは S_T 準位のエネルギー差であるから $\boldsymbol{S}_1{}^2$ と $\boldsymbol{S}_2{}^2$ は考えなくてもよい．

$$\boldsymbol{H}' = -J\boldsymbol{S}_T{}^2 \tag{7.6}$$

これより S_T 準位のエネルギーは $E(S_T)=-JS_T(S_T+1)$ で与えられる(表7.1)．同じ結果が式(7.2)で $n=2, z=1$ とおいて第2項を無視すると得られる．

スピン・スピン相互作用で生じるスピン準位の順序は J の符号で異なる．$J<0$ のときは $S_T=0$ がエネルギー最低となり，温度を下げていくと最後には $S_T=0$ 準位だけに熱分布が起こるために反磁性になる．この場合を反強磁性的相互作用という．$J>0$ のときは $S_T=2S$ がエネルギー最低で，この場合を強磁性的相互作用という．

多核錯体の磁化率の式を導くには Van Vleck の式(1.11)を S_T で表した形に変形しておくと都合がよい．

表7.1　2核金属錯体のスピン準位とエネルギー

S_T	$E(S_T)$
$2S$	$-2S(2S+1)J$
$\vdots$	$\vdots$
4	$-20J$
3	$-12J$
2	$-6J$
1	$-2J$
0	0

$$\chi_M = \frac{N\sum[E_i^{(1)2}/kT - 2E_i^{(2)}]\exp(-E_i^{(0)}/kT)}{\sum\exp(-E_i^{(0)}/kT)} \tag{1.11}$$

1次Zeeman効果によって各 S_T 準位は $+g\beta HS_T$ から $-g\beta HS_T$ に分裂するので $E_i^{(1)2}/kT$ 部分は次のように整理できる．

$$\frac{E_i^{(1)2}}{kT} = \frac{g^2\beta^2}{kT}[(S_T)^2+(S_T-1)^2+\cdots+0^2+\cdots+(-S_T)^2]$$

$$= \frac{g^2\beta^2}{kT}\frac{S_T(S_T+1)(2S_T+1)}{3}$$

$E_i^{(1)2}$ を $2S_T+1$ の準位についてあらかじめ和をとるとき，準位の一つ一つについて分母に $\exp(-E_i^{(0)}/kT)$ の項が現れるので分母に $(2S_T+1)$ を掛けておく必要がある．2次のZeeman係数は温度に依存しない常磁性項 $N\alpha$ に含めると

$$\chi_M = \frac{Ng^2\beta^2}{3kT}\times\frac{\sum S_T(S_T+1)(2S_T+1)\exp(-E_i^{(0)}/kT)}{\sum(2S_T+1)\exp(-E_i^{(0)}/kT)} + N\alpha \tag{7.7}$$

表7.1の結果をもとに式(7.7)から導かれる磁化率の式を表7.2にまとめた．

7.3.1　2核銅(II)錯体

$S_1=S_2=1/2$ の磁化率の式(7.8a)はBleaney-Bowers式といわれる．この式で J がいろいろな負の値をとるときの χ-T 曲線を図7.2に与えた．J の単位としては慣例として cm^{-1} が用いられる．J が大きな負の値になるにしたがって磁化率は小さくなり，極大の温度は高温へと移動する．

表7.2　2核金属錯体の磁化率の式(1個の金属イオンあたり)

$S=\frac{1}{2}$	$\chi_A = \frac{Ng^2\beta^2}{kT}\left[\frac{1}{3+x^2}\right]+N\alpha$	(7.8a)
$S=1$	$\chi_A = \frac{Ng^2\beta^2}{kT}\left[\frac{5+x^4}{5+3x^4+x^6}\right]+N\alpha$	(7.8b)
$S=\frac{3}{2}$	$\chi_A = \frac{Ng^2\beta^2}{kT}\left[\frac{14+5x^6+x^{10}}{7+5x^6+3x^{10}+x^{12}}\right]+N\alpha$	(7.8c)
$S=2$	$\chi_A = \frac{Ng^2\beta^2}{kT}\left[\frac{30+14x^8+5x^{14}+x^{18}}{9+7x^8+5x^{14}+3x^{18}+x^{20}}\right]+N\alpha$	(7.8d)
$S=\frac{5}{2}$	$\chi_A = \frac{Ng^2\beta^2}{kT}\left[\frac{55+30x^{10}+14x^{18}+5x^{24}+x^{28}}{11+9x^{10}+7x^{18}+5x^{24}+3x^{28}+x^{30}}\right]+N\alpha$	(7.8e)
	$x=\exp(-J/kT)$	

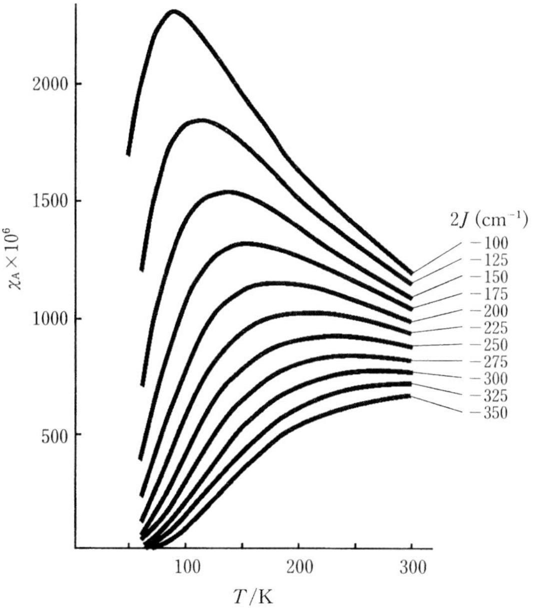

図 7.2　いろいろな負の J 値に対する Bleaney-Bowers 曲線 ($g=2.0$)

$S_1=S_2=1/2$ の例として酢酸銅(II)一水和物 $Cu(CH_3COO)_2H_2O$ の磁性について述べよう．この化合物は四つの酢酸イオンで橋架けされた二量体構造(図 7.3)で，Cu-Cu は 2.64 Å である．室温における磁気モーメントは銅あたり 1.44 μ_B で，温度とともに減少して反磁性に近づく．磁化率は温度の低下にともなって増大し，265 K で極大を示したのち減少して 50 K 以下では一定値に達する．これは温度に依存しない常磁性 (TIP) である．さらに低温域でみられる磁化率の増加は常磁性不純物のためである．常磁性不純物を考慮した磁化率の式は次のように与えられる．ρ は不純物の割合である．

$$\chi_A = (1-\rho)\frac{Ng^2\beta^2}{kT}\left[\frac{1}{3+x^2}\right] + \rho\frac{Ng^2\beta^2}{4kT} + N\alpha \tag{7.9}$$

χ_A-T 曲線を式(7.9)でシミュレーションすることによって $J=-148\ \mathrm{cm^{-1}}$, $g=2.09$, $N\alpha = 60\times10^{-6}\ \mathrm{cm^3\ mol^{-1}}$ および $\rho=0.0085$ が見積もられた．スピン

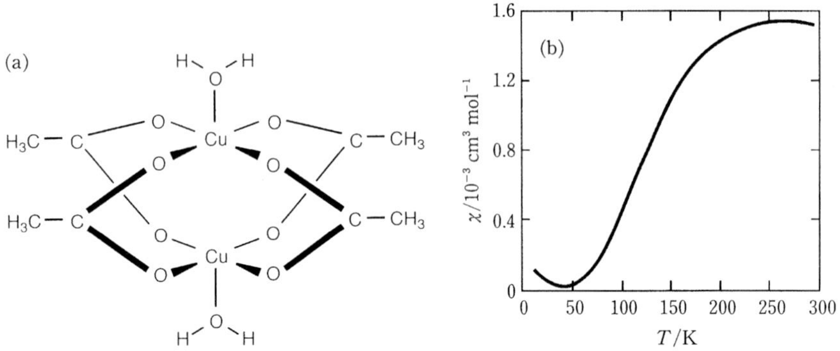

図 7.3　酢酸銅(II)一水和物の磁化率の温度変化[3)]

3 重項状態 ($S_T=1$) とスピン 1 重項状態 ($S_T=0$) のエネルギー幅は $-2J=296$ cm^{-1} である．反強磁性的相互作用で $S_T=0$ がエネルギー最低となるときは常磁性不純物を見積もることができるが，強磁性的相互作用が働くときは不純物を見積もることはできない．

スピン交換が金属軌道の重なりで起こるときを直接交換 (direct exchange)，橋架け基を介して起こるときを超交換 (superexchange) という．酢酸銅(II)一水和物の反強磁性的相互作用は二つの Cu(II) の $d_{x^2-y^2}$ 軌道の δ 結合 (直接交換) (図 7.4 (a)) によるのか，それとも酢酸基を介する超交換で起こるのかはまだわかっていない．同じ二量体構造の酢酸クロム(II)一水和物 $Cr(CH_3COO)_2H_2O$ は室温で反磁性である．この場合の強い反強磁性的相互作用は二つの Cr(II) の d_{xz}, d_{yz}, d_{z^2} 軌道の重なりによって起こる (図 7.4 (b) および (c))．

ジアミン 2 座キレートを末端配位子とするジ (μ-ヒドロキソ) 二銅(II) 錯体 (図 7.5) の磁気的性質が詳細に研究されている．N, N, N', N'-テトラメチルエチレンジアミン (tmen) を末端配位子とする $[Cu_2(tmen)_2(OH)_2](ClO_4)_2$ は強い反強磁性的相互作用 ($2J=-306$ cm^{-1}) を示す．一方，相当するジピリジン錯体 $[Cu_2(bipy)_2(OH)_2](NO_3)_4$ では強磁性的相互作用 ($2J=+172$ cm^{-1}) が観測された．末端配位子が異なる一連の 2 核銅(II) 錯体について分子構造と交換

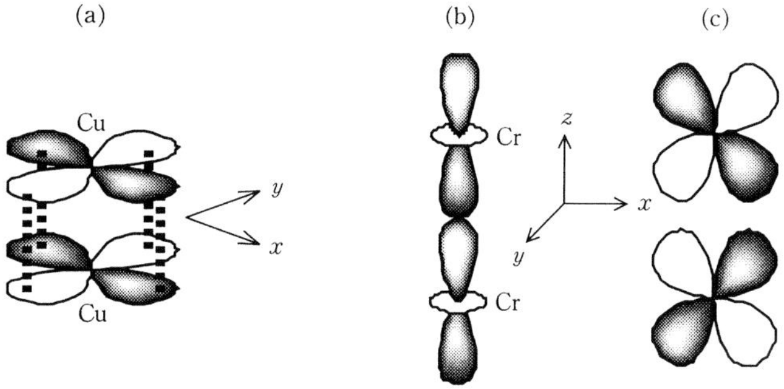

図7.4　(a)酢酸銅(II)一水和物に予想される $d_{x^2-y^2}/d_{x^2-y^2}\delta$-結合．(b)および(c)は酢酸クロム(II)一水和物における d_{z^2}/d_{z^2} および d_{xz}/d_{xz} 結合を示す．

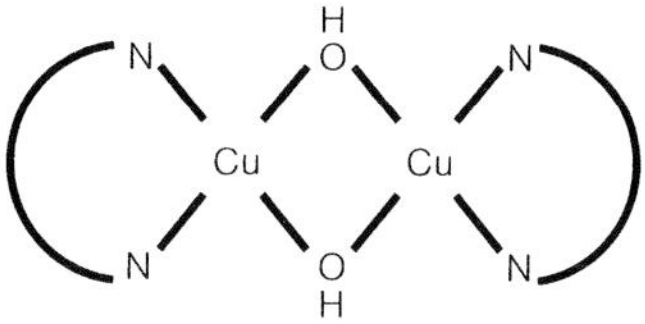

図7.5　ジ(μ-ヒドロキソ)二銅(II)錯体

表7.3　ジ(μ-ヒドロキソ)二銅(II)錯体の Cu-O-Cu 角度と交換積分値

	錯　体	Cu-O-Cu(α)	$2J$(cm^{-1})
1	$[Cu_2(bipy)_2(OH)_2](NO_3)_4$	95.5	+172
2	$[Cu_2(bipy)_2(OH)_2](ClO_4)_4$	96.6	+93
3	$[Cu_2(bipy)_2(OH)_2](SO_4)_2 \cdot 10H_2O$	97	+49
4	β-$[Cu_2(dmaep)_2(OH)_2](ClO_4)_4$	98.4	−2.3
5	$[Cu_2(eaep)_2(OH)_2](ClO_4)_2$	98.8 and 99.5	−130
6	α-$[Cu_2(dmaep)_2(OH)_2](ClO_4)_4$	100.4	−200
7	$[Cu_2(tmen)_2(OH)_2](ClO_4)_4$	102.3	−306
8	$[Cu_2(tmen)_2(OH)_2](NO_3)_4$	101.9	−367
9	α-$[Cu_2(teen)_2(OH)_2](ClO_4)_4$	103.0	−410
10	β-$[Cu_2(teen)_2(OH)_2](ClO_4)_4$	103.7	−469
11	$[Cu_2(tmen)(OH)_2]Br_4$	104.1	−509

bipy＝2,2′-bipyridine ; dmaep＝2-(2-dimethylaminoethyl) pyridine ; eaep＝2-(2-ethylaminoethyl) pyridine ; tmen ＝*N*, *N*, *N*′, *N*′-tetramethylethylenediamine ; teen＝*N*, *N*, *N*′, *N*′-tetraethylethylenediamine

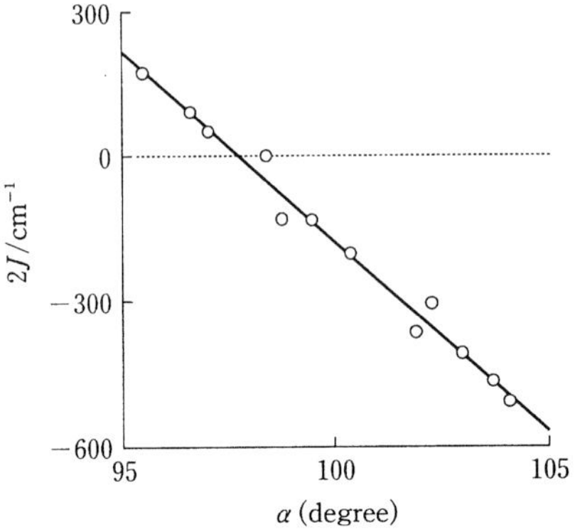

図7.6 ジ(μ-ヒドロキソ)二銅(II)錯体の Cu-O-Cu 角度(a)と $-2J$ 値の相関

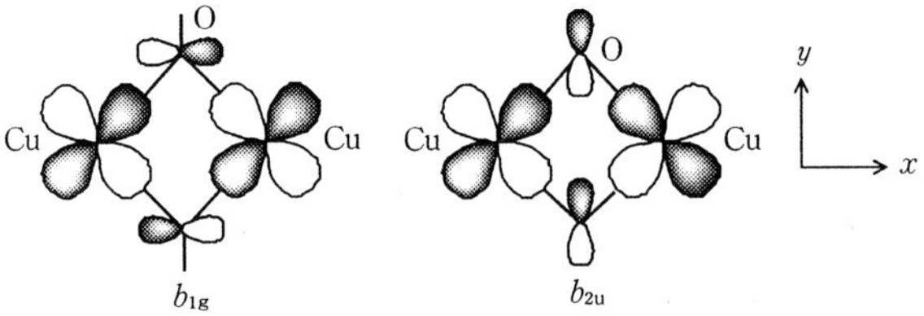

図7.7 ジ(μ-ヒドロキソ)2銅(II)錯体の b_{1b} および b_{2g} 分子軌道

相互作用が調べられ，Cu-O-Cu 角度(α)と $2J$ 値の間によい相関が見いだされた(表7.3および図7.6)[4]．Cu-O-Cu 角度は Cu—Cu 距離に関係するから，$2J$ 値と Cu—Cu 距離の間にもよい相関がある．

図7.6の関係は，二つの銅(II)イオンの d_{xy} 軌道(不対電子が存在する軌道．軸のとり方でこの表記になっている)と二つの橋架け酸素の p 軌道からつくられる b_{1g} および b_{2u} 分子軌道(図7.7)の相対的エネルギーが，Cu-O-Cu 角で変わることで説明される[5]．磁気軌道は反結合性であることに留意されたい．Cu-O-Cu 角(α)が 90° のときは重なり積分 $\langle d_{xy}|p_x\rangle$ と $\langle d_{xy}|p_y\rangle$ は等しいので b_{1g} と b_{2u} は縮重している．実際には架橋酸素の $2s$-$2p$ 混成のために b_{1g} と b_{2u} は α が 90° よりも少し大きいところ(~92°)で縮重する．b_{1g} と b_{2u} がエネルギー的に近接するときはスピン3重項状態 $(b_{1g})^1(b_{2u})^1$ が安定である．す

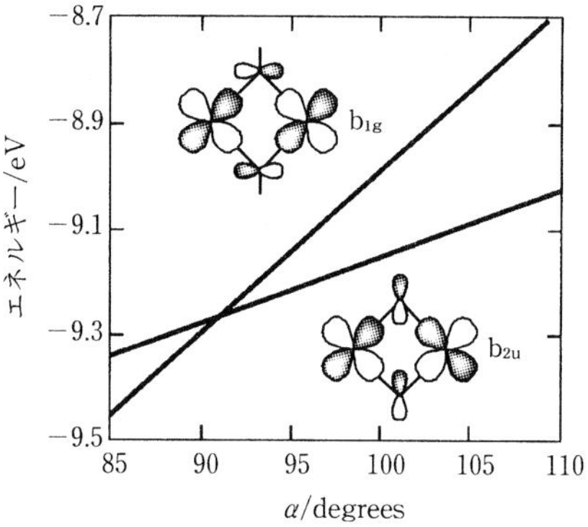

図 7.8 ジ(μ-ヒドロキソ)二銅(II)錯体の b_{1b} および b_{2g} 軌道エネルギーと Cu-O-Cu 角 (α) との相関

なわち二つの Cu(II) は強磁性的に相互作用する．Cu-O-Cu が大きくなると $\langle d_{xy}|p_x\rangle$ 重なりは大きくなるのに対して $\langle d_{xy}|p_y\rangle$ 重なりは減少する．二つの分子軌道のエネルギー差 $E(b_{1g})-E(b_{2u})$ は Cu-O-Cu 角度とともに大きくなるので，スピン1重項状態 $(b_{2u})^2$ がスピン3重項状態よりも安定になる(図7.8)．Cu-O-Cu 角が 90° よりも小さくなると再び反強磁性的相互作用が現れると予想されるが，Cu—Cu 間の反発のために $\alpha<90°$ の錯体は知られていない．

アジ化物イオンが橋架けした2核銅(II)錯体には，両端の窒素で橋架けするものと一つの窒素で橋架けするものが知られている．

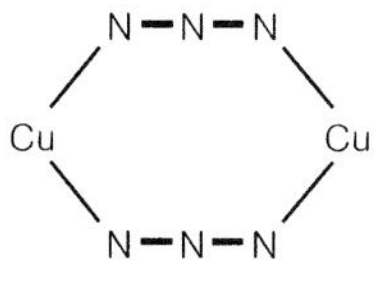

ジ(μ-1, 3-アジド)二銅(II)

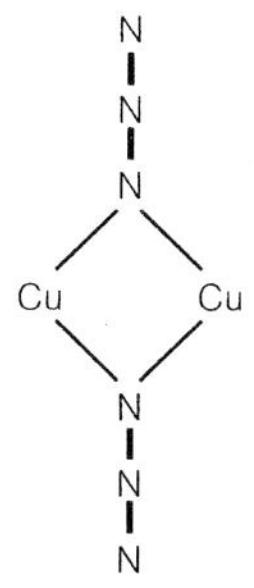

ジ(μ-1, 1-アジド)二銅(II)

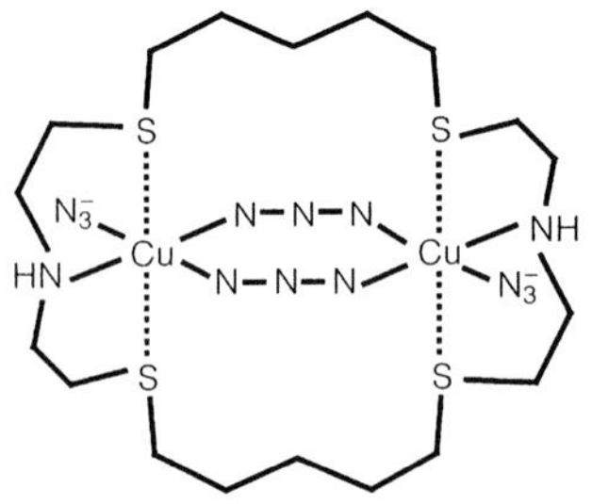

図 7.9　$[Cu_2(N_3)_4(macro\text{-}N_2S_4)]$ の構造[6)]

N_2S_4-型大環状配位子の $[Cu_2(N_3)_4(macro\text{-}N_2S_4)]$ (図 7.9) はジ (μ-1, 3-アジド) 二銅 (II) 構造で，二つの銅の配位平面と橋架けアジ化物イオンはよい共平面をなしている．銅のアクシャル位に弱く結合したチオエーテルは磁性にはほとんど関係しない．二つの銅イオン間距離は 5.145 Å もあるが，強い反強磁性的相互作用のために室温でも反磁性である[6)]．この場合のスピン 3 重項と 1 重項のエネルギー幅は 1000 cm^{-1} 以上もある．この化合物は Cu(II) の磁気軌道と橋架け基の HOMO がうまくマッチするときは Cu—Cu 間距離に関係なく強い反強磁性相互作用が起こることを示している．

一方 $[Cu_2(N_3)_4(tmen)_2]$(tmen＝N, N, N', N'-tetramethylethylenediamine) (図 7.10) の銅まわりは 4 角錐構造で，橋架けアジ化物イオンの末端窒素の一つは Cu のエカトリアル面内に，末端窒素のもう一つは別の Cu のアクシャル位に結合している．面内 Cu-N(N_3^-) 結合は 1.979 Å，アクシャル位の Cu-N 結合は 2.456 Å で，Cu—Cu 距離は 5.004 Å である．この化合物の磁気モーメントは 4.2～300 K の範囲で一定 (Cu 当たり 1.84 μ_B) であるから磁気的相互作用は働いていない[7)]．このことは EPR による研究からも確かめられている．Cu (II) は d_{z^2} 軌道に不対電子をもたないので，Cu (II) のアクシャル位に結合したアジ化物イオンはスピン超交換にあずからない．

アジ化物イオンが末端の窒素で二つの Cu (II) を橋架けした錯体に $[Cu_2(t\text{-}bupy)_4(N_3)_2](ClO_4)_2$ (t-bupy＝4-t-ブチルピリジン) (図 7.11) がある[8)]．二つの Cu (II) のエカトリアル平面は橋架けアジ化物イオンを含めてよい共平

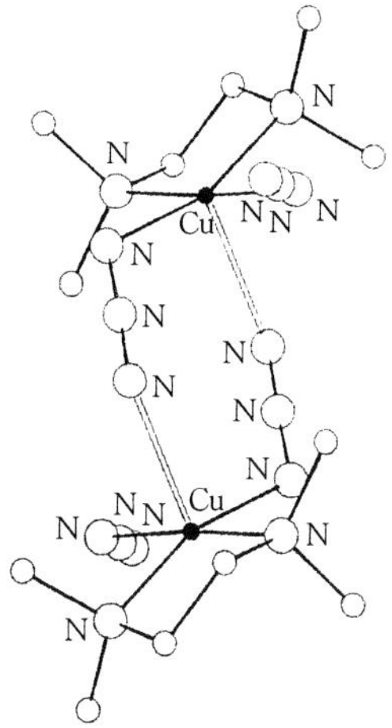

図 7.10　$[Cu_2(N_3)_4(tmen)_2]$ の構造[7)]

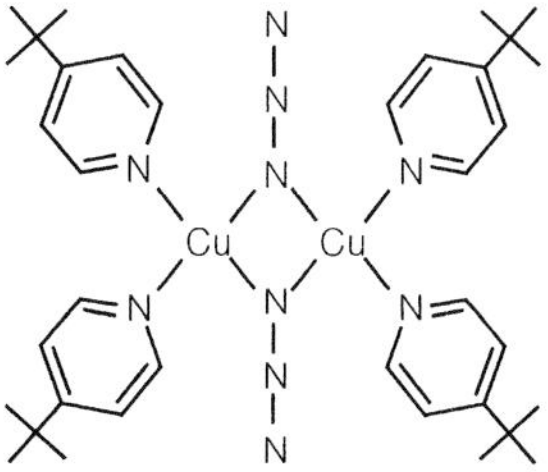

図 7.11　$[Cu_2(t\text{-}bupy)_4(N_3)_2](ClO_4)_2$ の構造

面をなしている．Cu-N-Cu 角度は 100.5°，Cu—Cu 距離は 3.045 Å である．この錯体の $\chi_M T$ vs. T プロットを図 7.12 に与えた．$\mu=(8\chi_M T)^{1/2}$ であるからこれは磁気モーメントの温度依存に相当している．室温の $\chi_M T=0.92$ cm^3 K mol^{-1} (2.71 μ_B) は二つの Cu (II) が独立して存在するときのスピンオンリー値 ($\chi_M T=0.75$ cm^3 K mol^{-1}, $\mu=2.45$ μ_B) よりも大きい．$\chi_M T$ は温度の低下とともに増大して 60 K 以下では不対電子 2 個に相当する $\chi_M T=1.09$ cm^3 K mol^{-1} (2.95 μ_B) に達する．Bleaney-Bowers 式とのベストフィットから $J=+55(\pm10)$ cm^{-1} が見積もられた．すなわち J が 45～65 cm^{-1} の間でよい一致

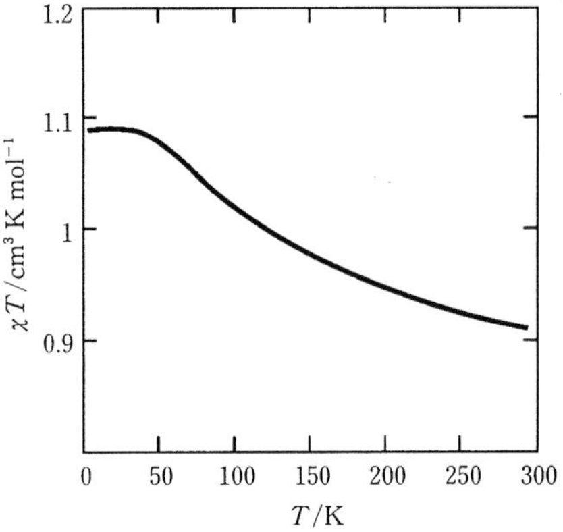

図 7.12　$[Cu_2(t\text{-}bupy)_4(N_3)_2](ClO_4)_2$ の χT vs. T プロット

が得られる．この場合に限らず強磁性的相互作用が働くときは J を正確に決めることは難しい．

$[Cu_2(N_3)_4(macro\text{-}N_2O_4)]$ (macro-N_2O_6＝N_2O_6 型大環状配位子) はジ (μ-1,1-アジド) 二銅 (II) 構造をもっている[9]．Cu-N-Cu 角度は 103.6° で J は 35(10)cm^{-1} と見積もられている．これ以外にもジ (μ-1,1-アジド) 二銅 (II) 錯体が合成されていて，いずれも強磁性的相互作用を示すことが確認されている．

ジ (μ-1,1-アジド) 二銅 (II) の磁性は，原理的にはジ (μ-ヒドロキソ) 二銅 (II) の磁性と同様に説明される．ただし，橋架け原子が異なるので図 7.8 を修正する必要がある．窒素の電気陰性度は酸素に比べて低いから，アジド窒素においてはヒドロキソ酸素に比べて 2s 軌道の寄与が増大する．拡張 Hückel 計算の結果，Cu-N-Cu 角度が ～103° のときに b_{1g} と b_{2u} が縮重することが示された．この結果は，構造が明かにされたジ (μ-1,1-アジド) 二銅 (II) 錯体の Cu-N-Cu 角は 103° に近く，いずれも強磁性的相互作用を示すことと一致している．

次にシュウ酸イオン $C_2O_4^{2-}$ (オキサラト，ox^{2-}) および類似の $C_2X_2Y_2^{2-}$ イオンが橋架けした 2 核銅 (II) 錯体の磁性について述べる．

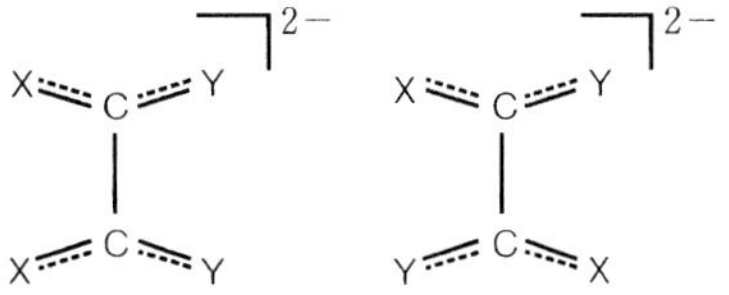

X＝Y＝O：オキサラト (ox^{2-})
X＝Y＝S：チオオキサラト (tox^{2-})
X＝O, Y＝NR：オキサミド (oxd^{2-})
X＝S, Y＝NR：ジチオオキサミド ($toxd^{2-}$)

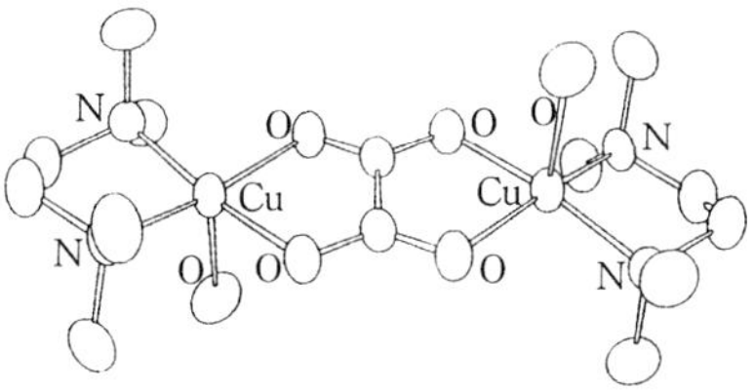

図 7.13　[tmen(H_2O)Cu(ox)Cu(H_2O)tmen]$^{2+}$ の構造

[{Cu(tmen)(H_2O)}$_2$ox]$^{2+}$ は図 7.13 の構造をもち，銅はアクシャル位に水を配位させた 4 角錐構造で，二つの銅のエカトリアル面と ox^{2-} はよい共平面にある．Cu—Cu 間は 5.15 Å と離れているが強い反強磁性的相互作用 (J＝−192.7 cm^{-1}) が働いている[10)]．このアクシャル位の水を 2-メチルイミダゾール (Mim) で置換した [{Cu(tmen)(Mim)}$_2$ox]$^{2+}$ では，Mim は銅のエカトリアル面内に配位して，代りに ox^{2-} の酸素の一つがアクシャル位に結合している (図 7.14)．この化合物の磁気的相互作用は著しく弱い (J＝−6.9 cm^{-1})[10)]．上に述べた二つの化合物は銅の d 軌道と橋架け ox^{2-} の軌道のトポロジーがスピン交換相互作用と密接に関係することを示している．

次に ox^{2-}, tox^{2-}, oxd^{2-}, $toxd^{2-}$ 橋架けが 2 核銅錯体のスピン交換に及ぼす効果を考察する．tox^{2-} 橋架けの錯体として ($AsPh_4$)$_2$[{Cu(C_3OS_4)}$_2$tox] ($C_3OS_4^{2-}$＝2-oxo-1,3-dithiole-4,5-dithiolate dianion) (図 7.15) が唯一知られている．銅は擬平面構造である (2 面角 28.3°)．このような歪みは磁気交換にとって不利になると予想されるが，スピンは強くカップルして室温でも反磁性を示

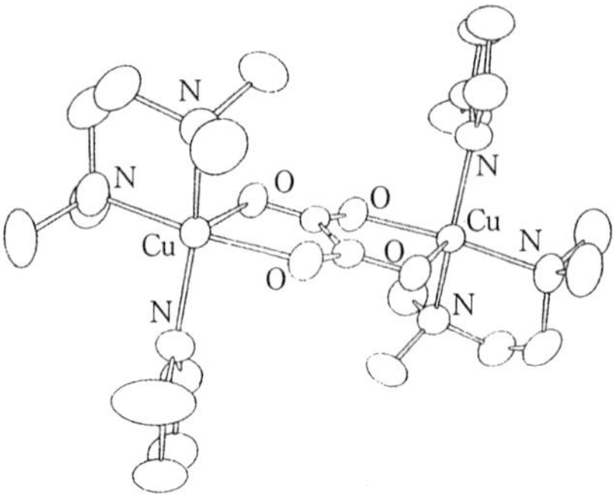

図 7.14　$[\mathrm{tmen(Mim)Cu(ox)Cu(Mim)tmen}]^{2+}$ の構造

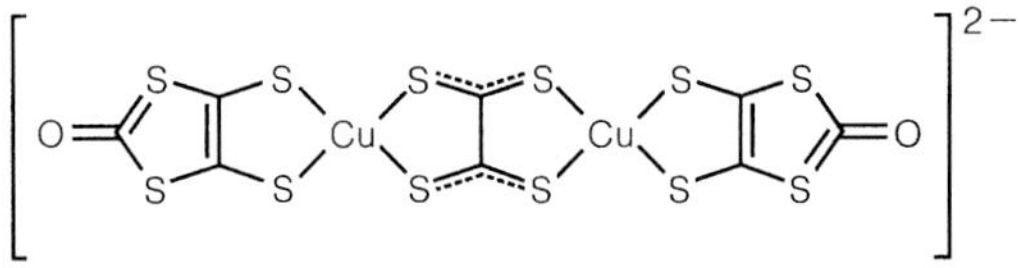

図 7.15　$(\mathrm{AsPh_4})_2[\{\mathrm{Cu(C_3OS_4)}\}_2\mathrm{tox}]$ の構造[11)]

す[11)]. ox^{2-} に比べて tox^{2-} が強い反強磁性的相互作用を誘起する理由は，S の 3*s* および 3*p* 軌道は O の 2*s* および 2*p* 軌道に比べて高いエネルギーにあるので，銅の *d* 軌道と tox^{2-} の HOMO の重なりが有効になるためである．原子価軌道のエネルギー順序 $2p(\mathrm{O})<2p(\mathrm{N})<3p(\mathrm{S})$ を考慮すると，橋架け基が反強磁性的スピン交換に及ぼす効果は $\mathrm{ox}^{2-}<\mathrm{oxd}^{2-}<\mathrm{toxd}^{2-}<\mathrm{tox}^{2-}$ になると予想される．bipy または phen を末端配位子として oxd^{2-} または toxd^{2-} が橋架けした 2 核銅(II)錯体(図 7.16)の磁性が研究され，oxd 錯体 ($-J=244\sim283$ cm^{-1}) に比べて toxd 錯体では強い反強磁性的相互作用 ($-J=363\sim491\ \mathrm{cm}^{-1}$) が働くことが示された[12)].

異なる橋架け基が Cu(II) イオンを橋架けするときは，二つの橋架け基が相補的に磁気交換に寄与する場合 (orbital complementarity) と反相補的に寄与する場合 (orbital counter-complementarity) がある[13)]. 二つの架橋基が相補的に寄与するときは強い反強磁性的相互作用が現れるのに対して，反相補的に寄与するときは反強磁性的相互作用は弱められ，強磁性的相互作用が現れる

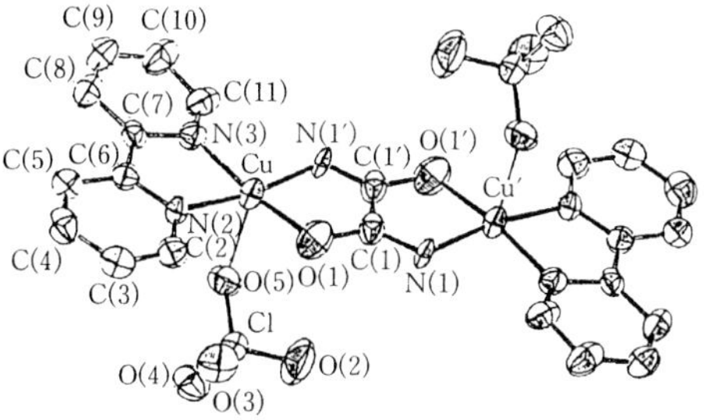

図 7.16　$[Cu_2(bipy)_2(oxd)](ClO_4)_2$ の構造[12)]

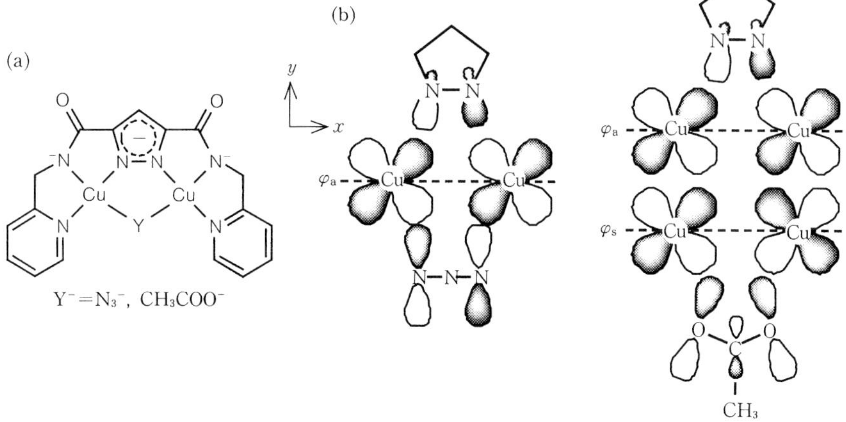

図 7.17　(a) $[Cu_2L(Y)](Y=N_3^-, CH_3COO^-)$ および (b) $[Cu_2L(N_3)]$ における相補的相互作用と (c) $[Cu_2L(CH_3COO)]$ における反相補的相互作用

こともある．一例として 3, 5-bis [N-(2-pyridylmethyl) carbamoyl] pyrazole (H_3L) から導かれる $[Cu_2(L)(N_3)]$ と $[Cu_2(L)(CH_3COO)]$ (図 7.17) をとり上げる[14)]．ピラゾレートとアジ化物イオンが橋架けした前者の錯体では強い反強磁性的相互作用 ($J=-371\ cm^{-1}$) が働くのに対して，酢酸イオンが橋架けした後者では強磁性的相互作用 ($J>8.9\ cm^{-1}$) が働いている．前者においては，ピラゾレートの HOMO は二つの銅軌道の線形結合の一つ (φ_a) と結合する．アジ化物イオンの HOMO も φ_a と結合するが，酢酸イオンの HOMO はもう一つの線形結合 φ_s と結合する．すなわち前者において二つの橋架け基は相補的に

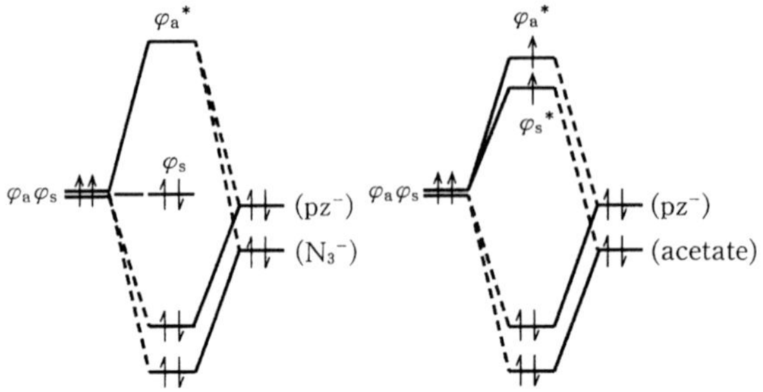

図 7.18　$[Cu_2(L)(N_3)]$ および $[Cu_2(L)(CH_3COO)]$ の磁気軌道

寄与し，後者においては反相補的に寄与する．その結果，$[Cu_2(L)(N_3)]$ では $\varphi_a{}^*$ と φ_s のエネルギー差が大きいのでスピン 1 重項状態 $(\varphi_s)^2$ が，$[Cu_2(L)(CH_3COO)]$ では $\varphi_a{}^*$ と $\varphi_s{}^*$ 差が小さいときはスピン 3 重項状態 $(\varphi_a{}^*)^1(\varphi_s{}^*)^1$ が生じることが理解できるであろう (図 7.18)．

7.3.2　2 核鉄 (III) 錯体

図 7.19 には式 (7.8e) のいろいろな負の J 値に対する曲線を示した．相互作用が弱いときは $1/\chi_A$ を温度に対してプロットすると交換積分値を精度よく見積もることができる．

Fe (salen) Cl は固体状態ではフェノール酸素で面外架橋した二量体構造をもつ (図 7.20)．Fe-O-Fe 角度は約 90° である．室温における磁気モーメントは 5.2 μ_B で温度とともに減少して 22 K では 1.76 μ_B になる．磁化率の温度依存を式 (7.8e) でシミュレーションすることによって $J=-7.5\ \mathrm{cm}^{-1}$ が見積もられている[15]．

μ-オキソ橋架け Fe(III)-O-Fe(III) 化合物の磁性は詳しく研究されている．Fe-O-Fe 結合は直線ではなく一般に 135° から 175° の間にある．代表的なものに $[Fe(salen)]_2O$ があり Fe-O-Fe 角度は 145° である (図 7.21)．室温の磁気モーメントは 1.9 μ_B で温度の低下とともに減少するが，常磁性不純物が存在するために極低温においてもゼロにはならない．常磁性不純物を考慮した磁化率の式は

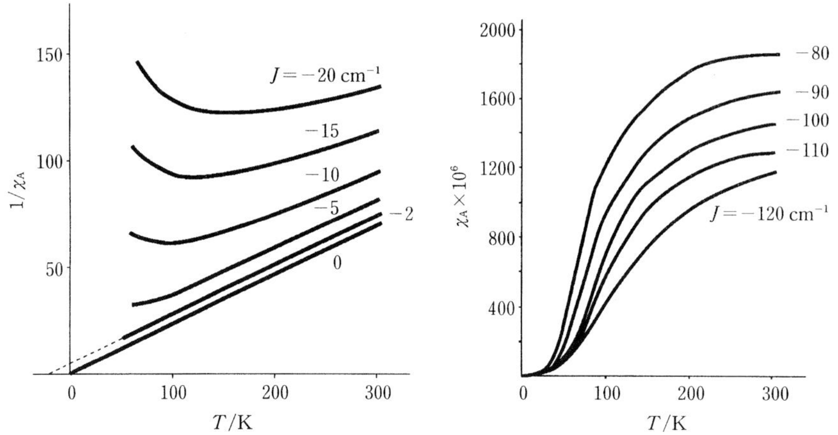

図 7.19　いろいろな負の J 値に対する式(7.8e)の理論曲線

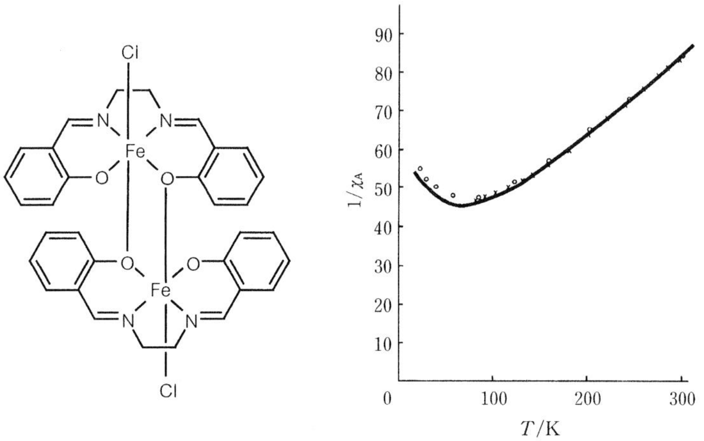

図 7.20　Fe(salen)Cl の $1/\chi_A$ vs. T 曲線

$$\chi_A=(1-\rho)\times f(T)+\rho\times\frac{35Ng^2\beta^2}{12kT} \tag{7.10}$$

ここで $f(T)$ は式(7.8e)であり，ρ は不純物($S=5/2$)の割合である．図7.21の χ_A vs. T 曲線を式(7.10)でシミュレーションして $J=-95\ \mathrm{cm^{-1}}$ が見積もられた[16)]．Hendrickson らによる再測定では $J=-89\ \mathrm{cm^{-1}}$ となってい

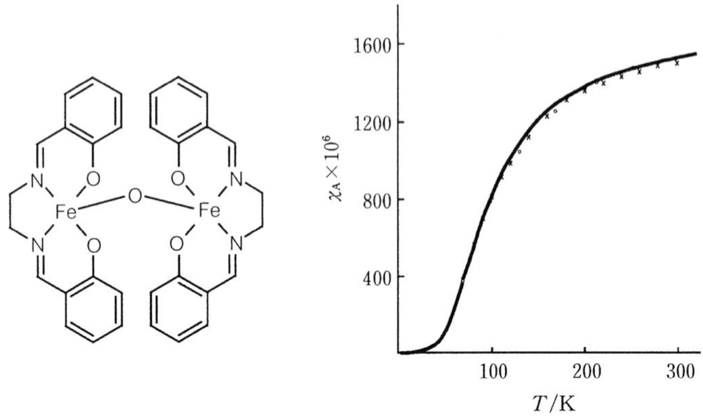

図 7.21　Fe(salen)$_2$O の χ_A vs. T 曲線

る[17]．Fe(III)-O-Fe(III) 化合物の交換積分値 J は一般に $-85 \sim -115\ \mathrm{cm^{-1}}$ にあり，Fe-O-Fe 角度にあまり依存しない．

[Fe(salen)]$_2$O のオキソをスルフィド (S^{2-}) で置換した [Fe(salen)]$_2$S の J 値は $-86\ \mathrm{cm^{-1}}$ である[18]．反強磁性的相互作用が期待されるほどに強くないのは，Fe-S-Fe 角が 121.8° と小さいことと関係している．

オキソ橋架け 2 核鉄(III) 錯体の興味深い例が，ホシムシなどの海産無脊椎動物の酸素運搬体ヘムエリトリンに見いだされた．デオキシヘムエリトリンの二つの鉄は +2 価で，一つのヒドロキソとグルタミン酸とアスパラギン酸のカルボキシル基で橋架けされている．一方の鉄は三つのイミダゾールを配位させた 6 配位構造，他方の鉄には二つのイミダゾールが配位して 5 配位構造となっている．そのメト型（メトヘムエリトリン）も同様の構造であるが，鉄は +3 価でヒドロキソのかわりにオキソが橋架けしている（図 7.22a）．メトヘムエリトリンの磁性が詳しく調べられて強い反強磁性的相互作用 ($J = -134\ \mathrm{cm^{-1}}$) が明かにされた[19]．5 配位鉄の第 6 配位座に N_3^- を結合させたアジドメトヘムエリトリン（図 7.22b）の Fe-O 結合は 1.79 Å，Fe-O-Fe 角度は 132° で，J は $-120\ \mathrm{cm^{-1}}$ である．アジドメトヘムエリトリンのモデルとして [(HBpz$_3$)FeO(CH$_3$COO)$_2$Fe(HBpz$_3$)] (HBpz$_3$=tris(1-pyrazolyl)borate)（図

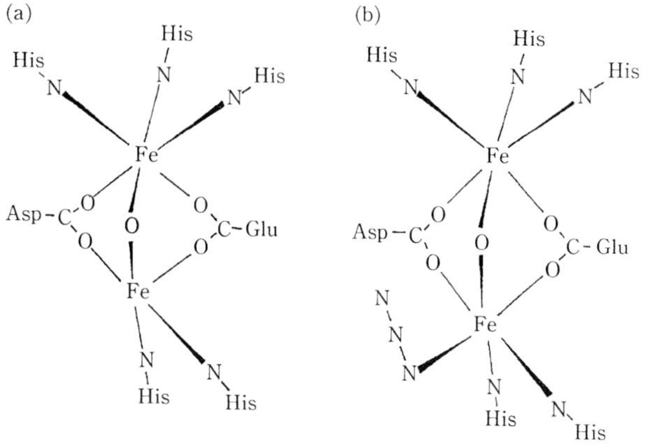

図 7.22　(a) メトヘムエリトリンと (b) アジドメトヘムエリトリンの構造

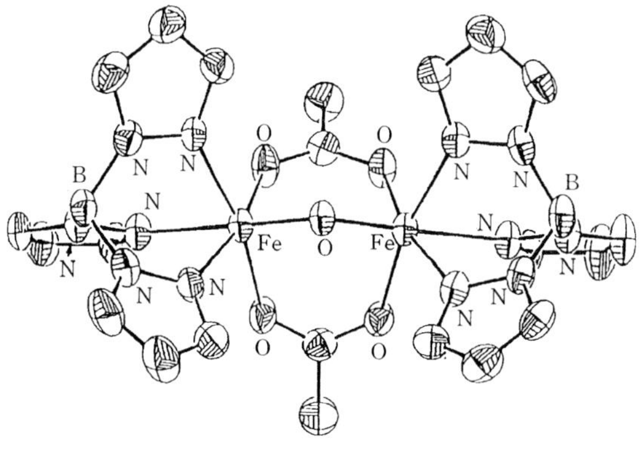

図 7.23　$[(HBpz_3)FeO(CH_3COO)_2Fe(HBpz_3)]$ ($HBpz_3$=tris(1-pyrazolyl)borate)

7.23) がある．この Fe-O 結合は 1.784 Å，Fe-O-Fe 角度は 124.6° で J は $-120\ cm^{-1}$ である[20]．$[(HBpz_3)FeO(CH_3COO)_2Fe(HBpz_3)]$ をプロトン化して得られるヒドロキソ橋架け錯体 $[(HBpz_3)Fe(OH)(CH_3COO)_2Fe(HBpz_3)]^+$ はかなり弱い反強磁性的相互作用 ($J=-17\ cm^{-1}$) を示す[21]．この Fe-O 結合 (1.954 Å) はオキソ橋架けの 1.784 Å よりも著しく長いが，Fe-O-Fe 角度や酢酸橋架け部分には大きな違いはない．二つの比較から，磁気的交換はおもに O^{2-} あるいは OH^- を介して起こると考えられている．

7.4　非対称 2 核錯体の磁性

次に非等価な磁気中心 A および B の磁気的相互作用を考える．ここでの取り扱いはヘテロ 2 核錯体に加えて，異なる環境にあるホモ 2 核錯体や金属-ラジカル系にも当てはまる．非対称 2 核系ではそれぞれの磁気中心の異方性 (local anisotropy) や磁気中心間の双極子相互作用 (dipolar interaction) などが無視できない影響をもっている．多くの場合にそのような影響を無視した解釈がなされてきたが，これは明かに正しくない．

7.4.1　磁気中心の局所異方性の影響

常磁性中心 S_A および (または) S_B が 1/2 より大きいときは一般に異方性を示す．この局所異方性 (local anisotropy) は S_A と S_B のスピン結合で生じる S 準位 ($S_A+S_B, S_A+S_B-1, \cdots, |S_A-S_B|$) に影響をおよぼす．このときのスピン演算子は

$$\mathbf{H} = -2J\mathbf{S}_A\cdot\mathbf{S}_B+\mathbf{S}_A\cdot\mathbf{D}_A\cdot\mathbf{S}_A+\mathbf{S}_B\cdot\mathbf{D}_B\cdot\mathbf{S}_B+\beta(\mathbf{S}_A\cdot\mathbf{g}_A+\mathbf{S}_B\cdot\mathbf{g}_B)H \quad (7.11)$$

$\mathbf{D}_A$ および $\mathbf{D}_B$ はそれぞれの金属の異方性に関係したテンソルである．$\mathbf{D}_A$ および $\mathbf{D}_B$, $\mathbf{g}_A$ および $\mathbf{g}_B$ の主値が一致すると仮定すると式 (7.11) は次のように表すことができる．

$$\mathbf{H} = -J\mathbf{S}_A\cdot\mathbf{S}_B+\mathbf{S}\cdot\mathbf{D}_S\cdot\mathbf{S}+\beta\mathbf{S}\cdot\mathbf{g}_S\cdot\mathbf{H} \quad (7.12)$$

ここで $\mathbf{g}_S$ は $\mathbf{g}_A$ および $\mathbf{g}_B$ と次のように関係づけられる[22,23]．

$$\mathbf{g}_S = \frac{(1+c)\mathbf{g}_A}{2}+\frac{(1-c)\mathbf{g}_B}{2} \quad (7.13)$$

$$c = \frac{S_A(S_A+1)-S_B(S_B+1)}{S(S+1)} \quad (7.14)$$

また $\mathbf{D}_S$ は $\mathbf{D}_A$ および $\mathbf{D}_B$ と次の関係がある．

$$\mathbf{D}_S = \frac{(c_1+c_2)\mathbf{D}_A}{2}+\frac{(c_1-c_2)\mathbf{D}_B}{2} \quad (7.15)$$

$$c_1=\frac{3[S_A(S_A+1)-S_B(S_B+1)]^2+S(S+1)[3S(S+1)-3-2S_A(S_A+1)-2S_B(S_B+1)]}{(2S+3)(2S-1)S(S+1)}$$

(7.16)

$$c_2=\frac{[4S(S+1)-3][S_A(S_A+1)-S_B(S_B+1)]}{(2S+3)(2S-1)S(S+1)} \qquad (7.17)$$

式(7.13)および(7.14)を用いると対称2核系($S_A=S_B$)の場合は $g_S=(g_A+g_B)/2$ となり，すべての S 準位について g 因子は同じである．しかし $S_A \neq$

表 7.4 非対称 A-B 系の g_S, g_A および g_B テンソルの関係

S_A	S_B	S	g_A	g_B
1/2	1	1/2	−1/3	4/3
		3/2	1/3	2/3
1/2	3/2	1	−1/4	5/4
		2	1/4	3/4
1/2	2	3/2	−1/5	6/5
		5/2	1/5	4/5
1/2	5/2	2	−1/6	7/6
		3	1/6	5/6
1	3/2	1/2	−2/3	5/3
		3/2	4/15	11/15
		5/2	2/5	3/5
1	2	1	−1/2	3/2
		2	1/6	5/6
		3	1/3	2/3
1	5/2	3/2	−2/5	7/5
		5/2	4/35	31/35
		7/2	2/7	5/7
3/2	2	1/2	−1	2
		3/2	1/5	4/5
		5/2	13/35	22/35
		7/2	3/7	4/7
3/2	5/2	1	−3/4	7/4
		2	1/12	11/12
		3	7/24	17/24
		4	3/8	5/8
2	5/2	1/2	−4/3	7/3
		3/2	2/15	13/15
		5/2	12/35	23/35
		7/2	26/63	37/63
		9/2	4/9	5/9

たとえば($S_A=1/2$)-($S_B=1$)系の $S=1/2$ および 3/2 準位の g 因子はそれぞれ $g_{1/2}=[4g_B-g_A]/3$ および $g_{3/2}=[2g_B+g_A]/3$ で与えられる．

S_B のときの g 因子は S 準位によって異なる．$\mathbf{g}_S$ テンソルと $\mathbf{g}_A$ および $\mathbf{g}_B$ テンソルの関係を表 7.4 にまとめた．

7.4.2　2 核錯体の磁性に影響するそのほかの効果

上に述べた局所異方性以外にも，2 核錯体の S 準位のエネルギーに影響するものとして双極子相互作用 (dipolar interaction)，異方性相互作用 (anisotropic interaction) および反対称相互作用 (antisymmetric interaction) がある．双極子相互作用は二つ磁気中心の磁気双極子 μ_A と μ_B の相互作用である．異方性相互作用は磁気中心のスピン軌道相互作用が関係している．これら摂動は 2 核錯体の S 準位にゼロ磁場分裂をひき起こす．この摂動を含めるとスピン演算子は式 (7.18) で与えられる．

$$\mathbf{H} = -2J\mathbf{S}_A\cdot\mathbf{S}_B + \mathbf{S}_A\cdot\mathbf{D}\cdot\mathbf{S}_B + \beta(\mathbf{S}_A\cdot\mathbf{g}_A + \mathbf{S}_B\cdot\mathbf{g}_B)\mathrm{H} \tag{7.18}$$

式 (7.18) によるゼロ磁場分裂は 7.4.1 項で述べた局所異方性に起因するゼロ磁場分裂とは区別される．たとえば $S_A=S_B=1/2$ の $S=1$ 状態は局所異方性によるゼロ磁場はありえないが，式 (7.18) の第 2 項によってゼロ磁場分裂を起こす．そのときのエネルギーダイヤグラムは図 5.9 と同じである．$S=1$ 準位のゼロ磁場分裂が問題になるのは強磁性的作用でこれがエネルギー最低になる場合で，2 核銅 (II) 錯体では $|D|\approx 1\ \mathrm{cm}^{-1}$ 程度のゼロ磁場分裂が確かめられている．磁化率の式は，スピン 3 重項-1 重項への熱分布に加えてゼロ磁場で分裂した準位への熱分布を考慮する．

$$\chi_z = \frac{2Ng_z{}^2\beta^2}{kT}\times\frac{\exp(-D/3kT)}{\exp(2D/3kT)+2\exp(-D/3kT)+\exp(-2J/kT)} \tag{7.19}$$

$$\chi_x = \frac{2Ng_x{}^2\beta^2}{D}\times\frac{\exp(2D/3kT)-\exp(-D/3kT)}{\exp(2D/3kT)+2\exp(-D/3kT)+\exp(-2J/kT)} \tag{7.20}$$

式 (7.19) および (7.20) で $\exp(-2J/kT)$ の項を無視すると $S=1$ にゼロ磁場分裂があるときの磁化率の式 (5.39) および (5.43) になることを確認されたい．

2 核錯体の分子構造が低対称性のときには反対称相互作用 (antisymmetric

interaction) によって式 (7.18) の第 2 項に新たな寄与が生じる．ただし，分子に対称中心があるときや $M_A \cdots M_B$ 軸が回転軸となるときはこの効果は消える．反対称相互作用は隣接する磁気中心のスピンを直角に配向させるように働くことを指摘しておこう．

非対称 2 核錯体の S 準位は式 (7.12) と (7.18) の結果としてゼロ磁場分裂する．$\mathbf{D}_S$ と $\mathbf{D}_A$, $\mathbf{D}_B$ および $\mathbf{D}$ の間には次の関係がある．

$$\boldsymbol{D}_s = \frac{c_1 + c_2}{2}\boldsymbol{D}_A + \frac{c_1 - c_2}{2}\boldsymbol{D}_B + \frac{1 - c_1}{2}\boldsymbol{D} \tag{7.21}$$

非対称 A-B 2 核系の $\mathbf{D}_A$, $\mathbf{D}_B$ および $\mathbf{D}$ テンソルを表 7.5 に示した．非対称 2 核系の磁性を解析するときには，エネルギー最低準位のゼロ磁場分裂を考慮する必要がある．励起 S 準位のゼロ磁場分裂は一般には問題にならない．

表 7.5　非対称 A-B 系の $\mathbf{D}_A$, $\mathbf{D}_B$ および D テンソル

S_A	S_B	S	$\mathbf{D}_A$	$\mathbf{D}_B$	$\mathbf{D}$	S_A	S_B	S	$\mathbf{D}_A$	$\mathbf{D}_B$	$\mathbf{D}$
1/2	1	1/2	—	—	1/2	3/2	2	3/2	−3/5	0	4/5
1/2	1	3/2	—	1/3	1/3			5/2	−3/70	3/14	29/70
1/2	3/2	1	—	3/2	−1/4			7/2	1/7	2/7	2/7
		2	—	1/2	1/4	3/2	5/2	1	3/10	14/5	−21/20
1/2	2	3/2	—	7.5	−1/5			2	−5/14	10/21	37/84
		5/2	—	3/5	1/5			3	−1/20	11/30	41/120
1/2	5/2	2	—	4/3	−1/6			4	3/28	5/14	15/56
		3	—	2/3	1/6	2	2	1	−21/10	−21/10	13/5
1	1	1	−1/2	−1/2	1			2	−3/14	−3/14	5/7
		2	1/6	1/6	1/3			3	1/10	1/10	2/5
1	3/2	3/2	−4/15	1/5	8/15			4	3/14	3/14	2/7
		5/2	1/10	3/10	3/10	2	5/2	3/2	−1/10	−4/15	17/15
1	2	1	1	21/10	−3/5			5/2	−3/14	1/10	39/70
		2	−1/6	1/2	1/3			7/2	1/21	2/9	23/63
		3	1/15	2/5	4/15			9/2	1/6	5/18	5/18
1	5/2	3/2	1/15	28/15	−7/15	5/2	5/2	1	−16/5	−16/5	37/10
		5/2	−4/35	23/35	8/35			2	−10/21	−10/21	41/42
		7/2	1/21	10/21	5/21			3	−1/45	−1/45	47/90
3/2	3/2	1	−6/5	−6/5	17/10			4	1/7	1/7	5/14
		2	0	0	1/2			5	2/9	2/9	5/18
		3	1/5	1/5	3/10						

$S_A=1/2$ で $S_B=1$ のときの $S=3/2$ 準位のゼロ磁場分裂は $D_{3/2}=(D_B+D)/3$ で与えられる．

7.4.3　ヘテロ 2 核錯体の磁化率の式

非対称 2 核錯体では S 準位の g_S が等しくならないこと，S 準位にゼロ磁場分裂があることを知った．このことを考慮して代表的なヘテロ 2 核錯体の磁化率の式を誘導する．

マクロサイクル配位子 $(R^{2,3})^{2-}$ の $[CuCo(R^{2,3})(AcO)](ClO_4)_2$ (図 7.24) は低スピン Co (II) ($S_{Co}=1/2$) の錯体である．金属イオンは二つのフェノール酸素と酢酸イオンで橋架けされ，それぞれ歪んだ 4 角錐構造をもつ．Cu (II) はエカトリアル平面から 0.397 Å 浮き上がっている．Co (II) の浮き上がりは 0.094 Å である．また二つのエカトリアル平面は 2 面角 24.13° をなしている．相当する ZnCo 錯体の EPR から Co (II) の不対電子は d_{z^2} 軌道にあることが示されている[24]．室温における磁気モーメント (3.26 μ_B) は，S_{Cu} と S_{Co} が強く強磁性的にカップルして $S=1$ 準位だけに熱分布があることを示している．磁気モーメントが温度とともに減少するのは，$S=1$ 準位に $\mathbf{S}_{Cu}\cdot\mathbf{D}\cdot\mathbf{S}_{Co}$ に起因するゼロ磁場分裂があることの証拠である (図 7.25)．この場合の磁化率の式はすでに導いた (式 (7.19)〜(7.20))．

図 7.25 の磁気挙動は式 (7.19)〜(7.20) で $J \geq 300\ cm^{-1}$ として説明できる．

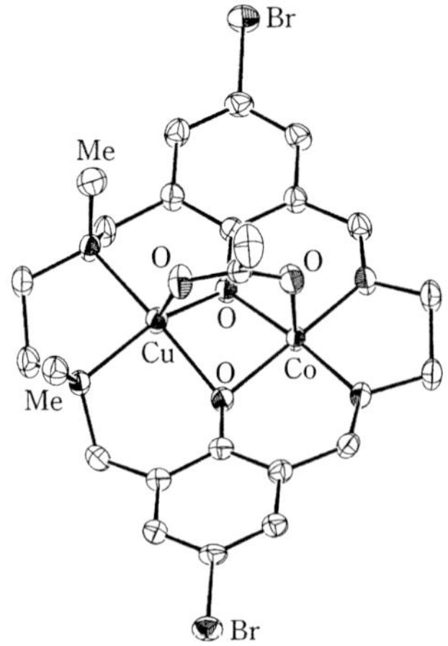

図 7.24　$[CuCo(R^{2,3})(AcO)](ClO_4)_2$ の構造

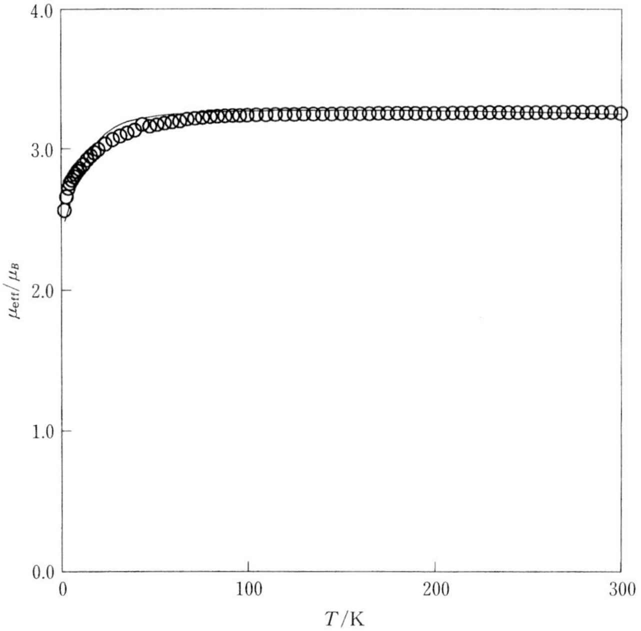

図 7.25 $[CuCo(R^{2,3})(AcO)](ClO_4)_2$ の磁気モーメントの温度依存

$J=300\ cm^{-1}$ としたときは $g_{Cu}=2.28$, $g_{Co}=2.40$, $|D|=31.8\ cm^{-1}$ としてよい一致が得られる．すでに述べたように粉末の試料を用いるときは D の符号を決めることはできない．この化合物は，分子の対称性が低いときには反対称相互作用が大きなゼロ磁場分裂をもたらすことを例示している．

次に大環状配位子の Cu(II)Ni(II) 錯体 $[CuNi(L^{2,4})(dmf)(H_2O)](ClO_4)_2 \cdot$ dmf (図 7.26) の磁性について述べる[25]．Cu(II) まわりは平面4配位，Ni(II) まわりは軸位に dmf と H_2O を配位させた擬八面体で，磁気モーメント (CuNi あたり) は室温の 2.97 μ_B から温度とともに減少して 80 K 以下ではスピン一つに相当する ~1.95 μ_B に達する (図 7.27)．この場合には磁気的相互作用で $S=3/2$ および 1/2 準位が生じて，$S=1/2$ 準位がエネルギー最低となる．スピン4重準位と2重準位のエネルギー幅は $-3J$ である．等方的なモデルでは磁化率の式は次のように与えられる．

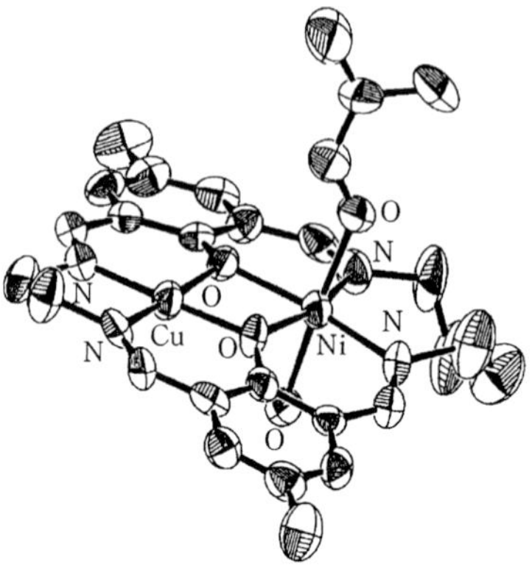

図 7.26　$[CuNi(L^{2,4})(dmf)(H_2O)](ClO_4)_2 \cdot dmf$ の構造[38)]

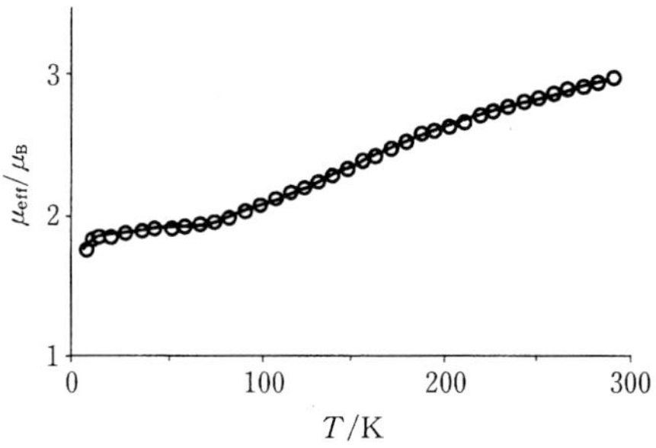

図 7.27　$[CuNi(L^{2,4})(dmf)(H_2O)](ClO_4)_2 \cdot dmf$ の磁気モーメントの温度依存

$$\chi_M = \frac{Ng^2\beta^2}{4kT} \times \frac{10 + \exp(-3/kT)}{2 + \exp(-3J/kT)} + N\alpha \tag{7.22}$$

しかし局所異方性の影響で $g_{1/2}$ と $g_{3/2}$ は等しくない．表 7.4 および 7.5 から

$$\begin{aligned} g_{1/2} &= (4g_{Ni} - g_{Cu})/3 \\ g_{3/2} &= (2g_{Ni} + g_{Cu})/3 \end{aligned} \tag{7.23}$$

基底 $S=1/2$ 準位にはゼロ磁場分裂は存在しないから，磁化率の式は式 (7.24) で与えられる．

$$\chi_M = \frac{N\beta^2}{4kT} \times \frac{10g_{3/2}^2 + g_{1/2}^2 \exp(-3/kT)}{2 + \exp(-3J/kT)} + N\alpha \tag{7.24}$$

$[CuNi(L^{2,4})(dmf)(H_2O)](ClO_4)_2 \cdot dmf$ の磁気挙動は式(7.24)で $J=-90$ cm^{-1}, $g_{Cu}=2.09$, $g_{Ni}=2.15$, $N\alpha=280\times10^{-6}\ cm^3\ mol^{-1}$ としてよい一致が得られる．極低温でさらにモーメントの減少傾向がみられるのは分子間の反強磁性的相互作用によるものであろう．

Cu(II)と Ni(II)が磁気的にカップルすると $S=1/2$ 準位の不対電子は Ni(II)の d 軌道(d_{z^2} 軌道)に残ると考えられる．$[CuNi(L^{2,4})(dmf)(H_2O)](ClO_4)_2 \cdot dmf$ の電子スピン共鳴による研究から，不対電子は Ni(II)上に極在するのではなく，d_{z^2}(Cu)と d_{z^2}(Ni)からなる分子軌道に存在することが示された[25,26]．同様に Cu(II) Mn(II)のスピン結合状態($S=2$)においても不対電子の一つは d_{z^2}(Cu)と d_{z^2}(Mn)からなる分子軌道に存在することが示されている[26]．

$[CuFe(fsaen)Cl(CH_3OH)]CH_3OH$ (図7.28)は N_2O_2 サイトに Cu(II)を O_4 サイトに Fe(III)を結合させ，鉄の軸位にはメタノール酸素と塩化物イオンが配位している．$[CuFe(fsaen)Cl(CH_3OH)]CH_3OH$ の χT vs. T 曲線を図7.29に示した[27]．χT は室温の $3.9\ cm^3\ K\ mol^{-1}$ ($5.59\ \mu_B$/CuFe)から温度の低下とともに減少して 50 K では $\sim 3\ cm^3\ K\ mol^{-1}$ ($\sim 4.9\ \mu_B$/CuFe)のプラトーに達

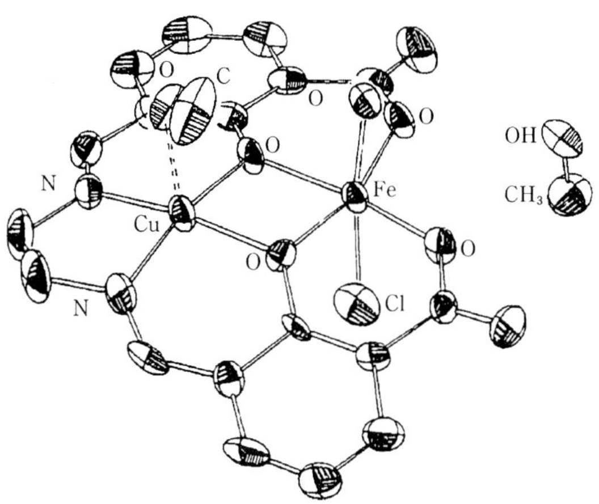

図7.28 $[CuFe(fsaen)Cl(CH_3OH)]$ の構造

する．これは $S=2$ 準位だけに熱分布があるときに相当している．30 K 以下での急激な χT の減少はゼロ磁場分裂によるものである．

この場合には $S_{\mathrm{Cu}}=1/2$ と $S_{\mathrm{Fe}}=5/2$ の結合で $S=2$ および 3 の準位が生じて，$S=2$ 準位の上 $6J$ のところに $S=3$ 準位がある．g テンソルは表 7.4 から

$$g_2=(7g_{\mathrm{Fe}}-g_{\mathrm{Cu}})/6$$
$$g_3=(5g_{\mathrm{Fe}}+g_{\mathrm{Cu}})/6 \tag{7.25}$$

また $S=2$ のゼロ磁場分裂は式 (5.35) より

$$\mathrm{E}(M_S=\pm 2)=+2D$$
$$\mathrm{E}(M_S=\pm 1)=-D \tag{7.26}$$
$$\mathrm{E}(M_S=0)=-2D$$

以上を考慮して磁場に平行方向の磁化率 χ_z と直角方向の磁化率 χ_x の式は次のように与えられる．

$$\chi_z=\frac{2N\beta^2}{kT}\times\frac{g_2{}^2[\exp(D/kT)+4\exp(-2D/kT)]+14g_3{}^2\exp(6J/kT)}{\exp(2D/kT)+2\exp(D/kT)+2\exp(-2D/kT)+7\exp(6J/kT)} \tag{7.27}$$

$$\chi_x=2N\beta^2\times\frac{(g_2{}^2/3D)[9\exp(2D/kT)-7\exp(D/kT)-2\exp(-2D/kT)]+(14g_3{}^2/kT)\exp(6J/kJ)}{\exp(2D/kT)+2\exp(D/kT)+2\exp(-2D/kT)+7\exp(6J/kT)} \tag{7.28}$$

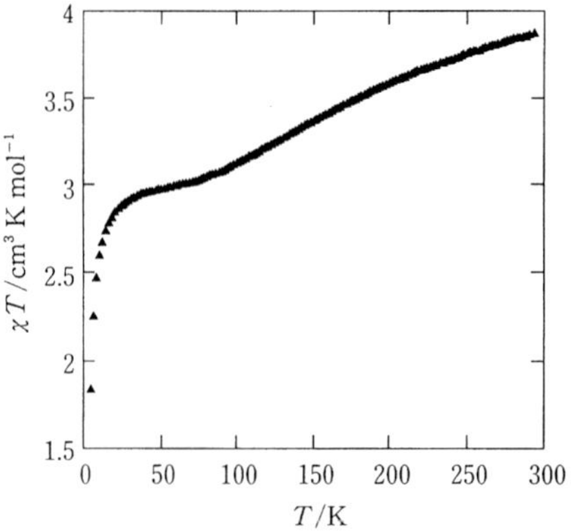

図 7.29　[CuFe(fsaen)Cl(CH_3OH)]CH_3OH の χT vs. T 曲線

図7.29の χT vs. T 曲線を式(7.27)~(7.28)でシミュレーションして $J=-39\ \mathrm{cm^{-1}}$, $|D|\gg 8\ \mathrm{cm^{-1}}$ と見積もられた.

7.4.4　ヘテロ2核錯体における磁気軌道の直交

上の例でみられるように，金属イオンの組合せで強磁性的相互作用が起きたり反強磁性的相互作用が起きたりする．このことは相互作用する金属イオンの電子構造と関係している．結論的には，二つの金属イオンの磁気軌道(不対電子が存在する軌道)が直接または架橋基のHOMOを介して重なるときは反強磁性相互作用が，直交するときは強磁性相互作用が起こる.

コンパートメント配位子 H_4fsaen を用いると N_2O_2 サイトに Cu^{2+}, O_4 サイトに M^{2+} または VO^{2+} を結合させた一連のCuMヘテロ2核錯体を合成することができる(図7.30)．これら錯体のスピン交換積分 J は次のようになる：J(CuVO)=$+59\ \mathrm{cm^{-1}}$, J(CuMn)=$-22\ \mathrm{cm^{-1}}$, J(CuCo)=$-35\ \mathrm{cm^{-1}}$, J(CuNi)=$-75\ \mathrm{cm^{-1}}$, J(CuCu)=$-330\ \mathrm{cm^{-1}}$ [28,29].

xy 軸を面内配位原子の方向にとると，Cu(II)の不対電子は $d_{x^2-y^2}$ 軌道にある．Cu(II)Cu(II)錯体では二つの銅の不対電子が架橋酸のHOMOを介して交換されて強い反強磁性相互作用が起こる(図7.31(a))．Mn(II), Fe(II), Co(II), Ni(II)の各イオンは不対電子の一つを $d_{x^2-y^2}$ 軌道にもつので，これら金属イオンのCu(II)M(II)錯体ではCu(II)Cu(II)錯体と同じ機構で反強磁性的相互作用が起こる．厳密には交換積分 J は個々の d 軌道交換積

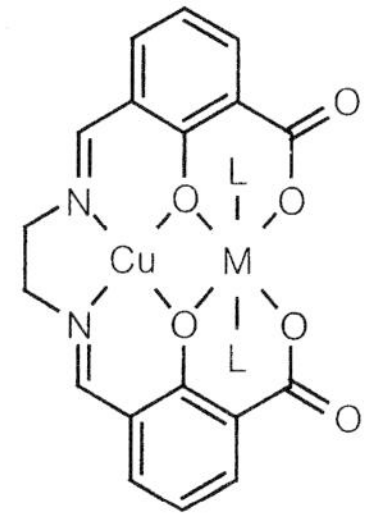

図7.30　fsaen^{2-} のCuMヘテロ錯体

分の平均で与えられる．

$$J_{\mathrm{CuMn}} = [j(x^2-y^2, xy)+j(x^2-y^2, xz)+j(x^2-y^2, yz)+j(x^2-y^2, z^2) + j(x^2-y^2, x^2-y^2)]/5$$

$$J_{\mathrm{CuFe}} = [j(x^2-y^2, xy)+j(x^2-y^2, xz)+j(x^2-y^2, z^2)+j(x^2-y^2, x^2-y^2)]/4$$

$$J_{\mathrm{CuCo}} = [j(x^2-y^2, xy)+j(x^2-y^2, z^2)+j(x^2-y^2, x^2-y^2)]/3$$

$$J_{\mathrm{CuNi}} = [j(x^2-y^2, z^2)+j(x^2-y^2, x^2-y^2)]/2$$

$$J_{\mathrm{CuCu}} = j(x^2-y^2, x^2-y^2) \tag{7.29}$$

式(7.29)の1電子交換積分のうち $j(x^2-y^2, x^2-y^2)$ は大きな負の値であるのに対して，それ以外の1電子交換積分は小さな正または負の値であることがわかっている．したがって $-J_{\mathrm{CuMn}}<-J_{\mathrm{CuFe}}<-J_{\mathrm{CuCo}}<-J_{\mathrm{CuNi}}<-J_{\mathrm{CuCu}}$ となるのが理解できるであろう．これに対して V(IV)O の一つの不対電子は d_{xy} 軌道にあり，Cu(II)の磁気軌道とは直交する(図7.31(b))．すなわち $J_{\mathrm{CuVO}}=j(x^2-y^2, xy)>0$ である．これを磁気軌道の厳密直交(strict orthogonality)という．7.4.3項でとりあげた $[\mathrm{CuCo(R^{2,3})(AcO)](ClO_4)_2}$ の強磁性的相互作用も Cu(II) と Co(II) の磁気軌道の厳密直交で説明される．

以上から予想されるように，d_π 軌道に不対電子をもつ金属イオンと d_σ 軌道に不対電子をもつ金属イオンの組合せでは，橋架け基の性質によらず強磁性的相互作用が現れる．例としてジ(μ-ヒドロキソ) $\mathrm{Cr^{III}Cu^{II}}$ 錯体[30] と μ-オキサラト $\mathrm{Cr^{III}M^{II}}$ (M=Cu, Ni など)錯体[31] をあげておく．ラジカル配位子錯体 $\mathrm{[Cu(dpya)(DTBSQ)]ClO_4}$ (dpya=di(2-pyridyl) amine, DTBSQ=3,5-di (t-butyl)-o-semiquinone) では Cu(II) の σ 性磁気軌道と DTBSQ の π 性磁気軌道が直交するために強磁性を示す[32]．

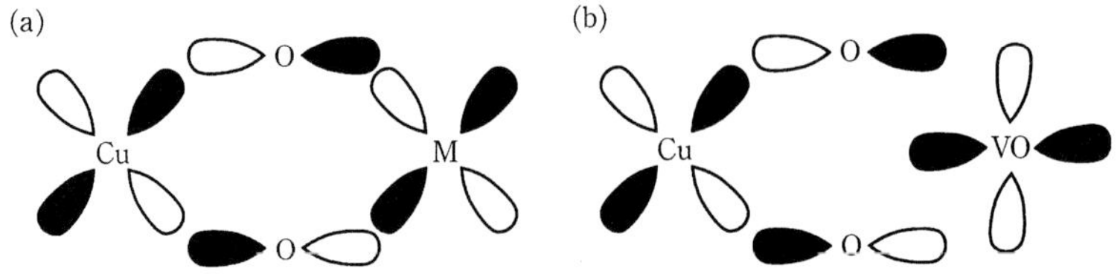

図 7.31　(a) Cu(II)M(II) における磁気軌道の重なりと (b) Cu(II) V(IV) O における磁気軌道の直交

7.5　3核錯体の磁性

7.5.1　3核錯体の磁性の一般的取り扱い

3核錯体の多くは3角型または直線型のいずれかである．両方の場合のスピン交換のハミルトニアンは2等辺3角形ABAから導くことができる．

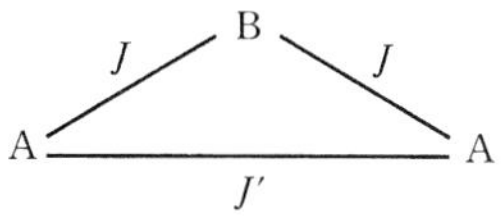

A-B間の交換積分を J, A-A間の交換積分を J' とすると

$$\mathbf{H} = -2J(\mathbf{S}_{A1}\cdot\mathbf{S}_{B}+\mathbf{S}_{A2}\cdot\mathbf{S}_{B})-2J'\mathbf{S}_{A1}\cdot\mathbf{S}_{A2} \tag{7.30}$$

$\mathbf{S}'=\mathbf{S}_{A1}+\mathbf{S}_{A2}$, $\mathbf{S}=\mathbf{S}_{A1}+\mathbf{S}_{A2}+\mathbf{S}_{B}$ とおくと

$$\mathbf{H}=-J[\mathbf{S}^2-\mathbf{S}_{A1}{}^2-\mathbf{S}_{A2}{}^2-\mathbf{S}_{B}{}^2]-(J'-J)[\mathbf{S}'^2-\mathbf{S}_{A1}{}^2-\mathbf{S}_{A2}{}^2] \tag{7.31}$$

エネルギーの平行移動に関係する項を削除して

$$H=-J\mathbf{S}^2-(J'-J)\mathbf{S}'^2 \tag{7.32}$$

すなわち3核錯体のエネルギー準位は S と S' で規定され，そのエネルギーは式(7.33)で与えられる．

$$E(S, S')=-JS(S+1)-(J'-J)S'(S'+1) \tag{7.33}$$

S' は0から $2S_A$ までの整数であり，S は $|S'-S_B|$ から $S'+S_B$ までの値をとる．磁化率の式を導くには式(7.32)にZeeman摂動 $\mathbf{H}_z$ が加わる．

$$\mathbf{H}_z = \beta[g_A(\mathbf{S}_{A1}+\mathbf{S}_{A2})+g_B\mathbf{S}_B]H \tag{7.34}$$

$E(S, S')$ の準位の $g_{S,S'}$ は g_A および g_B と次の関係がある．

$$g_{S,S'} = \frac{g_A[S(S+1)+S'(S'+1)-S_B(S_B+1)]+g_B[S(S+1)-S'(S'+1)+S_B(S_B+1)]}{2S(S+1)} \tag{7.35}$$

3核あるいはそれ以上の系の磁性を論じるときは，エネルギー最低 S 準位のゼロ磁場分裂を無視することが多い．その理由は，一般に S 準位が近接する場合が多く，ゼロ磁場分裂の効果が顕著にみられないからである．もちろんゼロ磁場分裂の存在が明確であるときは，異方性を考慮した取り扱いをしなければならない．

7.5.2　3 核銅 (II) 錯体

3 核錯体のスピン準位を知るには，まず S_{A1} と S_{A2} の結合から S' を求め，次に S' と S_B の結合で S を求める．これは Kambe の方法とよばれている[33]．

3 核 Cu (II) ($S_{A1}=S_{A2}=S_B=1/2$) を例にとって示そう．S_1 と S_2 の結合から $S'=1, 0$ が生じる．次に S' のそれぞれに S_B を結合させると，$S'=1$ からは $S=3/2$ と 1/2 が，$S'=0$ からは $S=1/2$ が生じる．それぞれのエネルギーは式 (7.14) から求められる (表 7.6)．この結果を Van Vleck の式に代入して 3 核 Cu (II) の磁化率の式 (Cu 当たり) は次のように導かれる．

$$\chi_A = \frac{N\beta^2}{12kT} \times \frac{g_{1/2,1}^2 + g_{1/2,0}^2 \exp[2(J-J')/kT] + 10 g_{3/2,1}^2 \exp(3J/kT)}{1+\exp[2(J-J')/kT]+2\exp(-3J/kT)} \qquad (7.36)$$

ここで

$$g_{1/2,1} = (4g_A - g_B)/3$$
$$g_{3/2,1} = (2g_A + g_B)/3 \qquad (7.37)$$
$$g_{1/2,0} = g_B$$

正 3 角型で三つの銅が等価であるときは $J=J'$, $g_A=g_B=g$ とおくと

$$\chi_A = \frac{Ng^2\beta^2}{12kT} \times \frac{1+5\exp(3J/kT)}{1+\exp(3J/kT)} \qquad (7.38)$$

また直線型で $J'=0$, $g_A=g_B=g$ と仮定すると

$$\chi_A = \frac{Ng^2\beta^2}{12kT} \times \frac{1+\exp(2J/kT)+10\exp(3J/kT)}{1+\exp(2J/kT)+2\exp(3J/kT)} \qquad (7.39)$$

ピリジン-2-アルドオキシム (paox) および類似の 2 座キレートオキシム配

表 7.6　3 角型 3 核 Cu (II) のスピン準位エネルギー ($E(1/2, 1)$ を基準においている)

S' $(=S_{A1}+S_{A2})$	S $(=S'+S_B)$	$E(S)$
1	3/2	$-3J$
	1/2	0
0	1/2	$-2J+2J'$

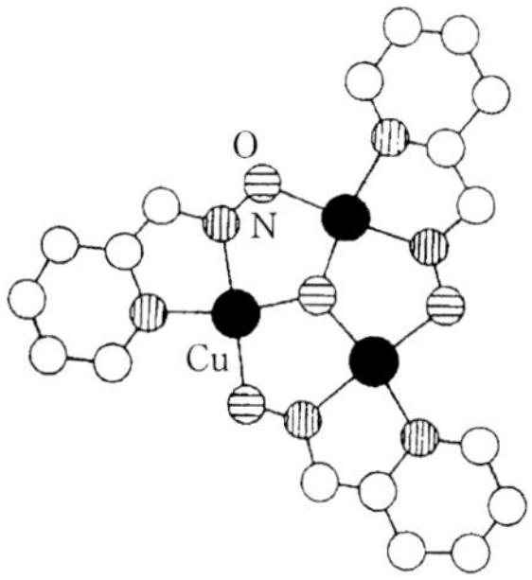

図 7.32 $[Cu_3O(paox)_3]ClO_4$ の構造

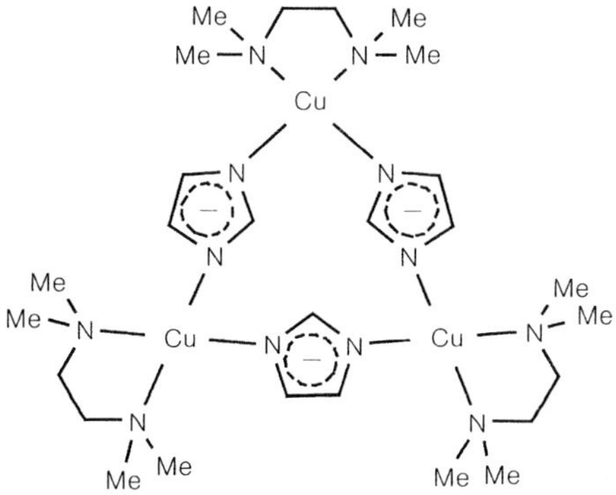

図 7.33 $[Cu_3(tmen)_3(Im)_3]^{3+}$ の構造

位子を用いると，μ_3-オキソ基とオキシム基が橋架けした正3角型銅(II)錯体 $[Cu_3O(paox)_3]ClO_4$ が得られる(図7.32)．このタイプでは一般に強い反強磁性的相互作用を示し($-J>300\ cm^{-1}$)，室温における磁気モーメントは不対電子一つに相当する[34)]．正3角型の銅(II)錯体のもう一つの例としてイミダゾレート橋架けの $[Cu_3(diamine)_3(Im)_3]X_3$ (diamine＝tmen, bipy, phen; X＝PF_6^-, BF_4^-, ClO_4^-) がある(図7.33)．室温における分子当たりの磁気モーメントは 2.75～2.86μ_B で，温度とともに減少して 80 K では 2.08～2.25μ_B になる．これら錯体では $J=\sim-40\ cm^{-1}$ が見積もられている[35)]．

ジメチルグリオキシマト銅(II)は両末端オキシムで Cu(II) を結合させて

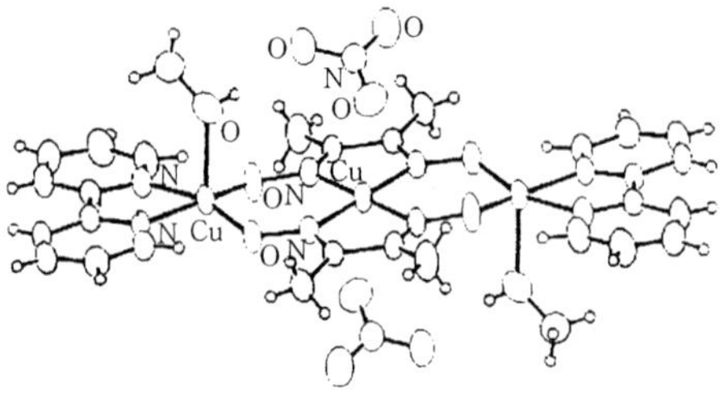

図 7. 34　$[\{Cu(bipy)\}_2\{Cu(dmg)\}](NO_3)_2 \cdot 2MeOH$ の構造

直線型 3 核銅 (II) 錯体 $[\{Cu(L)\}_2\{Cu(dmg)\}](NO_3)_2$ (L＝bipy, phen) を与える (図 7.34)[36)]．3 核部分はよい平面をなし，中央の Cu と末端 Cu の距離は約 3.75 Å である．これら 3 核錯体の分子あたりの磁気モーメントは室温で 1.83～1.88 μ_B の間にあって温度に依存しない．強い反強磁性的相互作用 ($-J > 300$ cm^{-1}) のために $S_{1,1/2}$ 準位のみに熱分布があることがわかる．

7.5.3　正 3 角型鉄 (III) 錯体

次に 3 角型 Fe (III) 錯体の磁化率の式を誘導しよう．まず S_1 と S_2 の結合から S'＝5, 4, 3, 2, 1, 0 が得られるので，それぞれに S_3＝5/2 を結合させて S を求める．その結果 S＝15/2(1), 13/2(2), 11/2(3), 9/2(4), 7/2(5), 5/2(6), 3/2(4), 1/2(2) の準位が生じる．カッコで示したのは縮重度である．各スピン準位のエネルギーは式 (7.33) で $J=J'$ とおいて $E(S)=-JS(S+1)$ で与えられる (表 7.7)．

Van Vleck の式を用いると磁化率の式 (鉄あたり) は

$$\chi_A = \frac{Ng^2\beta^2}{12kT} \times \frac{340x^{63}+455x^{48}+429x^{35}+330x^{24}+210x^{15}+105x^8+20x^3+1}{4x^{63}+7x^{48}+9x^{35}+10x^{24}+10x^{15}+9x^8+4x^3+1} \tag{7.40}$$

$$x = \exp(-J/kT)$$

この場合の g 因子はすべての準位について同じである．

正 3 角型鉄 (III) 錯体に $[Fe_3O(CH_3COO)_6(H_2O)_3]Cl \cdot 5H_2O$ (図 7.35) がある．磁気モーメントの温度依存を図 7.36 に与えた．Fe (III) の間に反強磁性的相

表 7.7　正 3 角型 3 核 Fe (III) のスピン準位とエネルギー

$S'(=S_1+S_2)$	$S(=S'+S_3)$	$-E(S)$
5	15/2	$15\times17\,J/4$
	13/2	$13\times15\,J/4$
	11/2	$11\times13\,J/4$
	9/2	$9\times11\,J/4$
	7/2	$7\times9\,J/4$
	5/2	$5\times7\,J/4$
4	13/2	$13\times15\,J/4$
	11/2	$11\times13\,J/4$
	9/2	$9\times11\,J/4$
	7/2	$7\times9\,J/4$
	5/2	$5\times7\,J/4$
	3/2	$3\times5\,J/4$
3	11/2	$11\times13\,J/4$
	9/2	$9\times11\,J/4$
	7/2	$7\times9\,J/4$
	5/2	$5\times7\,J/4$
	3/2	$3\times5\,J/4$
	1/2	$1\times3\,J/4$
2	9/2	$9\times1\,J/4$
	7/2	$7\times9\,J/4$
	5/2	$5\times7\,J/4$
	3/2	$3\times5\,J/4$
	1/2	$1\times3\,J/4$
1	7/2	$7\times9\,J/4$
	5/2	$5\times7\,J/4$
	3/2	$3\times5\,J/4$
0	5/2	$5\times7\,J/4$

互作用が働くために磁気モーメントは温度とともに減少する．式 (7.40) でシミュレーションを行って $g=2.0$, $J=-30.3\ \mathrm{cm}^{-1}$ でほぼよい一致が得られている[37]．表 7.7 でエネルギー最低のスピン準位は $S=1/2$ であるから，極低温では磁気モーメントが 1.73 μ_B に近づくことが理解できる (図 7.36 では Fe 当たりの磁気モーメントが与えてある)．

このタイプの 3 核錯体は Cr (III), Mn (III), Ru (III) などについても知られている．また，金属イオンの一つが +2 価に還元された $[\mathrm{M^{II}M^{III}{}_2O(CH_3COO)_6L_3}]$ (M＝Fe, Mn, Ru) が単離されている．これら 3 核錯体および混合原子価錯体

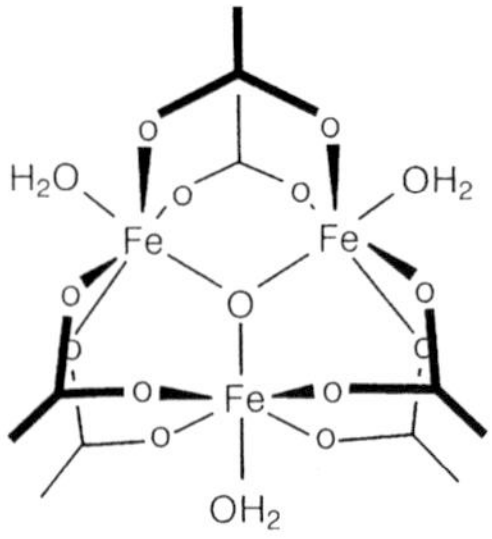

図 7.35 $[Fe_3O(CH_3COO)_6(H_2O)_3]^+$ の構造

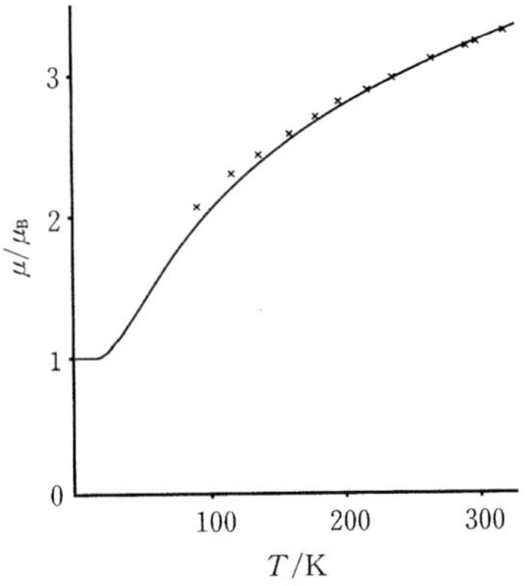

図 7.36 $[Fe_3O(CH_3COO)_6(H_2O)_3]Cl \cdot 5H_2O$ の磁気モーメントの温度依存

の磁化率の式も同様にして導くことができる．$[Fe^{II}Fe^{III}{}_2O(CH_3COO)_6L_3]$(L＝HO, py) の磁気解析[38] は参考になるであろう．

7.5.4 直線 Cu(II)Mn(II)Cu(II) および Mn(II)Cu(II)Mn(II) の磁性

直線ヘテロ3核 ABA として Cu(II)Mn(II)Cu(II) および Mn(II)Cu(II)Mn(II) を取り上げる．

Cu(II)Mn(II)Cu(II) の末端 Cu(II) 間の相互作用を無視するとスピン準位とそのエネルギーは表 7.8 のように求められる．表にはそれぞれの S 準位の $g_{S,S'}$ も与えた．

表 7.8　直線 Cu(II)Mn(II)Cu(II) のスピン準位，エネルギーおよび g 因子

$S'(S_{Cu1}+S_{Cu2})$	$S(S'+S_{Mn})$	$E(S, S')$	$g_{S,S'}$
1	7/2	$-12J$	$(5g_{Mn}+2g_{Cu})/7$
	5/2	$-5J$	$(31g_{Mn}+4g_{Cu})/35$
	3/2	0	$(7g_{Mn}-2g_{Cu})/5$
0	5/2	$-7J$	g_{Mn}

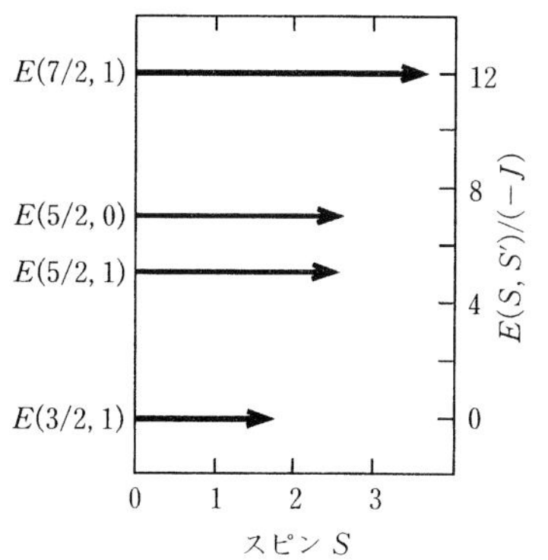

図 7.37　直線 Cu(II)Mn(II)Cu(II) の $E(S, S')$ の順序
横軸方向の矢印はスピンの大きさを表している．末端 Cu(II) 間の相互作用は無視している．

図 7.37 は $E(S, S')$ とスピン S の関係を図に示したものである．エネルギー順序は $S=7/2$ 準位が最高で $S=3/2$ 準位が最低となる．すなわちエネルギーに関して規則的なスピン順序となっている．

$J<0$ のときで $S=3/2$ には異方性がないものと仮定すると CuMnCu あたりの磁化率の式は次のようになる．

$$\chi_M = \frac{N\beta^2}{kT} \times \frac{84g_{7/2,1}^2\exp(12J/kT)+35g_{5/2,1}^2\exp(5J/kT)+10+35g_{5/2,0}^2\exp(7J/kT)}{4\exp(12J/kT)+3\exp(5J/kT)+2+3\exp(7J/kT)} \tag{7.41}$$

直線型 Cu(II)Mn(II)Cu(II) 錯体に Mn{Cu(Hhipox)}$_2$(dmf)$_2$ (Hhipox = N, N′-[bis(2-hydroxyiminomethyl) pheyl] oxamide)(図 7.38) がある[39]．二つの Cu(Hhipox) がオキサミド部分で Mn(II) に結合し，Mn(II) は 2 分子の dmf の配位をうけて *cis*-八面体構造をしている．この錯体の磁気モーメン

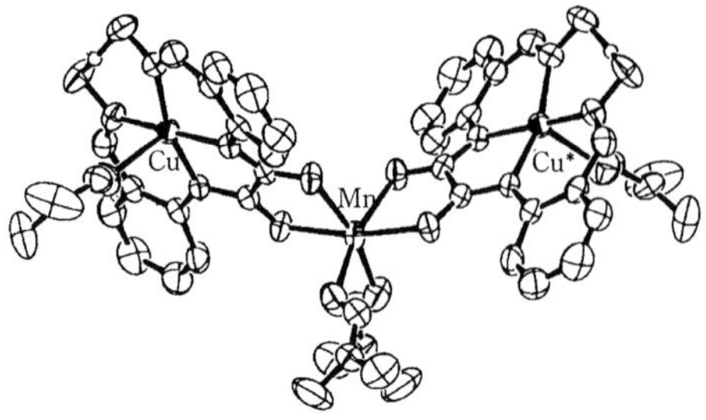

図 7.38　Mn{Cu(Hhipox)}$_2$(dmf)$_2$ (Hhipox = *N*, *N*′-[bis(2-hydroxyiminomethyl) pheyl]oxamide) の構造

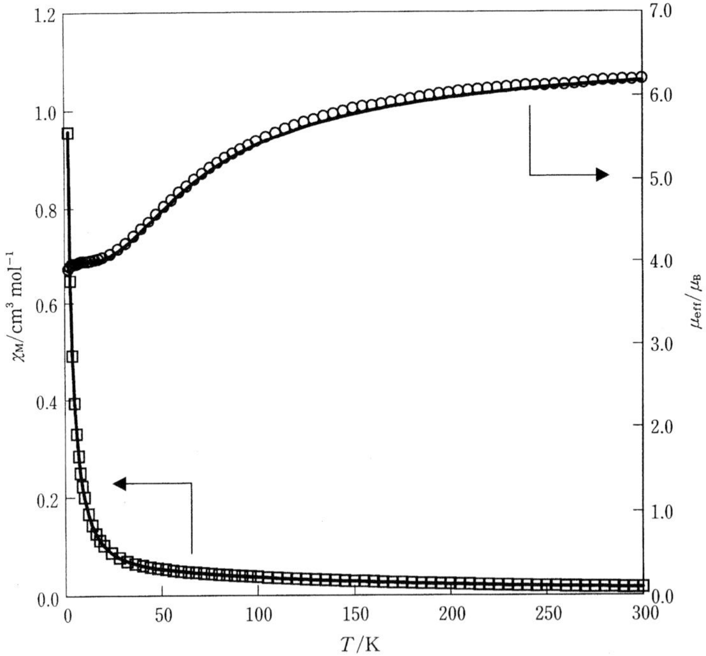

図 7.39　Mn{Cu(Hhipox)}$_2$(dmf)$_2$ (Hhipox = *N*, *N*′-[bis(2-hydroxyiminomethyl)-pheyl]oxamide) の磁気モーメントの温度依存

トは室温で 6.20 μ_B で，温度とともに減少して 20 K 以下ではほぼ一定値 3.90 μ_B に達する（図 7.39）．この値は $S=3/2$ のスピンオンリー値（3.87 μ_B）と一致する．この化合物の Cu-Mn 間には $J=-14$ cm^{-1} の反強磁性的相互作用が働

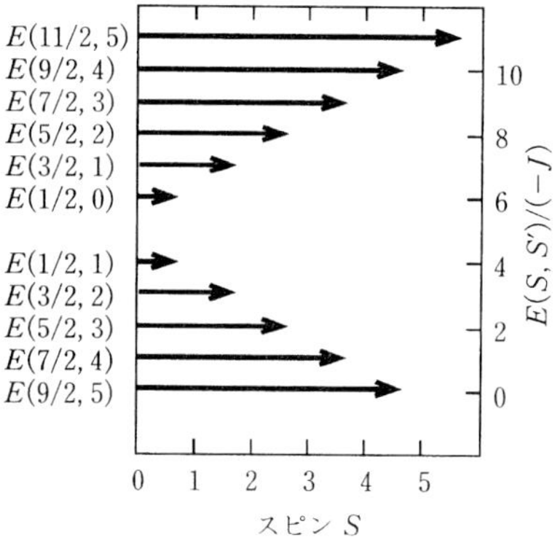

図 7.40　Mn(II)Cu(II)Mn(II)のE(S, S')の順序
横軸方向の矢印はスピンの大きさを表している.

くことが示された. 極低温でさらに磁気モーメントの減少傾向がみられるのは $S=3/2$ のゼロ磁場分裂によるものであろう.

次に直線 Mn(II)Cu(II)Mn(II)の磁性を考える. この系のスピン準位とエネルギーはこれまでと同じやり方で決めることができる. その結果を図7.40に与えた. $J<0$ を仮定すると最大 S の準位 $(S, S')=(11/2, 5)$ がエネルギー最大となるが, エネルギー最小は $(S, S')=(9/2, 5)$ の準位であって, S が最小の準位 $(S, S')=(1/2, 0)$ および $(1/2, 1)$ は全体の中ほどに位置している. Kahn はこれを変則的スピン順序 (irregular spin-ordering) とよんでいる.

直線型 Mn(II)Cu(II)Mn(II)錯体に $\{Mn(hmtacn)\}_2Cu(pba)$ (hmtacn＝5, 7, 7, 12, 14, 14-hexamethyl-1, 4, 8, 11-tetraazacyclotetradecane, pba＝1,3-propylene-bis(oxamato))がある. $Cu(pba)^{2-}$ がオキサマト基で二つの Mn(II)を橋架けし, Mn(II)の残りの配位座は hmtacn によって占められている. この χT vs. T 曲線を図7.41に示す. χT は温度の低下とともに減少して170 K 付近で極小を示したのちは増大して, 10 K 以下ではほぼ一定値 ($\chi T=12.1$ $cm^3\,K\,mol^{-1}$) に達する[40]. この挙動は変則的スピン順序を反映したものである. 10 K 以下の磁気モーメント 9.84 μ_B はエネルギー最低準位 $S=9/2$ のスピンオンリー値 (9.95 μ_B) にほぼ一致している.

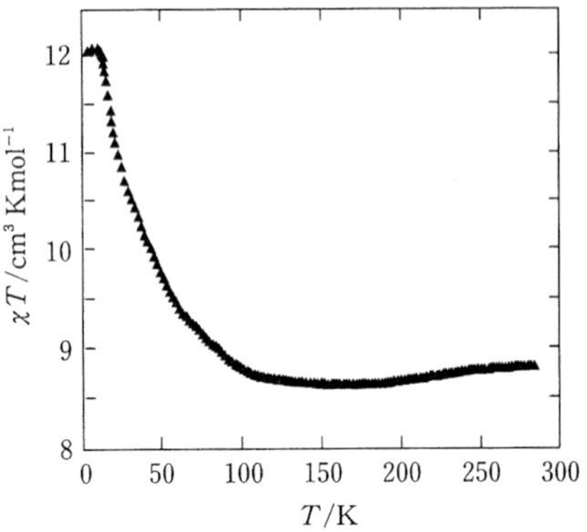

図 7.41 [{Mn(hmtacn)}$_2$Cu(pba)](CF_3SO_3)$_2$·2H_2O (hmtacn =5, 7, 7, 12, 14, 14-hexamethyl-1,4,8,11-tetraazacyclotetradecane, pba=1, 3- propylene-bis (oxamato)) の χT vs. T 曲線

7.5.5 3核錯体におけるスピンフラストレーション

ふたたび2等辺3角形ABA型にもどって交換積分パラメーター J と J' の相対的大きさがもたらす効果を考える．

まず簡単のために $S_A=S_B=1/2$ として，J と J' はともに負であると仮定する．表7.6からエネルギー最低状態は $\rho=J'/J$ によって変動することがわかるであろう．$\rho\leq 1$ のときは $E(1/2, 1)$ がエネルギー最低となり，古典的なベクトル表記で銅イオンのスピンを矢印で印すと次のようになる．

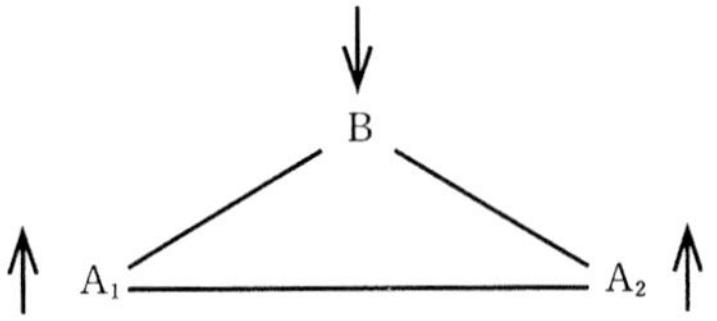

この場合には B-A_1 および B-A_2 のスピンを反強磁性的に配列すると，A_1-A_2 の相互作用は反強磁性であるにもかかわらずスピンベクトルを平行に配列しなければならない．$\rho\geq 1$ のときは基底状態は $E(1/2, 0)$ となり古典的

な表記は次のようになる．この場合には A_1-A_2 のスピンを反強磁性的に配列すると，B-A_1 または B-A_2 のいずれか一つはスピンを平行に配列しなければならない．

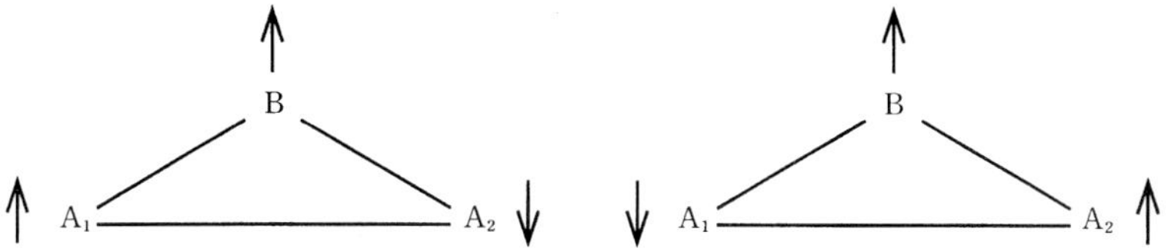

$S>1/2$ の 2 等辺 3 角の系では事態はさらに複雑となる．このことを $S_{A1}=S_{A2}=S_B=1$ について述べよう．スピン準位とエネルギーは表 7.9 で与えられる．

J および J' はいずれも負であるとすると，$\rho(=J'/J)\leq 1/2$ では $E(1,2)$ が，$1/2\leq\rho\leq 2$ では $E(0,1)$ が，$\rho\geq 2$ では $E(1,0)$ がエネルギー最低となる．最初の $E(1,2)$ と最後の $E(1,0)$ は上に示した 2 等辺 3 角トポロジーで示すことができるが，$1/2\leq r\leq 2$ のときの $E(0,1)$ はもはや古典的なスピンベクトルでは記述できない．$1/2\leq r\leq 2$ の範囲では，B-A_1 および B-A_2 の反強磁性的相互作用が A_1 および A_2 に同じ向きのスピンを分極する効果 (強磁性的スピン分極 ferromagnetic spin-polarization) と，A_1 と A_2 の反強磁性的相互作用が競合している．これがスピンフラストレーションである．特に $\rho=1/2$ のときは $E(0,1)$ と $E(1,2)$ が縮重し，$\rho=2$ のときは $E(0,1)$ と $E(1,0)$ が縮重するので，J と J' が拮抗するときはスピンがどの準位にあるかを判別することは難

表 7.9　2 等辺 3 角 $S_{A1}=S_{A2}=S_B=1$ 系のスピン準位とエネルギー

$S'(S_{A1}+S_{A2})$	$S(S'+S_B)$	$E(S,S')$
2	3	$-6J-6J'$
	2	$-6J'$
	1	$4J-6J'$
1	2	$-4J-2J'$
	1	$-2J'$
	0	$2J-2J'$
0	1	$-2J$

しい.

スピンフラストレーションは $S>1/2$ の3核系に限ったことではない. 強磁性的スピン分極と反強磁性的相互作用が競合するときは常に起こりうる現象である.

7.6 4核金属錯体の磁性

7.6.1 3角中心型4核錯体

4核錯体の一つのタイプは3角中心型構造である. 正3角形の頂点に等価な金属イオンAがあって, 中心に金属イオンBがある系を考える.

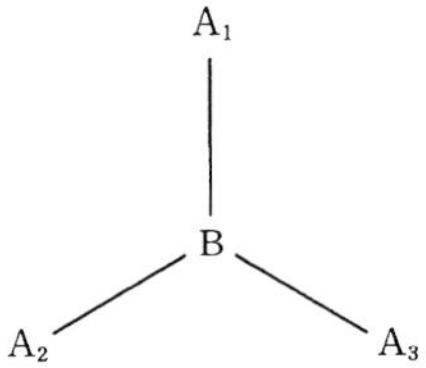

等方的なモデルではスピン交換のハミルトニアンは

$$\mathbf{H} = -2J(\mathbf{S}_{A1}\cdot\mathbf{S}_B+\mathbf{S}_{A2}\cdot\mathbf{S}_B+\mathbf{S}_{A3}\cdot\mathbf{S}_B) \tag{7.42}$$

$\mathbf{S}'=\mathbf{S}_{A1}+\mathbf{S}_{A2}+\mathbf{S}_{A3}$, $\mathbf{S}=\mathbf{S}'+\mathbf{S}_B$ とおくと

$$\mathbf{H}=-J(\mathbf{S}^2-\mathbf{S}'^2-\mathbf{S}_B{}^2) \tag{7.43}$$

すなわちエネルギー準位は (S, S') で与えられ, その相対的なエネルギーは

$$E(S, S')=-J[S(S+1)-S'(S'+1)] \tag{7.44}$$

磁化率の式を導くには各 $(\mathrm{S}, \mathrm{S}')$ 準位の $g_{\mathrm{S,S'}}$ を知る必要がある. それには式(7.35)を用いる.

この方法を $\{Mn[Cu(oxpn)]_3\}(ClO_4)_2$ (oxpn $=N, N$-di(3-aminopropyl) oxamide) (図7.42) に適用しよう. Kambe の方法で $\mathrm{S}'(\mathrm{S}_{\mathrm{Cu1}}+\mathrm{S}_{\mathrm{Cu2}}+\mathrm{S}_{\mathrm{Cu3}})$ を求めると一つの $S'=3/2$ と二つの $S'=1/2$ が生じる (表7.6参照). 次に $S'+S_{\mathrm{Mn}}$ から S を求める. それらのエネルギーと $g_{\mathrm{S,S'}}$ を表7.10にまとめた.

表 7.10　3角中心型 $Mn^{II}Cu^{II}_3$ のスピン準位とエネルギーおよび g 因子

$S'(S_{Cu1}+S_{Cu2}+S_{Cu3})$	$S(S'+S_{Mn})$	$E(S, S')$	$g_{S,S'}$
3/2	4	$-18J$	$(5g_{MN}+3g_{Cu})/8$
	3	$-10J$	$(17g_{Mn}+7g_{Cu})/24$
	2	$-4J$	$(11g_{Mn}+g_{Cu})/12$
	1	0	$(7g_{Mn}-3g_{Cu})/4$
1/2(2)	3(2)	$-13J$	$(5g_{Mn}+g_{Cu})/6$
	2(2)	$-7J$	$(7g_{Mn}-g_{Cu})/6$

S のあとのカッコは縮重度を示す.

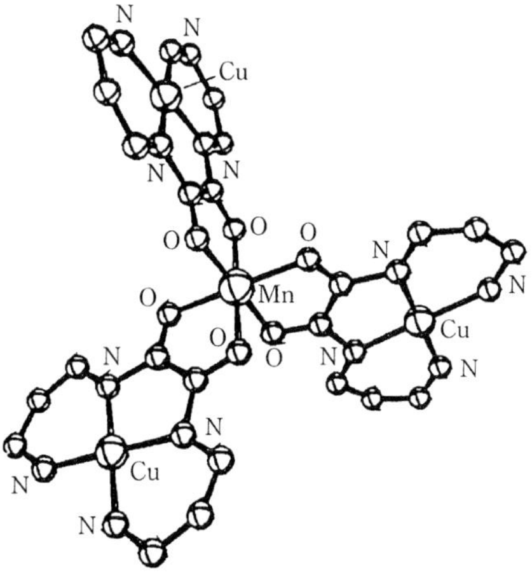

図 7.42　$\{Mn[Cu(oxpn)]_3\}(ClO_4)_2$ (oxpn＝N, N-di(3-aminopropyl)oxamide) の構造

表 7.10 のデータを Van Vleck の式に代入して磁化率の式を導く.

$$\chi_M=\frac{2N\beta^2}{kT}\times\frac{\begin{array}{l}30g^2_{4,3/2}\exp(18J/kT)+28g^2_{3,1/2}\exp(13J/kT)+14g^2_{3,3/2}\exp(10J/kT)\\+10g^2_{2,1/2}\exp(7J/kT)+5g^2_{2,3/2}\exp(4J/kT)+1\end{array}}{\begin{array}{l}9\exp(18J/kT)+14\exp(13J/kT)+7\exp(10J/kT)\\+10\exp(7J/kT)+5\exp(4kT)+3\end{array}} \tag{7.45}$$

図 7.43 に $\{Mn[Cu(oxpn)]_3\}(ClO_4)_2$ の χT の温度依存を示した. χT は温度とともに減少して 7 K 以下では一定値 0.98 $cm^3\,K\,mol^{-1}$ (2.80 μ_B) に達する[41]. これは基底スピン準位 (S, S'＝1, 3/2) のモーメントである. 式 (7.45) とのベストフィットから J＝$-13.3\ cm^{-1}$, g_{Mn}＝1.98, g_{Cu}＝2.00 が得られる.

3角中心型錯体のもう一つの例として $[Cr(ox)_3]^{3-}$ および $[Cr(tox)_3]^{3-}$ が三

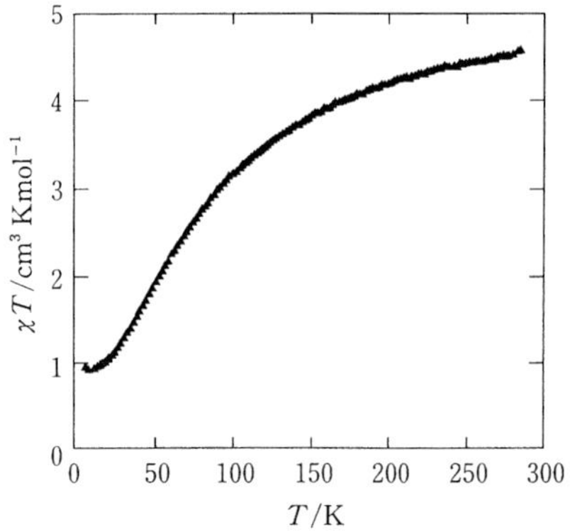

図 7.43　{Mn[Cu(oxpn)]$_3$}(ClO$_4$)$_2$ (oxpn＝N, N-di(3-aminopropyl)oxamide) の χT の温度依存

つの Ni (II) に橋架けした {Ni(hmtacn)}$_3$Cr(ox)$_3$ および {Ni(hmtacn)}$_3$Cr(tox)$_3$ (hmtacn＝5,7,7,12,14,14-hexamethyl-1,4,8,11-tetraazacyclotetradecane, tox = dithioooxamide) がある[42,43]. {Ni(hmtacn)}$_3$Cr(tox)$_3$ では tox^{2-} は S で Cr (III) に, O で Ni (II) に結合している (図 7.44). Cr(III)Ni(II)$_2$ の $E(S, S')$ と $g_{S,S'}$ は上に述べた方法で求める. 結果は

$$
\begin{array}{ll}
E(9/2, 3)=0 & g_{9/2,3}=(3g_{\mathrm{Cr}}+6g_{\mathrm{Ni}})/9 \\
2\times E(7/2, 2)=3J/2 & g_{7/2,2}=(3g_{\mathrm{Cr}}+4g_{\mathrm{Ni}})/7 \\
3\times E(5/2, 1)=3J & g_{5/2,1}=(3g_{\mathrm{Cr}}+2g_{\mathrm{Ni}})/5 \\
E(3/2, 0)=9J/2 & g_{3/2,0}=g_{\mathrm{Cr}} \\
E(7/2, 3)=9J/2 & g_{7/2,3}=(5g_{\mathrm{Cr}}+16g_{\mathrm{Ni}})/21 \\
2\times E(5/2, 2)=5J & g_{5/2,2}=(13g_{\mathrm{Cr}}+22g_{\mathrm{Ni}})/35 \\
3\times E(3/2, 1)=11J/2 & g_{3/2,1}=(11g_{\mathrm{Cr}}+4g_{\mathrm{Ni}})/15 \\
3\times E(1/2, 1)=7J & g_{1/2,1}=(5g_{\mathrm{Cr}}-2g_{\mathrm{Ni}})/3 \\
2\times E(3/2, 2)=15J/2 & g_{3/2,2}=(g_{\mathrm{Cr}}+4g_{\mathrm{Ni}})/5 \\
E(5/2, 3)=8J & g_{5/2,3}=(g_{\mathrm{Cr}}+34g_{\mathrm{Ni}})/35 \\
2\times E(1/2, 2)=9J & g_{1/2,2}=-g_{\mathrm{Cr}}+2g_{\mathrm{Ni}} \\
E(3/2, 3)=21J/2 & g_{3/2,3}=(-3g_{\mathrm{Cr}}+8g_{\mathrm{Ni}})/5
\end{array}
\qquad (7.46)
$$

式 (7.46) でたとえば $2\times E(7/2, 2)$ は $E(7/2, 2)$ 準位が二つあることを意味す

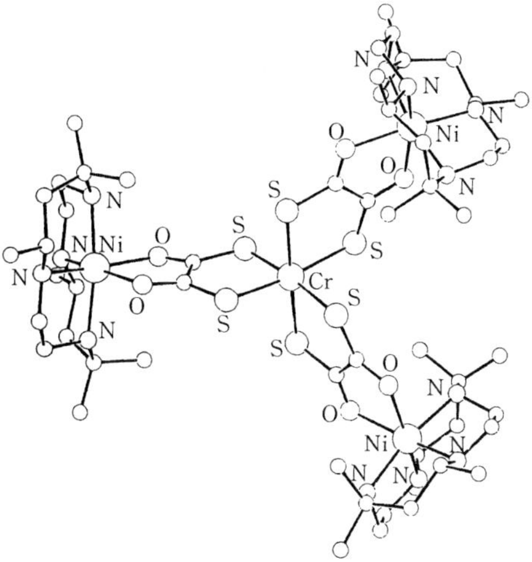

図 7.44　{Ni(hmtacn)}$_3$Cr(tox)$_3$ の構造

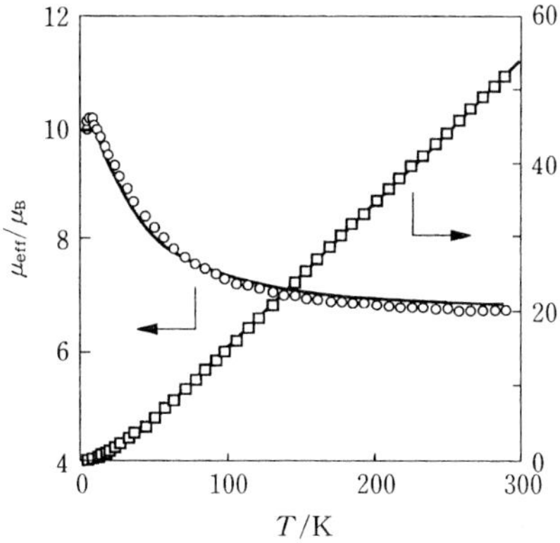

図 7.45　{Ni(hmtacn)}$_3$Cr(tox)$_3$ の磁気モーメントの温度依存

る.

{Ni(hmtacn)}$_3$Cr(tox)$_3$ の磁気モーメントの温度依存を図 7.45 に示した. 磁気モーメントは温度とともに大きくなり 7.2 K で最大値 10.2 μ_B に達する. この値は $S=9/2$ のスピンオンリー値 (9.95 μ_B) に近い. この場合の交換積分

値は $J=+5.9\ \mathrm{cm^{-1}}$ と見積もられた．$\{Ni(hmtacn)\}_3Cr(ox)_3$ の J は $+2.65\ \mathrm{cm^{-1}}$ である．これら $CrNi_3$ 錯体の強磁性的相互作用は Cr(III) ($t_{2g}{}^3$) と Ni(II) ($e_g{}^2$) の磁気軌道が直交することで説明される．

7.6.2　四面体型 4 核錯体

次に等しい常磁性中心からなる四面体 4 核系を考える．HDVV モデルではスピン交換の演算子は

$$\mathbf{H} = -2J(\mathbf{S}_1\cdot\mathbf{S}_2+\mathbf{S}_1\cdot\mathbf{S}_3+\mathbf{S}_1\cdot\mathbf{S}_4+\mathbf{S}_2\cdot\mathbf{S}_3+\mathbf{S}_2\cdot\mathbf{S}_4+\mathbf{S}_3\cdot\mathbf{S}_4) \qquad (7.47)$$

これは次のように書き換えられる．

$$\mathbf{H} = -J(\mathbf{S}^2-\mathbf{S}_1{}^2-\mathbf{S}_2{}^2-\mathbf{S}_3{}^2-\mathbf{S}_4{}^2) \qquad (7.48)$$

すなわちスピン準位の相対的エネルギーは式 (7.51) で与えられる．

$$\mathrm{E(S)} = -J\mathrm{S(S+1)} \qquad (7.49)$$

S 準位は $\mathbf{S}_{12}=\mathbf{S}_1+\mathbf{S}_2$ および $\mathbf{S}_{34}=\mathbf{S}_3+\mathbf{S}_4$ を求めておいて $\mathbf{S}=\mathbf{S}_{12}+\mathbf{S}_{34}$ から知ることができる．

正四面体型に Cu_4OCl_6 骨格の化合物が知られている．$Cu_4OCl_6(py)_4$ の構造を図 7.46 に示した[44]．銅は四面体の頂点にあって μ_4-オキソが四つの Cu (II)

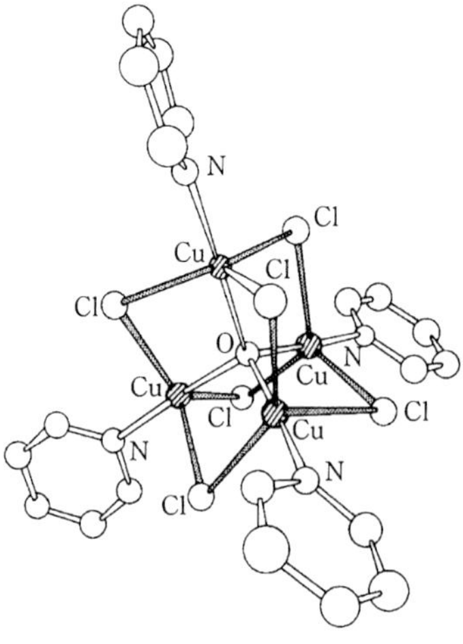

図 7.46　$Cu_4OCl_6(py)_4$ の構造

表 7.11　四面体 Cu(II)$_4$ の S 準位

S_{12}	S_{34}	S
1	1	2
		1
		0
0	1	1
0	1	1
	0	0

を橋架けしている．さらに各 Cu—Cu を Cl^- が橋架けしている．このときの S 準位は表 7.11 のように求める．その結果一つの $S=2$，三つの $S=1$ および二つの $S=0$ 準位が生じ，エネルギーはそれぞれ $-6J$, $-2J$, 0 である．
これを Van Vleck の式に代入して

$$\chi_A = \frac{Ng^2\beta^2}{2kT} \times \frac{5\exp(6J/kT)+3\exp(2J/kT)}{5\exp(6J/kT)+9\exp(2J/kT)+2} \tag{7.50}$$

これは Cu あたりの磁化率の式である．

$Cu_4OCl_6(py)_4$, $Cu_4OCl_6(TPPO)_4$(TPPO=(triphenylphosphine oxide) および $(NMe_4)_4[Cu_4OCl_{10}]$ の Cu-O-Cu および Cu-Cl-Cu 角度，Cu-O および Cu-Cl 結合にほとんど差がみられないが，交換積分値 J は $-16\ cm^{-1}$ から $+20\ cm^{-1}$ が報告されている[44]．

四面体 4 核錯体にキュバン骨格をもつものが知られている．立方体の四面体位置を金属イオン A が占め，残りの位置を橋架け配位原子 X が占めている．

しかし，厳密に立方体構造にあるものは少ない．たとえば，$[Cu(bipy)(OH)]_4(PF_6)_4$ (図 7.47) は $\{Cu(bipy)(OH)\}_2$ が二量化したもの (dimer-of

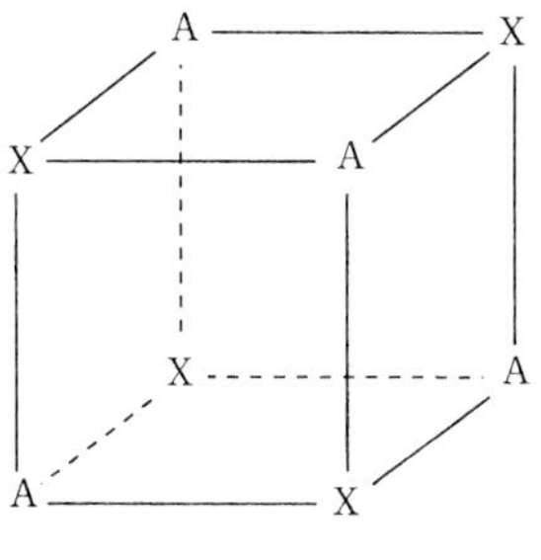

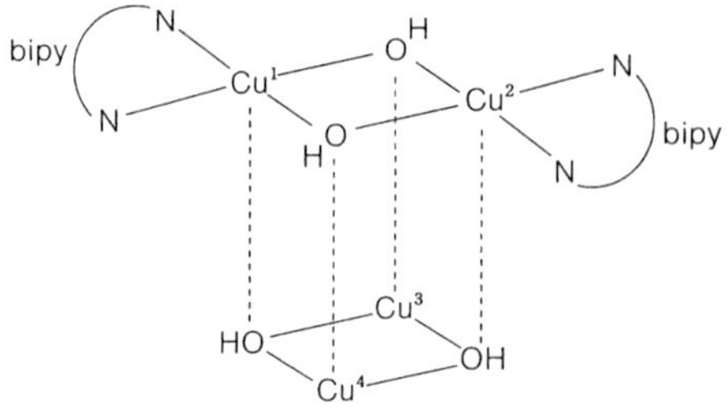

図 7.47 $[Cu(bipy)(OH)]_4(PF_6)_4$ の構造

-dimers) と見なすべきで，$\{Cu(bipy)(OH)\}_2$ の Cu-O 距離～1.95 Å に比べて 2 核ユニット間の Cu-O 距離は～2.5 Å ある[45]．

このときは 2 核ユニット内の交換積分を $J_{12}=J_{34}=J$，ユニット間の交換積分を $J_{13}=J_{14}=J_{23}=J_{24}=J'$ とおいて磁化率の式を導く必要がある．スピンハミルトニアンは

$$\mathbf{H} = -2J(\mathbf{S}_1\cdot\mathbf{S}_2+\mathbf{S}_3\cdot\mathbf{S}_4)-2J'(\mathbf{S}_1\cdot\mathbf{S}_3+\mathbf{S}_1\cdot\mathbf{S}_4+\mathbf{S}_2\cdot\mathbf{S}_3+\mathbf{S}_2\cdot\mathbf{S}_4) \qquad (7.51)$$

これは次のように書き改められる．

$$\mathbf{H} = -(J-J')(\mathbf{S}_{12}{}^2+\mathbf{S}_{34}{}^2-\mathbf{S}_1{}^2-\mathbf{S}_2{}^2-\mathbf{S}_3{}^2-\mathbf{S}_4{}^2) -J'(\mathbf{S}^2-\mathbf{S}_1{}^2-\mathbf{S}_2{}^2-\mathbf{S}_3{}^2-\mathbf{S}_4{}^2) \qquad (7.52)$$

すなわちエネルギー準位は (S, S_{12}, S_{34}) で表され，相対的エネルギーは次のように与えられる．

$$E(S, S_{12}, S_{34})=-(J-J')[S_{12}(S_{12}+1)+S_{34}(S_{34}+1)]-J'S(S+1) \qquad (7.53)$$

$S_1=S_2=S_3=S_4=1/2$ のときは，表 7.11 を参考にして次のスピン準位とエネルギーが求められる．

$$\begin{aligned} E(0,0,0) &= 0 \\ E(1,0,1) &= -2J \\ E(1,1,0) &= -2J \\ E(0,1,1) &= -4J+4J' \\ E(1,1,1) &= -4J+2J' \\ E(2,1,1) &= -4J-2J' \end{aligned} \qquad (7.54)$$

これを Van Vleck の式に代入すると "dimer-of-dimers" 型 4 核銅(II)の磁化率の式が導かれる(7.57).

$$\chi = \frac{2Ng^2\beta^2}{kT} \times \frac{2\exp(2J/kT)+\exp[(4J-2J')/kT]+5\exp[(4J+2J')/kT]}{1+6\exp(2J/kT)+\exp[(4J-4J')/kT]+3\exp[(4J-2J')/kT]+5\exp[(4J+2J')/kT]} \tag{7.55}$$

上に述べた $[Cu(bipy)(OH)]_4](PF_6)_4$ の磁性は式(5.55)で $J=15.1\ \mathrm{cm^{-1}}$, $J'=0.16\ \mathrm{cm^{-1}}$ として説明される.

7.6.3　平面正方型 4 核錯体

最後に，等しい常磁性中心からなる平面 4 核系の磁性を考える.

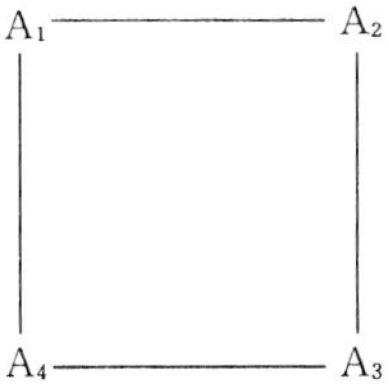

隣接常磁性中心間の交換積分を J 対角のそれを J' とすると，HDVV モデルにもとづくスピン交換演算子は

$$\mathbf{H} = -2J(\mathbf{S}_1\cdot\mathbf{S}_2+\mathbf{S}_2\cdot\mathbf{S}_3+\mathbf{S}_3\cdot\mathbf{S}_4+\mathbf{S}_4\cdot\mathbf{S}_1)-2J'(\mathbf{S}_1\cdot\mathbf{S}_3+\mathbf{S}_2\cdot\mathbf{S}_4) \tag{7.56}$$

$S_{13}=S_1+S_3$, $S_{24}=S_2+S_4$ として整理すると

$$\mathbf{H} = -J\mathbf{S}^2+(J-J')[\mathbf{S}_{13}{}^2+\mathbf{S}_{24}{}^2] \tag{7.57}$$

すなわちエネルギー準位は (S, S_{13}, S_{24}) で記述され，その相対的エネルギーは

$$E(S, S_{13}, S_{24}) = -JS(S+1)+(J-J')[S_{13}(S_{13}+1)+S_{24}(S_{24}+1)] \tag{7.58}$$

平面正方型構造をもつものに図 7.48 に示す大環状配位子の Ni(II)錯体 $[Ni_4(N_4O_4\text{-}R)(OH)(H_2O)_8](ClO_4)_3$ がある[46]. 配位子内に取り込まれた四つの Ni がほぼ正方形をなし，中心に橋架け μ_4-OH^- が存在する. 各 Ni は軸位に水分子を配位させた 6 配位構造である.

このときの $E(S, S_{13}, S_{24})$ は

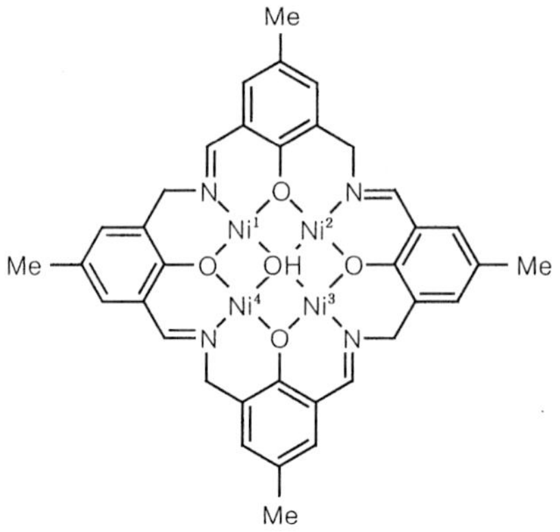

図 7.48　$[Ni_4(N_4O_4\text{-}R)(OH)(H_2O)_8](ClO_4)_3\cdot 7H_2O$ の構造

$$
\begin{aligned}
&E(4,2,2) = -8J-12J' \\
&E(3,2,2) = -12J' \\
&E(2,2,2) = 6J-12J' \\
&E(1,2,2) = 10J-12J' \\
&E(0,2,2) = 12J-12J' \\
&E(3,2,1) = E(3,1,2) = -4J-8J' \\
&E(2,2,1) = E(2,1,2) = 2J-8J' \\
&E(1,2,1) = E(1,1,2) = 6J-8J' \\
&E(2,2,0) = E(2,0,2) = -6J' \\
&E(2,1,1) = -2J-4J' \\
&E(1,1,1) = 2J-4J' \\
&E(0,1,1) = 4J-4J' \\
&E(1,1,0) = E(1,0,1) = -2J' \\
&E(0,0,0) = 0
\end{aligned}
\tag{7.59}
$$

Van Vleck の式を用いると磁化率の式は次で与えられる.

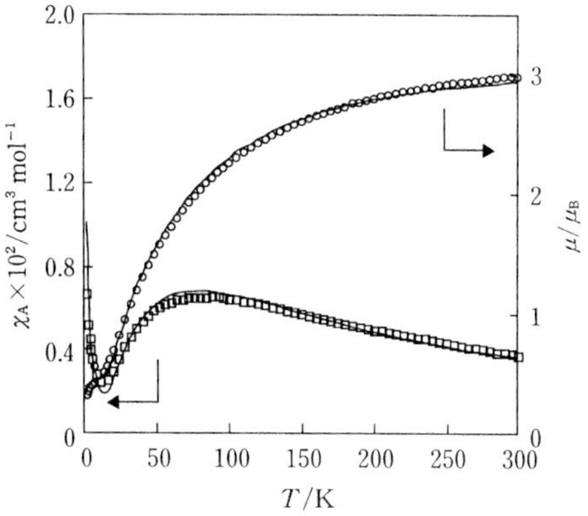

図 7.49 $[Ni_4(N_4O_4\text{-}R)(OH)(H_2O)_4](ClO_4)_3$ の磁気モーメントの温度依存

$$\chi_A=\frac{Ng^2\beta^2}{2kT}\times\frac{\begin{array}{l}30\exp(8x+12y)+14\exp(12y)+5\exp(-6x+12y)\\+\exp(-10x+12y)+28\exp(4x+8y)\\+10\exp(-2x+8y)+2\exp(-6x+8y)+10\exp(6y)\\+5\exp(2x+4y)+\exp(-2x+6y)+2\exp(2y)\end{array}}{\begin{array}{l}9\exp(8x+12y)+7\exp(12y)+5\exp(-6x+12y)\\+3\exp(-10x+12y)+\exp(-12x+12y)+14\exp(4x+8y)\\+10\exp(-2x+8y)+6\exp(-6x+8y)+10\exp(6y)\\+5\exp(2x+4y)+3\exp(-2x+4y)+\exp(-4x+4y)\end{array}} \tag{7.60}$$

ここで $x=J/kT$, $y=J'/kT$ である.

磁気測定は四水和物 $[Ni_4(N_4O_4\text{-}R)(OH)(H_2O)_4](ClO_4)_3$ についてなされている (図 7.49). 室温における磁気モーメントは $3.04\mu_B$ で, 温度とともに低下して 2 K では $0.62\ \mu_B$ になる. 式 (7.62) を用いて $J=7.7\ \text{cm}^{-1}$ および $J'=-28.5\ \text{cm}^{-1}$ が見積もられた. すなわち隣接 Ni の相互作用は強磁性的であるのに対して対角 Ni のそれは反強磁性的である.

7.6.4 二量体型 4 核錯体における分子場近似

4 核錯体には 2 核錯体が二量化したもの (dimer-of-dimers) が多く存在する. この場合は 2 核ユニット内の交換積分 J とユニット間の交換積分 J' が一般には等しくない. 分子間相互作用 J' が分子内相互作用 J に比べて小さいが

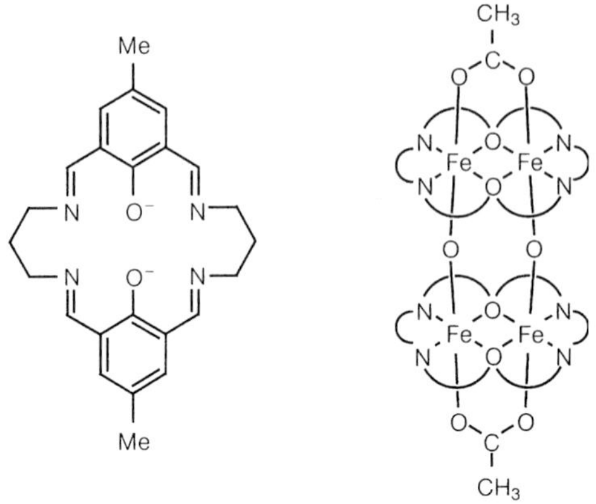

図 7.50　$[\{Fe_2(L^{3,3})(AcO)\}_2(O)_2](PF_6)_2$ の構造

無視できない影響をもつときには分子場近似[47]が用いられる．これを簡単に述べよう．

2 核ユニットの磁化率を式(7.61)のように表すと

$$\chi_A = \frac{Ng^2\beta^2}{kT} \times F(J,\ T) \tag{7.61}$$

2 核ユニット間の相互作用 J' を考慮した磁化率の式は

$$\chi_A = \frac{Ng^2\beta^2}{kT - zJ'F(J,\ T)} \times F(J,\ T) \tag{7.62}$$

ここで z は最近接金属イオンの数である．

分子場近似を図 7.50 の 4 核 Fe(III) 錯体 $[\{Fe_2(L^{3,3})(AcO)\}_2(O)_2](PF_6)_2$ に適用してみよう．この化合物は大環状配位子の 2 核鉄(III) 錯体がオキソイオンで橋架けされたものであるが，2 核ユニット内の磁気的相互作用は弱く，Fe(III)-O-Fe(III) 部分に強い反強磁性相互作用が働いている(図 7.5 および 7.6 参照)．そこで Fe(III)-O-Fe(III) 部分の交換積分を J，二つのフェノール酸素で橋架けされた Fe(III) イオン間の交換積分を J' として扱う．最隣接金属イオンの数(z)は 2 である．2 核鉄(III) の磁化率の式 F(J, T) は先に導いた(式(7.8e))．これを用いると磁化率の式は次のように与えられる．

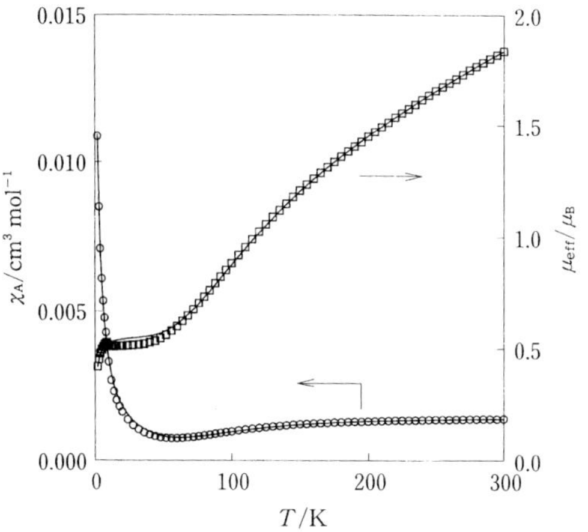

図 7.51　$[\{Fe_2(L^{3,3})(AcO)\}_2(O)_2](PF_6)_2$ の磁気モーメントの温度依存

$$\chi_A = (1-\rho)\times\frac{Ng^2\beta^2}{kT-2J'F(J,\ T)}+\rho\times\frac{35Ng^2\beta}{12kT} \tag{7.63}$$

ρ は常磁性不純物 (Fe(III), $S=5/2$) の寄与を補正するものである．$[\{Fe_2(L^{3,3})(AcO)\}_2(O)_2](PF_6)^2$ の磁性は式 (7.63) で $J=-101$ cm^{-1} および $J'=-11$ cm^{-1} として説明される (図 7.51)[48]．

7.7　1次元鎖の磁性

1次元鎖の磁性はこれまで述べてきた多核クラスターの磁性と第8章で述べる3次元バルク磁性の中間にあって，1次元物性の観点から今でも盛んに研究されている．ここでは化学にとって基本的に重要と思われる事項に限って簡単に述べる．

まず等しい常磁性中心が等間隔でつながれた鎖で $J<0$ であるときを考える．$J>0$ であるときの磁性は厳密には解析できない．

$$-A_i \overset{J}{\text{———}} A_{i+1} \overset{J}{\text{———}} A_{i+2}$$

相互作用が等方的であると仮定するとスピンハミルトニアンは

$$H = -2J\sum_{i=1}^{n-1} \boldsymbol{S}_{A_i}\cdot\boldsymbol{S}_{A_{i+1}} \tag{7.64}$$

n が有限のときは式(7.64)の固有値を求めることは可能であるが，n が無限のときはスピン準位とエネルギーを決めることはできない．この問題を解決するために，Bonner と Fisher は環状 A_n $(n \geq 3)$ の磁化率の式から出発して $n \to \infty$ に外挿する方法をとった[49]．

$S_A = 1/2$ の環状 A_n の磁化率の式は $n=3$ から 11 について導かれている．$J<0$ を仮定して $n \to \infty$ に外挿すると，n が偶数のときは $S=0$ がエネルギー最低準位となるので $T \to 0$ で磁化率はゼロに近づくが，n が奇数のときは $S=1/2$ がエネルギー最低となるために $T \to 0$ で磁化率は発散する．結論的には，$J<0$ で n が無限のときは最低エネルギー準位は $S=0$ から $S=1/2$ まで連続となり，絶対温度においても磁化率はゼロにはならず増大する．

Bonner-Fisher の方法で $n \to \infty$ に外挿したときの χ-T 曲線は次のように数式化されている[50]．

$$\chi = \frac{Ng^2\beta^2}{kT} \times \frac{0.25 + 0.14995x + 0.30094x^2}{1.0 + 1.9862x + 0.68854x^2 + 6.0626x^3} \tag{7.65}$$

ここで $x = |J|/kT$ である．

χ-T 曲線は一般に極大を示し，χ が極大となる温度 (T_{max}) と J の間には次の関係がある．

$$\frac{kT_{max}}{|J|} = 1.282 \tag{7.66}$$

式(7.65)を1次元鎖構造をもつ $Cu(tz)_2Cl_2$ (tz=thiazole) (図 7.52)に適用してみよう．この Cu-Cl 結合は 2.322(1) Å，Cu-Cl-Cu′ 角は 91.89(2)°，Cu-Cu′ 距離は 3.853(4) Å である[53]．磁化率は温度の低下とともに大きくなり約 7 K で極大を示す(図 7.53)．低温域で再び χ が増大するのは1次元鎖の特徴であるが，常磁性不純物の存在にもよることがわかっている．シミュレーションは 7～300 K の温度範囲で行って $J = -3.81\ \mathrm{cm^{-1}}$ が見積もられた．

Bonner-Fisher の方法を $S=1$ に適用すると，$J<0$ のときの χ-T 曲線は式

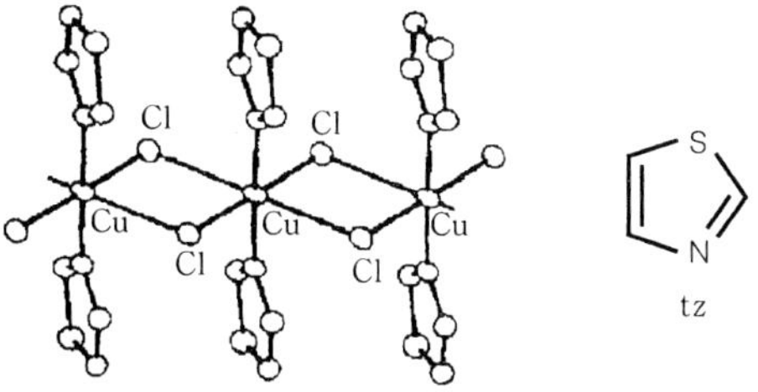

図 7.52　$Cu(tz)_2Cl_2$ (tz=thiazole) の構造

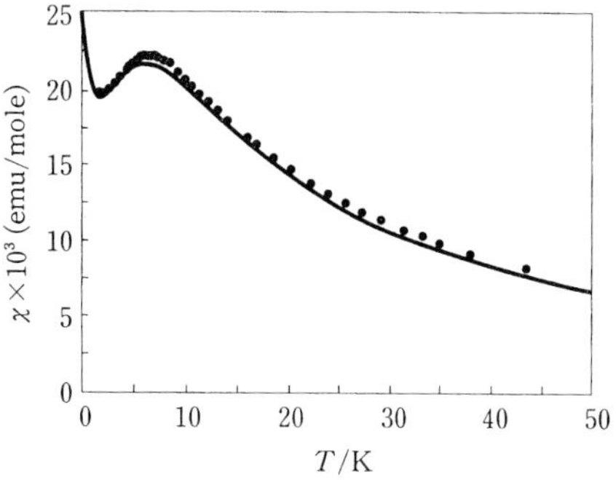

図 7.53　$Cu(tz)_2Cl_2$ の磁化率の温度依存

(7.67) のように数式化される[51].

$$\chi = \frac{Ng^2\beta^2}{kT} \times \frac{2.0+0.0388x+3.108x^2}{3.0+8.692x+12.928x^2+46.672x^3} \tag{7.67}$$

ここで $x=J/kT$.

この場合にはエネルギー最低の $S=0$ 準位とそのすぐ上の準位の間にはエネルギーギャップがあり，温度を下げていくと χ はゼロに近づく.

よく研究された $S_A=1$ の鎖に $[Ni(en)_2NO_2]ClO_4$ がある (図 7.54). この化合物は平面型 $\{Ni(en)_2\}$ の軸位を NO_2^- が窒素と酸素の一つで橋架けして，Ni-Ni′ は 5.150 Å である. 磁化率の温度依存は 62 K に極大を示し，低温の極限では急速にゼロに近づく. 50～300 K の範囲を式 (7.67) でシミュレーションして $J=-33.0\ \mathrm{cm^{-1}}$ が求められた[51].

厳密には $S=1$ は局所異方性によるゼロ磁場分裂を示すので，低温域ではそ

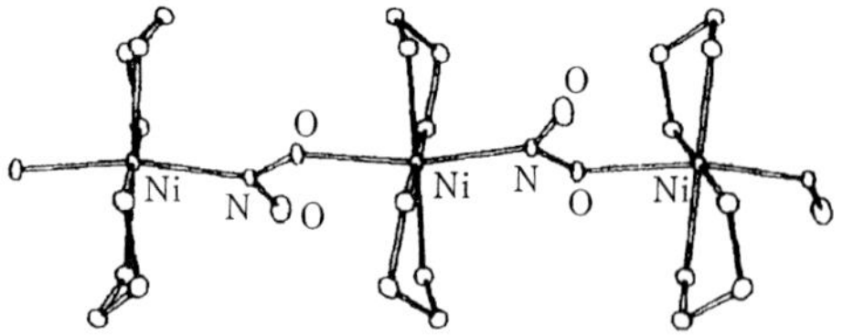

図 7.54 $[Ni(en)_2NO_2]ClO_4$ の1次元構造

の影響が無視できない．解析を 50～300 K の範囲に限ったのはそのためである．ここでは説明しないが低温域の磁性をより厳密な解析から $D=0.6\ cm^{-1}$ と見積もられている．

Bonner-Fisher の方法は $S_A>3/2$ の鎖には適用されない．そもそも式(7.64)のスピンハミルトニアンは常磁性中心が軌道縮重をもたないときにだけ当てはまる．そのような金属イオンは軸方向に歪んだ Cu(II)($S_A=1/2$)，8面体の Ni(II)($S_A=1$) および Mn(II) や Fe(III)($S_A=5/2$) に限られる．常磁性中心が1次のスピン軌道相互作用を示すときは，取り扱いは面倒になる．

最後に常磁性中心 A と B が交互につながれたフェリ磁性鎖について述べる．

$$-A_{2i-1}\overset{J}{\text{———}}B_{2i}\overset{J}{\text{———}}A_{2i+1}\overset{J}{\text{———}}B_{2i+2}\text{———}$$

相互作用が等方的であると仮定するとスピンハミルトニアンは

$$\boldsymbol{H}=-2J\sum_{i=1}^{n}\boldsymbol{S}_{2i-1}\cdot\boldsymbol{S}_{2i} \tag{7.68}$$

ここで $S_{2i-1}=S_A$，$S_{2i}=S_B$，$S_{2n+i}=S_i$ である．

スピンは鎖に直角に配列すると仮定すると $J<0$ のときには $S_g=n(|S_A|-|S_B|)$ がエネルギー最小となり，古典的なベクトルモデルでは次のように表される．

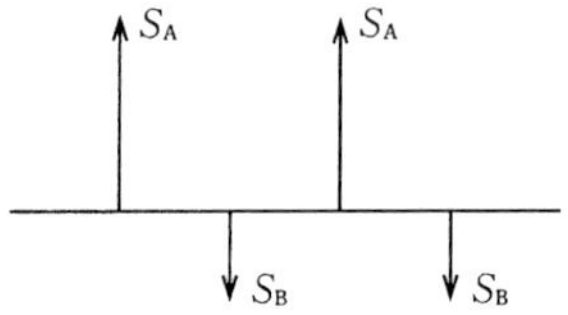

一方，エネルギー最大のスピン準位は $S_e = n(S_A + S_B)$ である．

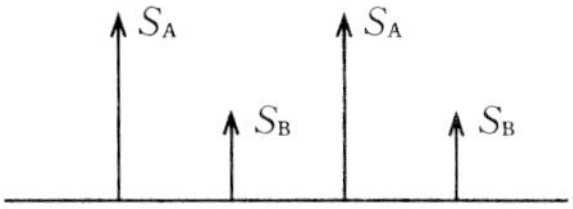

二つのエネルギー極限の間には $n(S_A + S_B) > S > n(|S_A| - |S_B|)$ の多くのスピン準位があり，そのなかには $S=0$ または 1/2 がある．すなわち変則的スピン順序となるため，温度を下げていくと χT または磁気モーメントは極小値を示したのちに増大するであろう．

フェリ磁性鎖の磁化率の式は原理的には $(AB)_n$ $(n \geq 2)$ の環状鎖を $n \to \infty$ に外挿することによって導かれる．(NiCu) の磁化率の式は次のように数式化されている[52]．

$$\chi_M = \frac{g^2}{4T} \times \frac{1.375 + 2.17856X + 4.60184X^2 + 8.46824X^3 - 4.82384X^4}{1 + 2.09112X + 13.81788X^2 + 7.37072X^3 - 7.49529X^{4.5}}$$

$$X = |J|/kT \tag{7.69}$$

一例として $NiCu(pba)(H_2O)_3 \cdot 2H_2O$ (pba ＝1,3-propylene-bis (oxamato)) (図 7.55) の χT の温度変化を図 7.56 に示した．この場合 χT の極小は 83 K にある．$NiCu(pba)(H_2O)_3 \cdot 2H_2O \chi T$ の温度変化を式 (7.69) にフィットさせて $-41.4\ cm^{-1}$ が見積もられた[53]．

他のフェリ磁性鎖の磁化率の式も原理的には Bonner-Fisher の方法で導くことが可能であるが，膨大な計算を要する．たとえば，$S_A = 1/2$ で $S_B = 5/2$ のフェリ磁性の磁化率の式は $n=3$ までしか解かれていないので，$n \to \infty$ に外挿しても信頼できる数式化に至っていない．そのようなときは別の方法がとら

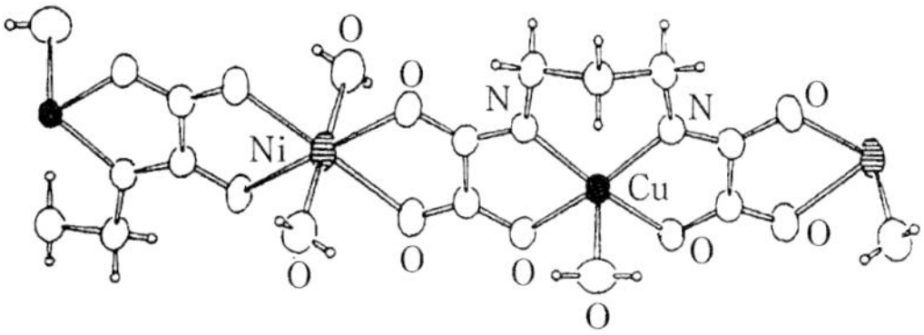

図 7.55　$NiCu(pba)(H_2O)_3 \cdot 2H_2O$ の構造

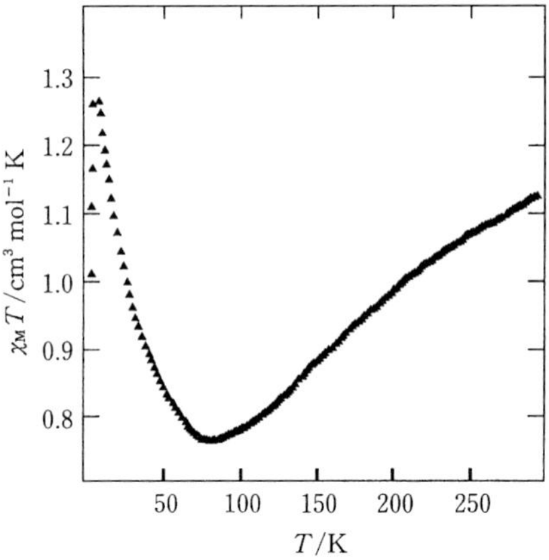

図 7.56　NiCu(pba)$(H_2O)_3 \cdot 2H_2O$ の χT の温度変化

れるが，本書の範囲を越えるので取り扱わない．

引用文献

1) J. H. Van Vleck, *The Theory of Electric and Magnetic Susceptibilities*, Oxford University Press (1932).
2) P. A. M. Dirac, *The principle of Quantum Mechanics*, Oxford University Press (1958).
3) B. N. Figgis and R. L. Martin, *J. Chem. Soc.*, **1953**, 3837.
4) W. H. Crawford, H. W. Richardson, J. R. Wasson and W. E. Hatfield, *Inorg. Chem.*, **15**, 2107 (1976).
5) P. J. Hay, J. C. Thibeault and R. H. Hoffmann, *J. Am. Chem. Soc.*, **97**, 4884 (1975).
6) Y. Agnus, R. Louis, J. P. Gisselbrecht and R. Weiss, *J. Am. Chem. Soc.*, **106**, 93 (1984).
7) I. Bkouche-Waksman, S. Sikorav and O. Kahn, *J. Crystallogr. Spectrosc. Res.*, **13**, 303 (1983).
8) S. Skorav, I. Bkouche-Waksman and O. Kahn, *Inorg. Chem.*, **23**, 490 (1984),
9) J. Comarmond, P. Plumere, J. -M. Lehn, Y. Agnus, R. Louis, R. Weiss, O. Kahn and I. Morgenstern-Badarau, *J. Am. Chem. Soc.*, **104**, 6330 (1982).
10) M. Julve, M. Verdaguer, A. Gleizes, M. Philoche-Levisalles and O. Kahn, *Inorg. Chem.*, **23**, 3808 (1984).
11) R. Vicente, J. Ribas, S. Alvarez, A. Segui, X. Solanz and M. Verdaguer, *Inorg. Chem.*, **26**, 4004 (1987).

12) H. Ōkawa, N. Matsumoto, M. Koikawa, K. Takeda and S. Kida, *J. Chem. Soc. Dalton Trans.*, **1383** (1990).
13) Y. Nishida and S. Kida, *J. Chem. Soc., Dalton Trans.*, **2633** (1986).
14) T. Kamiusuki, H. Ōkawa, E. Kitaura, M. Koikawa, N. Matsumoto and S. Kida, *J. Chem. Soc., Dalton Trans.*, **2077** (1989).
15) W. M. Reiff, G. J. Long and W. A. Baker, Jr., *J. Am. Chem. Soc.*, **90**, 6347 (1968).
16) M. Gerloch, J. Lewis, F. E. Mabbs and R. Richards, *J. Chem. Soc.* (A), 112 (1968).
17) R. G. Wallman and D. N. Hendrickson, *Inorg. Chem.*, **16**, 723 (1977).
18) J. R. Dorfman, J. J. Girerd, D. E. Simhon, T. D. P. Stack and R. H. Holm, *Inorg. Chem.*, **23**, 4407 (1984).
19) J. W. Dawson, H. B. Gray, H. E. Hoenig, G. R. Rossman, J. M. Schredder and R. H. Wan, *Biochemistry*., **11**, 461 (1972).
20) W. H. Armstrong, A. Spool, G. C. Papaefthymiou, R. B. Frankel and S. J. Lippard, *J. Am. Chem. Soc.*, **106**, 3653 (1984).
21) W. H. Armstrong and S. J. Stephen, *J. Am. Chem. Soc.*, **106**, 4632 (1984).
22) C. C. Chao, *J. Mag. Reson.*, **10**, 1 (1973).
23) R. P. Scaringe, D. Hodgson and W. E. Hatfield, *Mol. Phys.*, **35**, 701 (1978).
24) K. Matsumoto, N. Sekine, K. Arimura, M. Ohba, H. Sakiyama and H. Ōkawa, *Bull. Chem. Soc. Jpn.*, in press.
25) T. Aono, H. Wada, Y. Aratake, N. Matsumoto, H. Ōkawa and Y. Matsuda, *J. Chem. Soc., Dalton Trans.*, **25** (1996).
26) A. Hori, Y. Mitsuka, M. Ohba and H. Ōkawa, *Inorg. Chim. Acta*, **337**, 113 (2002).
27) Y. Journaux, O. Kahn, J. Zarembowitch, J. Galy and J. Jaud, *J. Am. Chem. Soc.*, **105**, 7585 (1983).
28) N. Torihara, H. Ōkawa and S. Kida, *Chem. Lett.*, **1978**, 1269.
29) O. Kahn, J. Galy, Y. Journax, J. Jaud and I. Morgenstern-Badarau, *J. Am. Chem. Soc.*, **104**, 2165 (1982).
30) Z. Z. Zhong, N. Matsumoto, H. Ōkawa and S. Kida, *Inorg. Chem.*, **30**, 436 (1991).
31) M. Ohba, H. Tamaki, N. Matsumoto and H. Ōkawa, *Inorg. Chem.*, **32**, 5385 (1993).
32) O. Kahn, R. Prins, J. Reedijk and J. S. Thompson, *Inorg. Chem.*, **26**, 3557 (1987).
33) K. Kambe, *J. Phys. Soc. Jpn.*, **5**, 48 (1950).
34) D. Datta and A. Chakravorty, *Inorg. Chem.*, **21**, 363 (1982).
35) H. Ōkawa, M. Mikuriya, and S. Kida, *Bull. Chem. Soc. Jpn.*, **56**, 2142 (1983).
36) H. Ōkawa, M. Koikawa, S. Kida, D. Luneau and H. Oshio, *J. Chem. Soc., Dalton Trans.*, **469** (1990).
37) B. N. Figgis and G. Robertson, *Nature*, **205**, 649 (1965).
38) C. T. Dziobkowsi, J. T. Wrobleski and D. B. Brown, *Inorg. Chem.*, **20**, 679 (1981).
39) N. Fukita, M. Ohba, T. Shiga, H. Ōkawa and Y. Ajiro, *J. Chem. Soc., Dalton Trans.*, **64** (2001).
40) Y. Pei, Y. Journaux and O. Kahn, *Inorg. Chem.*, **27**, 399 (1988).
41) F. Lloret, J. Journaux and M. Julve, *Inorg. Chem.*, **29**, 3967 (1990).

42) M. Mitsumi, H. Ōkawa, H. Sakiyama, M. Ohba, N. Matsumoto, T. Kurisaki and H. Wakita, *J. Chem. Soc., Dalton Trans.*, **2991** (1993).
43) Y. Pei, Y. Journaux and O. Kahn, *Inorg. Chem.*, **28**, 100 (1989).
44) R. F. Drake, V. C. Crawford and W. E. Hatfield, *J. Chem. Phys.*, **60**, 4525 (1974).
45) J. Sletten, A. Sorensen, M. Julve and Y. Journaux, *Inorg. Chem.*, **29**, 5054 (1990).
46) K. Ikeda, K. Matsufuji, M. Ohba, M. Kodera and H. Ōkawa, *Bull. Chem. Soc. Jpn.*, **77**, 733 (2004).
47) C. J. O'Connor, *Prog. Inorg. Chem.*, **29**, 203 (1982).
48) Y. Miyasato, Y. Nogami, M. Ohba, H. Sakiyama and H. Ōkawa, *Bull. Chem. Soc. Jpn.*, **76**, 1009 (2003).
49) J. C. Bonner and M. E. Fisher, *Phys. Rev., A.*, **135**, 640 (1964).
50) W. E. Estes, D. P. Gavel, W. E. Hatfield and D. J. Hodgson, *Inorg. Chem.*, **17**, 1415 (1978).
51) A. Meyer, A. Gleizes, J. J. Girerd, M. Verdaguer and O. Kahn, *Inorg. Chem.*, **21**, 1729 (1982).
52) M. Drillon, J. C. Gianduzzo and R. Georges, *Phys. Lett. A*, **96A**, 413 (1983).
53) Y. Pei, M. Verdaguer, O. Kahn, J. Sletten and J.-P. Renard, *Inorg. Chem.*, **26**, 138 (1987).

8
分子性磁性体

第7章では，複数の磁気中心からなる分子の強磁性的あるいは反強磁性的相互作用について述べた．この章では，磁気中心が3次元バルクに集積した分子性物質の磁性について述べる．常磁性中心の3次元集積系では，ある温度以下では反強磁性あるいは強磁性への転移が起こる．強磁性へ転移する温度 T_C は分子間相互作用の強さに依存して，もし分子間相互作用が van der Waals 力程度の弱いものであれば $T_C \sim 10^{-2}$ K にすぎないが，水素結合程度になると $T_C \sim 1$ K が予想される．常磁性中心が強い相互作用で3次元バルクに集積されるときはより高い温度で強磁性転移を起こす．

8.1 反強磁性，フェリ磁性，フェロ磁性

磁気中心が3次元バルクに集積した系の重要な磁性に反強磁性 (antiferromagnetism)，フェリ磁性 (ferrimagnetism)，フェロ磁性 (ferromagnetism) がある．

隣接するスピンが反対向きに配列するときは，スピンは消滅して反磁性になる (図8.1)．これを反強磁性という．反強磁性のスピン配列はある温度以上では熱エネルギーで壊されて，それぞれの磁気中心が常磁性的に振る舞うようになる．反強磁性から常磁性へ転移する温度を Néel 温度 (T_N) という．Néel 温度以上では磁化率の逆数は温度に比例して，$1/\chi$-T プロットを外挿すると温度軸の負のところで交わる．

反強磁性物質 (反強磁性体) のなかには，スピン配列に傾きが生じて弱い強

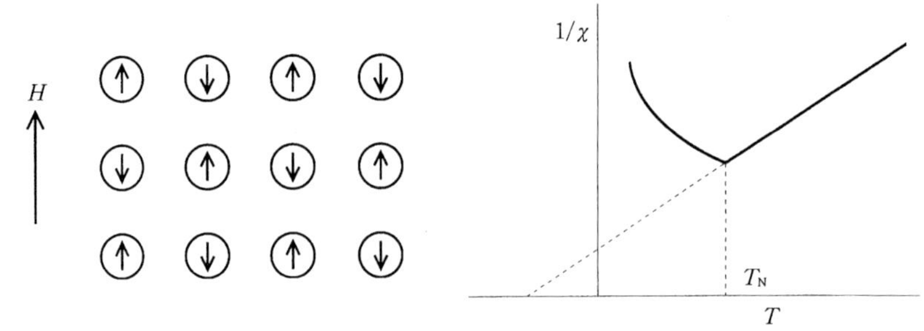

図 8.1　反強磁性のスピン配列と磁化率の挙動

磁性 (weak ferromagnetism) を示すものがある．このスピンの傾きは，低対称の結晶で磁気中心の間に反対称相互作用が働くときに起こる．

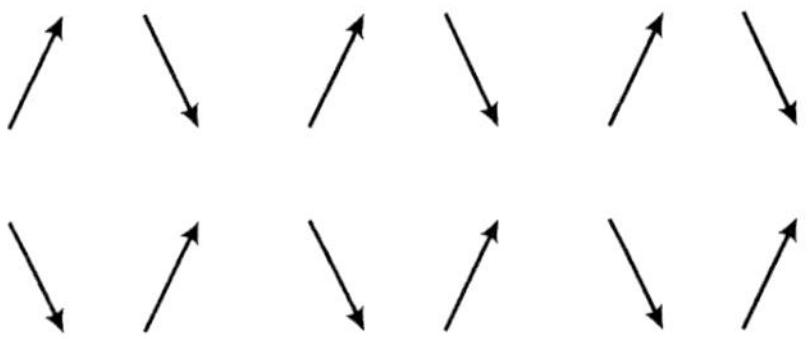

スピンが異なる 2 種類の常磁性中心 S_A と S_B が交互に反対向きに配列するときはフェリ磁性といい，ある温度以下では自発磁化 (spontaneous magnetization) をもつ (図 8.2)．磁化は一般には磁場をかけない限り観測されない．その理由は，フェリ磁性を示す物質 (フェリ磁性体) は微視的な大きさの磁区 (magnetic domain) からなりたっていて，それぞれの磁区の磁気モーメントはランダムな向きをとるために全体として磁化はゼロである．フェリ磁性体に磁場をかけていくと，磁区の壁がとり払われて新しい磁区がつくられるようになり，磁化はしだいに大きくなってやがて一定の値に達する (図 8.3)．最大の磁化を飽和磁化 (saturation magnetization) という．飽和磁化 M_S は単位あたりのスピン S と次の関係がある．

$$M_S = N\beta g S \tag{8.1}$$

磁化されたフェリ磁性体は，温度を上げていくとスピン配列が乱れるようになり，磁化は減少を始めてある温度以上では完全に消える．フェリ磁性から常

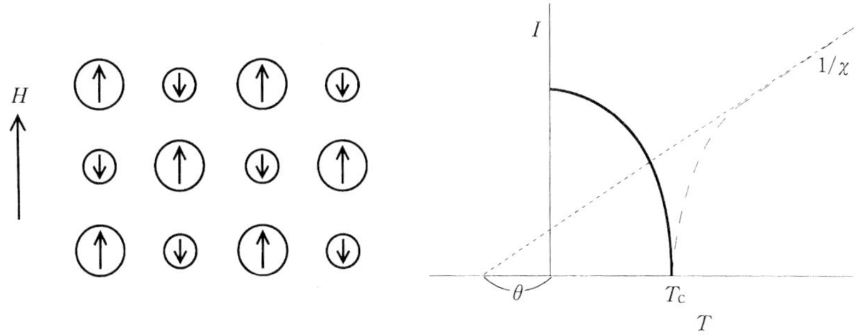

図 8.2　フェリ磁性のスピン配列と磁化および磁化率の逆数の温度依存
破線は $1/\chi$ vs. T プロットである．

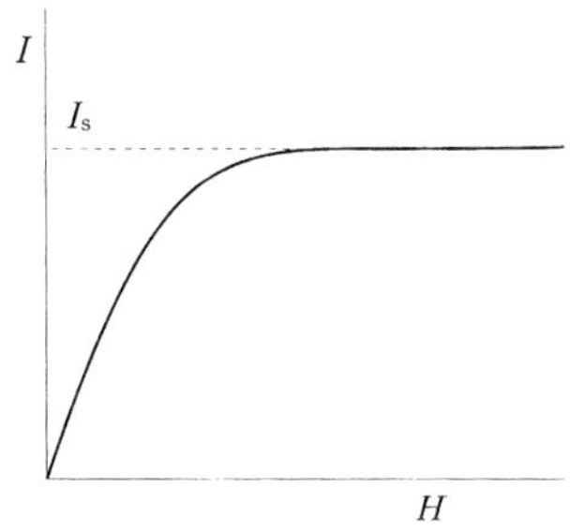

図 8.3　フェリ磁性体およびフェロ磁性体に
外磁場をかけたときの磁化の様子
I_s は飽和磁化である．

磁性に転位する温度を Curie 温度という．磁化率の逆数を温度に対してプロットすると，Curie 温度以上では直線となり負の Weiss 定数 (θ) をもつ．

同じスピンがバルクにわたって同じ向きに配列するときは，フェロ磁性という (図 8.4)．このときも微視的な大きさの磁区の磁気モーメントはランダムな向きをとるために，磁化はゼロである．外磁場をかけていくと，磁区のスピンは磁場に沿って配向してやがて飽和磁化に達する (図 8.5)．次に外磁場を減じていくと磁化はもとのルートをたどることなく，磁場ゼロでも磁化 Y を示す．これを残留磁化 (remnant magnetization) という．磁化をゼロに戻すには反対向きに X の磁場をかける必要がある．これを保磁力または抗磁力 (coer-

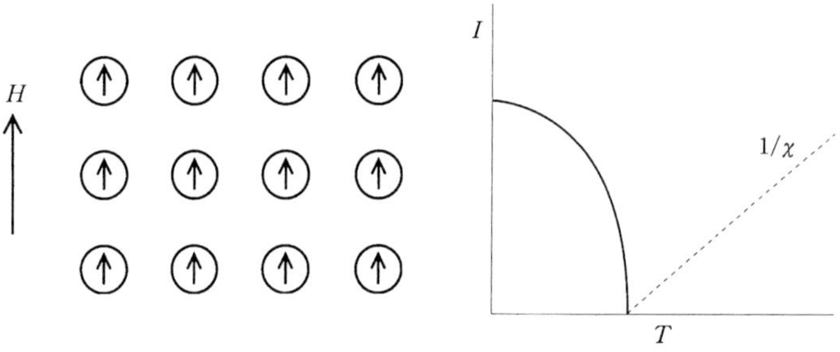

図 8.4　フェロ磁性のスピン配列と磁化および磁化率の逆数の温度依存

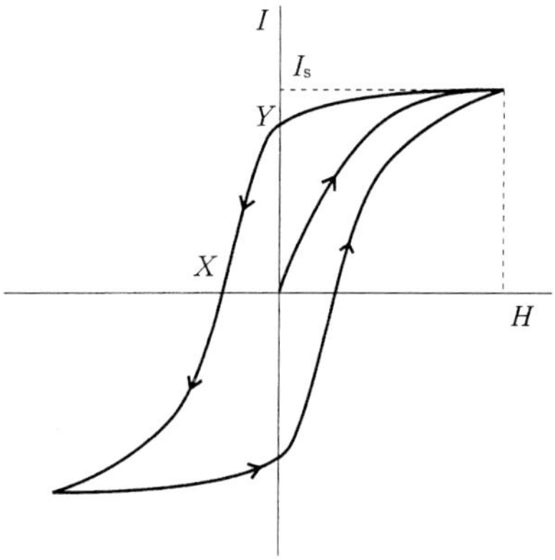

図 8.5　フェロ磁性体の磁気ヒステリシス
I_s は飽和磁化，Y は残留磁化，X は保磁力.

cive force) という．このような磁気履歴現象 (magnetic hysteresis) は，磁性体に特徴的な性質でフェリ磁性体にもみられる．

フェリ磁性で述べたように，フェロ磁性のスピンの配列はある温度以上では壊れて常磁性になる．この温度 (Curie 温度) 以上では磁化率の逆数は温度に比例して，$1/\chi$-T プロットは正の Weiss 定数をもつ．フェリ磁性とフェロ磁性は一般に強磁性といわれている．フェロ磁性を狭義の強磁性とよんでいる．

強磁性物質の飽和磁化と常磁性化合物の磁化の関係について述べておこう．常磁性化合物の磁化は次のように与えられる．

$$M = g\beta S B_S(y) \tag{8.2}$$

ここで $B_S(y)$ は Brillouin 関数で次のように表される．

$$B_S(y)=\frac{2S+1}{2S}\coth\left\{\frac{y(2S+1)}{2S}\right\}-\frac{1}{2S}\coth\frac{y}{2S}$$
$$y=\frac{g\beta SH}{kT} \tag{8.3}$$

温度を一定にして磁化の磁場依存を測定すると，磁場が十分に大きいときは $B_S(y)$ は1に近づくので，常磁性化合物の飽和磁化は $M_S=N\beta gS$ で与えられる．これは式(8.1)と同じである．もし強磁性物質と常磁性化合物が同じスピン源をもつなら，飽和磁化は等しくなるであろう．磁化を $N\beta$ 単位で表すと飽和磁化は gS となり，これは不対電子の数に相当する．常磁性化合物の磁化は Brillouin 関数に従ってゆるやかに飽和されるのに対して，強磁性体の磁化は Brillouin 関数よりも速やかに飽和する．

8.2　1次元磁性鎖の強磁性転移

8.2.1　電荷移動型1次元フェロ磁性鎖の強磁性転移

最初の分子性磁性体としてドデカメチルフェロセン $Fe(C_5Me_5)_2$ とテトラシアノエチレン(TCNE)の電荷移動型化合物 $\{Fe(C_5Me_5)_2(TCNE)\}_n$ (図8.6)が1987年に Miller らによって報告された[1]．1次元鎖の Fe—Fe 間距離は 10.415 Å，C_5Me_5 環と $TCNE^-$ の平均距離は 3.51 Å である．隣接する $Fe(C_5Me_5)_2^+$ ($S=1/2$) と $TCNE^-$ ($S=1/2$) の間には強磁性的な相互作用 ($J=26\ cm^{-1}$) が働いて，χT は温度の低下とともに増大して16 K で極大値をとった後に減少する．磁化の温度依存(図8.7)は，隣接する鎖の間にも強磁性的相互作用が働いて $T_C=4.8$ K 以下で強磁性に転移することを示している．16

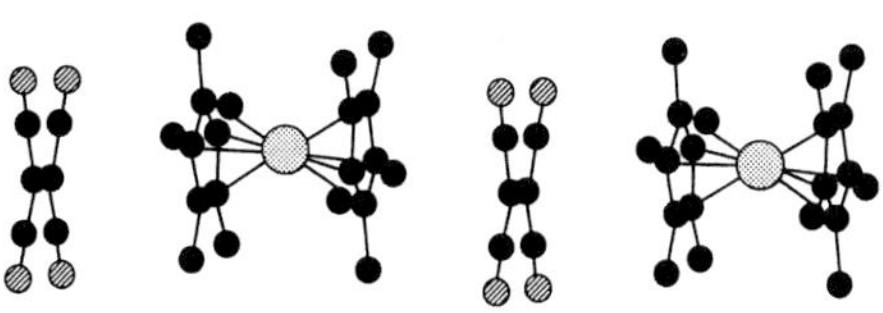

図8.6　$\{Fe(C_5Me_5)_2(TCNE)\}_n$ の1次元鎖構造

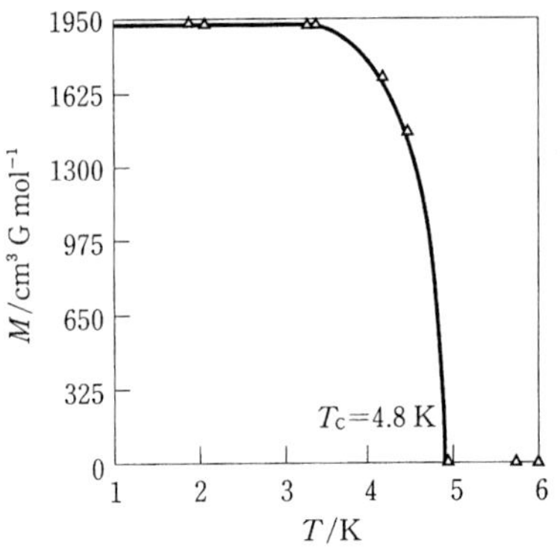

図 8.7　$\{Fe(C_5Me_5)_2(TCNE)\}_n$ の磁化の温度依存

K 以下で χT が減少するのは磁化が飽和するためである．

隣接する $[Fe(Me_5C_5)_2]^+$ と $TCNE^-$ の間の強磁性的な相互作用を説明するには，一つには Goodenough が提唱した励起準位との混じりあいを考える[2)]．簡単のために二つの常磁性中心 A と B からなる系を仮定して，不対電子はそれぞれの 1 電子軌道 a_1 および b_1 にあるとしよう．a_2 および b_2 はそれぞれの最低励起軌道である．$(a_1{}^1b_1{}^1)$ の配置だけを考える限りにおいてはスピン 1 重項と 3 重項は縮重している．$(a_1{}^1b_1{}^1)$ の配置から出発して b_1 の電子を a_2 へ（または a_1 の電子を b_2 へ）遷移させると，$(a_1{}^1a_2{}^1)$（あるいは $(b_1{}^1b_2{}^1)$）の励起配置ではスピンは Hund の規則によって同じ向きに配列する．この励起配置との混じりあいの結果として，基底配置において強磁性的相互作用が生じる．

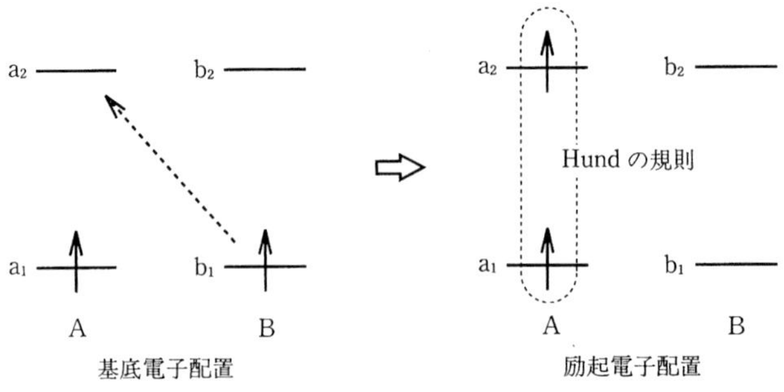

Miller らは $\{Fe(C_5Me_5)_2(TCNE)\}_n$ の強磁性的相互作用を (D^+A^-) から $(D^{2+}A^{2-})$ への遷移で説明しているが，Kahn は (D^0A^0) 励起配置との混じりあいが重要であると述べている[3]．

$\{Fe(C_5Me_5)_2(TCNE)\}_n$ の強磁性的相互作用は MacConnell のスピン分極の概念[4] でも説明される．スピン分極によると分子の中心に大きな正のスピン密度が，分子の周辺部に小さな負のスピン密度が生じる．$Fe(C_5Me_5)_2^-$ についていうと，中心の鉄のところに正のスピンが，$C_5Me_5^-$ 環に負のスピンが分極する．その結果 $\{Fe(C_5Me_5)_2(TCNE)\}_n$ の1次元鎖においては，二つの C_5Me_5 環にはさまれた $TCNE^-$ のスピンは鉄と同じ向きに配列するであろう．これを図示すると次のようになる．

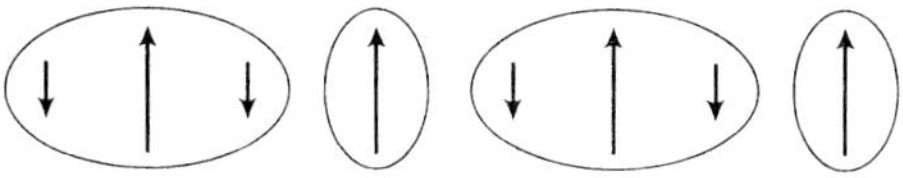

上に述べた励起配置との相互作用およびスピン分極の概念は，磁気的に濃厚な化合物のスピン構造や磁気的相互作用を説明するのにしばしば用いられる．

8.2.2 1次元フェリ磁性鎖の強磁性転移

Kahn らは1次元のフェリ磁性化合物 $MnCu(pbaOH)(H_2O)_3$ (pbaOH＝2-hydroxy-1,3-propylenebis (oxamato)) が低温で強磁性転移することを見いだした[5]．相当する $MnCu(pba)(H_2O)_3 \cdot 2H_2O$ (pba＝1,3-propylenebis (oxamato)) はそのような強磁性転移を示さないので pbaOH の OH 基の存在は重要である．両者はよく似た構造でオキサマト基で橋架けされた Mn—Cu 距離は 5.4 Å ある (図 8.8)．大きな違いは1次元鎖のパッキングにあり，$MnCu(pba)(H_2O)_3 \cdot 2H_2O$ では Mn—Mn および Cu—Cu が最も近くなる位相をもつのに対して，$MnCu(pbaOH)(H_2O)_3$ では Mn—Cu が最も近い (図 8.9)．

二つの化合物は 30～300 K の温度範囲ではよく似た χT-T 曲線を示し，115 K に1次元フェリ磁性鎖に特徴的な極小をもつ．これに対して 30 K 以下の磁気挙動は全く異なる．$MnCu(pba)(H_2O)_3 \cdot 2H_2O$ の χT は 2.3 K に小さな

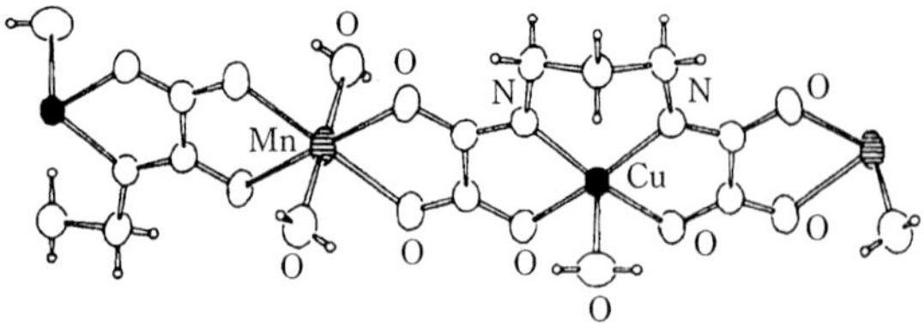

図 8.8　$MnCu(pba)(H_2O)_3 \cdot 2H_2O$ の構造[6)]

— Mn — Cu — Mn — Cu —　　　— Mn — Cu — Mn — Cu —

— Mn — Cu — Mn — Cu —　　　— Cu — Mn — Cu — Mn —

$MnCu(pba)(H_2O)_3 \cdot 2H_2O$　　　$MnCu(pbaOH)(H_2O)_3$

図 8.9　$MnCu(pba)(H_2O)_3 \cdot 2H_2O$ および $MnCu(pbaOH)(H_2O)_3$ の鎖間位相

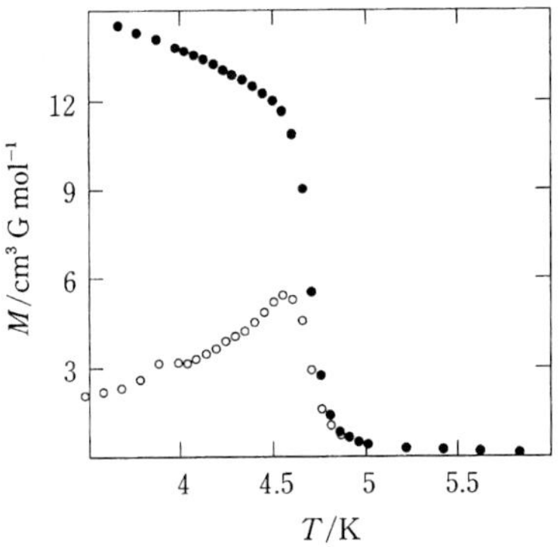

図 8.10　$MnCu(pbaOH)(H_2O)_3$ の FCM および ZFCM

極大を示し，この温度以下では急激に減少する．これは鎖間に反強磁性的相互作用が働いて反強磁性体へと転移するためである．

一方，$MnCu(pbaOH)(H_2O)_3$ の χT は $100\ cm^3\ K\ mol^{-1}$ ($28\ \mu_B$ per MnCu) にも達して磁場依存を示す．これは鎖の間に磁気的相互作用（Cu—Mn の反強磁性的相互作用）が働いてフェリ磁性体へ転移するためである．強磁性転移を確かめるためには一般に弱い磁場をかけて磁化を測定する（図 8.10）．磁場 3×10^{-2} G をかけて温度を下げながら磁化測定（FCM : field-cooled magnetiza-

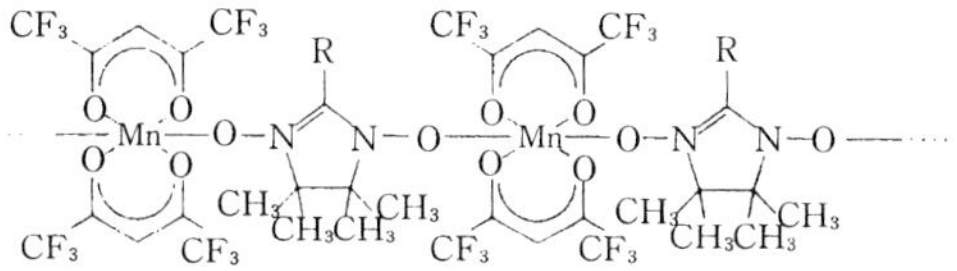

図 8.11　$Mn(hfa)_2$(NIT-R) の1次元鎖構造 (hfa^- = hexafluoroacetylacetonate, NIT-R = 2-R-4,4,5,5-tetramethyl-4,5-dihydro-1-H-imidazolyl-1-oxy-3-oxide)

tion) を行うと，磁化は 5 K 以下で急速に大きくなり 4.6 K (= T_C) に変曲点をもって飽和に近づく．次に磁場ゼロのままで試料を冷却した後，弱い磁場をかけて加温しながら磁化を測定する (ZFCM : zero-field-cooled magnetization) と 4.6 K のところで極大値を示す．この極大が T_C に相当する．

1次元フェリ磁性鎖の強磁性転移のもう一つの例として，ニトロニルニトロキシドが Mn (II) を橋架けした $Mn(hfa)_2$(NIT-R) (hfa^- = hexafluoroacetylacetonate, NIT-R = 2-R-4,4,5,5-tetramethyl-4,5-dihydro-1-H-imidazolyl-1-oxy-3-oxide) がある (図 8.11)[7,8]．$Mn(hfa)_2$(NIT-R) は隣り合った $Mn(hfa)_2$ (S=5/2) と NIT-R ラジカル (S=1/2) の間に J = −125 cm^{-1} が働くフェリ磁性鎖で，R=iso-propyl のときは T_C=7.61 K で強磁性転移する．

8.3　オキサラト橋架け2次元磁性体

2次元ネットワーク構造の最初の分子磁性体として $NBu_4[M^{II}Cr^{III}(ox)_3]$ (M = Mn, Fe, Co, Ni, Cu ; NBu_4^+ = tetra(n-butyl)ammonium) が報告された[9,10]．これら化合物は $K_3[Cr(ox)_3]$ と M (II) 塩を水溶液中，NBu_4^+ の存在下で反応させて得られる．$PPh_4[MnCr(ox)_3]$ について構造解析がなされて $[Cr(ox)_3]^{3-}$ が ox^{2-} で三つの Mn (II) に橋架けした蜂の巣状2次元シート構造 (図 8.12) であることが示された[11]．MCr あたりの磁気モーメントは温度の低下とともに最初は緩やかに，低温では急激に増大して M=Mn の化合物では 48μ_B にも達する．弱磁場下の磁化 (FCM, ZFCM) 測定から T_C=6K (M=Mn), 12 K (Fe), 10 K (Co), 14 K (Ni), 7 K (Cu) と決定された．磁化の磁場依存の測定

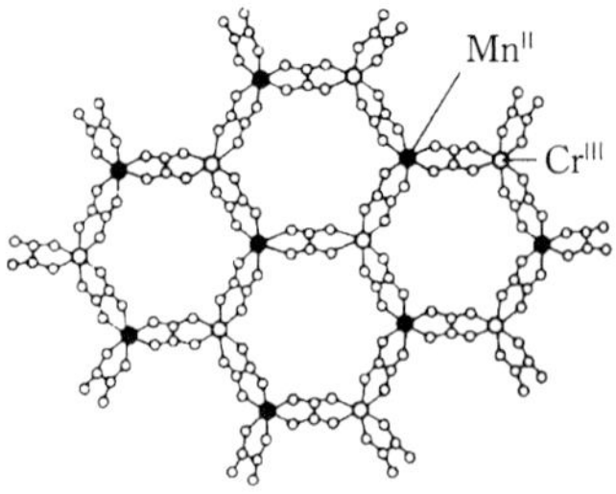

図 8.12　$PPh_4[MnCr(ox)_3]$ の 2 次元ネットワーク構造

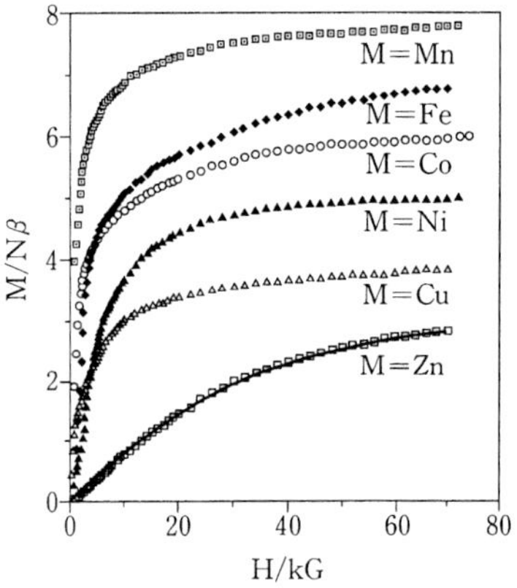

図 8.13　$NBu_4[MCr(ox)_3]$ (M=Mn, Fe, Co, Ni, Cu, Zn) の磁化の磁場依存 (4.2 K で測定)

結果 (図 8.13) から磁化はそれぞれ $8N\beta$ (MnCr), $7N\beta$ (FeCr), $6N\beta$ (CoCr), $5N\beta$ (NiCr), $4N\beta$ (CuCr) に近づくからいずれもフェロ磁性体であることがわかる．$NBu_4[ZnCr(ox)_3]$ は常磁性を示し，磁化曲線は $S=3/2$ の Brillouin 関数で説明される．

$[Fe(ox)_3]^{3-}$ を用いて得られる $NBu_4[MFe(ox)_3]$ (M=Fe, Ni) は $T_C=43$ K (FeFe) および 30 K (NiFe) のフェリ磁性体である[12]．このように常磁性中心 A および B の組合せを選ぶことでフェロ磁性体とフェリ磁性体をつくり分けることができる．

8.4　シアン化物橋架け2元金属分子磁性体

ヘキサシアノ金属(III)酸イオン $[M(CN)_6]^{3-}$ (M^{III}=Fe, Cr) とビス(ジアミン)ニッケル(II) $[Ni(diamine)_2]^{2+}$ や配位的に不飽和な金属錯体陽イオンの反応から1次元，2次元および3次元ネットワーク化合物が合成されて，ネットワーク構造と磁性の関係が詳細に研究されている[13,14]．

8.4.1　シアン化物イオン橋架け2次元磁性体

$[Ni(1,1\text{-dmen})_2]_2[Fe(CN)_6]X \cdot nH_2O$ (1,1-dmen = 1,1-dimethylethylenediamine, X^-=ClO_4^-, BF_4^-, PF_6^-, $CF_3SO_3^-$, $C_6H_5COO^-$, I^-, N_3^-, NCS^-, NO_3^-, etc.) は Fe^{III}-CN-Ni^{II} 結合を1辺にもつ正方形を単位とする2次元シート構造をもつ(図8.14)[15]．対イオンは正方ユニットのなかに位置している．

これら化合物では隣接するNi(II)とFe(III)の間に強磁性的相互作用が働いている．温度を下げていくと2次元シート内の強磁性的スピン配列に伴って χT はしだいに増大するが，30 Kより低い温度域での磁気挙動は，シート間相互作用を反映して二つのタイプに分けられる．一つのタイプでは T_C=9.3～16.2 Kで強磁性転移をする．一例として $[Ni(1,1\text{-dmen})_2]_2[Fe(CN)_6]CF_3SO_3 \cdot$

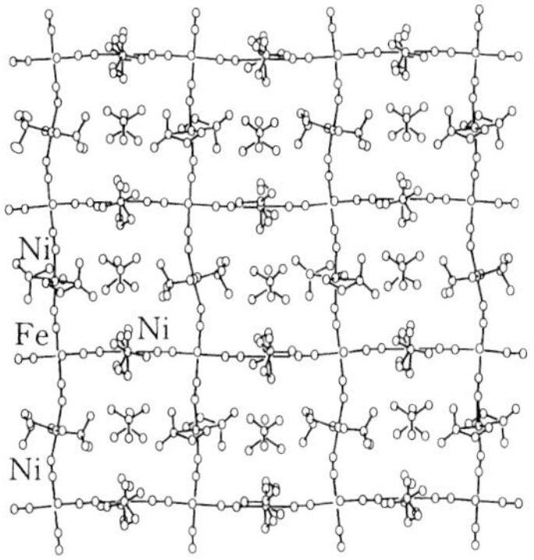

図8.14　$[Ni(1,1\text{-dmen})_2]_2[Fe(CN)_6]CF_3SO_3 \cdot 3.5H_2O$ の2次元シート構造

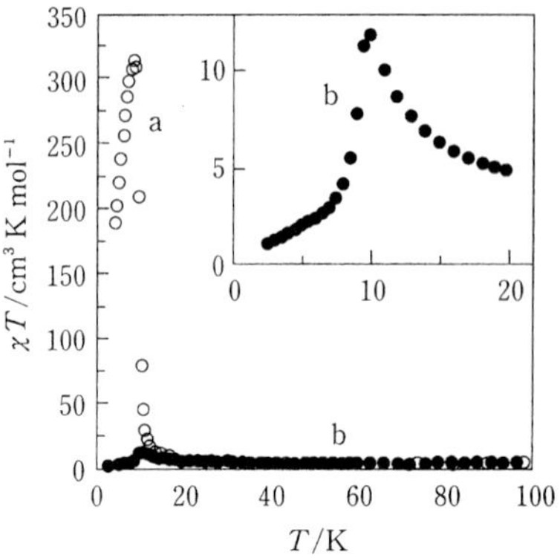

図 8.15　(a) $[Ni(1,1\text{-}dmen)_2]_2[Fe(CN_6)]CF_3SO_3 \cdot 3.5H_2O$ および (b) $[Ni(1,1\text{-}dmen)_2]_2[Fe(CN)_6]ClO_4 \cdot 2H_2O$ の χT の温度依存

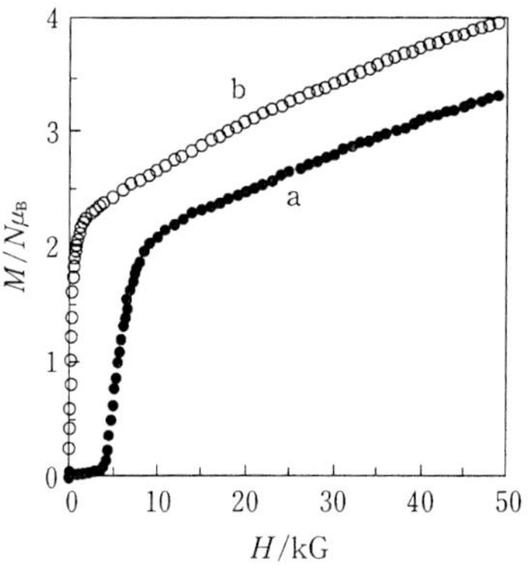

図 8.16　(a) $[Ni(1,1\text{-}dmen)_2]_2[Fe(CN)_6]CF_3SO_3 \cdot 3.5H_2O$ および (b) $[Ni(1,1\text{-}dmen)_2]_2[Fe(CN)_6]ClO_4 \cdot 2H_2O$ の磁化の磁場依存

$3.5H_2O$ の χT の温度依存は 8.5 K で 313 cm^3 K mol^{-1} (μ～50 μ_B per Ni_2Fe) を示し (図 8.15)，磁化の磁場依存はゼロ磁場から急速な立ち上がりを示す (図 8.16)．このタイプの特徴として大きな対イオンまたは 3 分子以上の格子水をもっている．$[Ni(1,1\text{-}dmen)_2]_2[Fe(CN)_6]CF_3SO_3 \cdot 3.5H_2O$ では嵩高い $CF_3SO_3^-$ の効果でシート間隔は 9.96 Å である．これ以外の強磁性化合物のシート間隔

は 10 Å よりも大きいことが確かめられている．

もう一つのタイプでは磁化率はいったん増大傾向を示した後に減少して消滅する．一例として $[Ni(1,1\text{-dmen})_2]_2[Fe(CN)_6]ClO_4\cdot 2H_2O$ の χT の温度依存を図 8.15 に与えた．このタイプは一般に小さな対イオンまたは 1~2 分子の格子水をもち，2 次元シートの間隔は 10 Å よりもかなり小さい．低温で磁化率が消えるのは，2 次元シート間に反強磁性的相互作用が働くためである．これは低次元ネットワーク構造の磁性体にしばしばみられる現象でメタ磁性 (metamagnetism) といわれる．メタ磁性体に磁場をかけていくと，分子間反強磁性相互作用に打ち勝つ磁場以上ではスピンを反転させて強磁性体に変わる．$[Ni(1,1\text{-dmen})_2]_2[Fe(CN)_6]ClO_4\cdot 2H_2O$ の場合には 3800 G でメタ磁性体からフェロ磁性体になる (図 8.16)．

最初に述べたフェロ磁性体は過熱脱水するとメタ磁性体に変わる．これは脱水によって 2 次元シートの間隔が小さくなるためである．

8.4.2　シアン化物イオン橋架け 3 次元磁性体

本当の意味で 3 次元ネットワーク構造の分子磁性体は限られている．そのなかで $[Mn(en)]_3[Cr(CN)_6]_2\cdot 4H_2O$ は 3 次元フェリ磁性体であることが報告された[16]．その単位構造とネットワーク構造を図 8.17 に与えた．$[Cr(CN)_6]^{3-}$ は

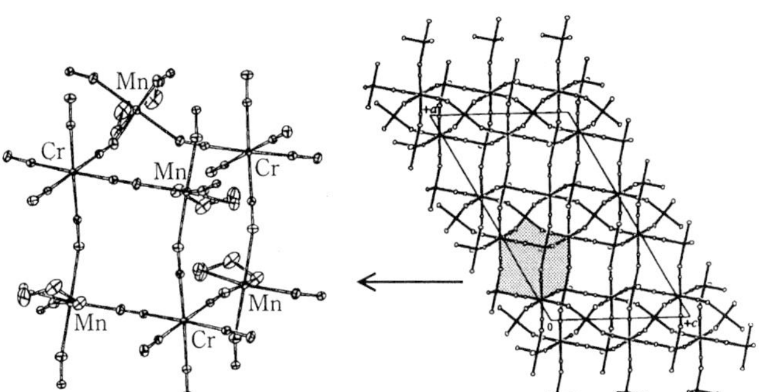

図 8.17　$[Mn(en)]_3[Cr(CN)_6]_2\cdot 4H_2O$ の不完全キュバン単位構造と 3 次元ネットワーク

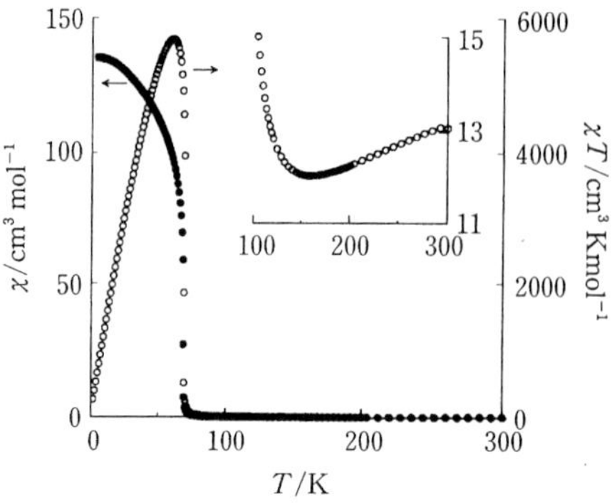

図 8.18　$[Mn(en)]_3[Cr(CN)_6]_2 \cdot 4H_2O$ の χ および χT の温度依存

すべてのシアノ基で Mn (en) に配位して Mn_4Cr_3 不完全キュバン単位からなる 3 次元ネットワークを与える．2 座エンドキャップ en が配位した Mn 周りはさらに四つのシアノ窒素配位を受けて八面体構造である．χT は温度の低下とともに減少して 156 K で極小値 12.04 cm^3 K mol^{-1} (9.82 μ_B) を示す．これは反強磁性的にカップルした Mn_3Cr_2 ($S=9/2$) のスピンオンリーの値 (12.38 cm^3 K mol^{-1} (9.95 μ_B)) とほぼ等しい．70 K 以下で χT は急激に増大して極低温では 5671 cm^3 K mol^{-1} (213 μ_B per Mn_4Cr_3) にも達する (図 8.18)．χT が低温で減少するのは磁化率が飽和するためである．磁化 (FCM, ZFCM) 測定から磁気転移温度は 69 K と決められた．

エンドキャップ配位子 en をグリシンアミド (glya) に置き換えた $[Mn(glya)]_3[Cr(CN)_6]_2 \cdot 2.5\,H_2O$ は同じ 3 次元ネットワーク構造のフェリ磁性体で，磁気転移温度は 71 K である[17]．このように 3 次元方向に強い磁気的相互作用が働くときは高い温度で強磁性転移を起こすことができる．

8.5　分子磁性体研究の最近の話題

8.5.1　単分子磁石 (single-molecule magnet)

1993 年に，Sessoli らは 12 個の Mn イオンをもつ分子性錯体 $[Mn_{12}O_{12}$

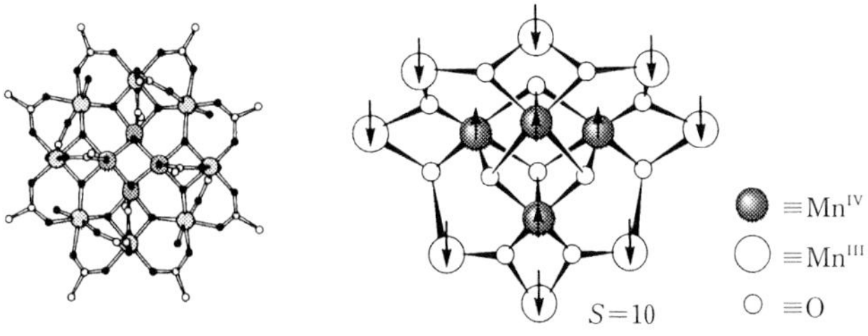

図 8.19 $[Mn_{12}O_{12}(AcO)_{16}(H_2O)_4]\cdot 2AcOH$ の構造とスピン配列

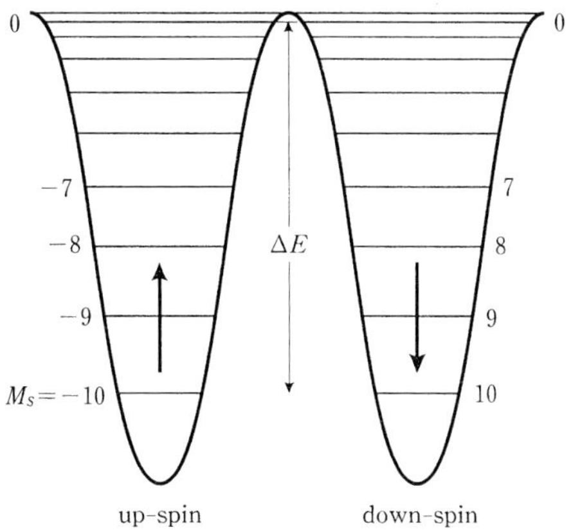

図 8.20 $[Mn_{12}O_{12}(AcO)_{16}(H_2O)_4]\cdot 2AcOH$ のゼロ磁場における 2 極小ポテンシャル

$(AcO)_{16}(H_2O)_4]\cdot 2AcOH$ が磁石として振る舞うことを報告した[18]．この化合物は Mn(IV) からなる Mn_4O_4 キュバンを中心にして，これを取り巻くように 8 個の Mn(III) が位置している．Mn_4O_4 キュバン内には強磁性的相互作用が働き，これに対して Mn(III) が反強磁性的に相互作用して $S=10$ のスピン基底状態を与える (図 8.19).

この分子が磁石として振る舞うのは，ゼロ磁場分裂パラメーター D が負で M_S 順位が $\pm 10<\pm 9<\pm 8<\cdots<\pm 1<0$ となることと関係がある．スピンのエネルギー状態は 2 極小ポテンシャルで与えられ (図 8.20)，磁場ゼロにおいては $M_S=-10$ の状態と $M_S=+10$ の状態にあるスピン数は等しい．外磁場をか

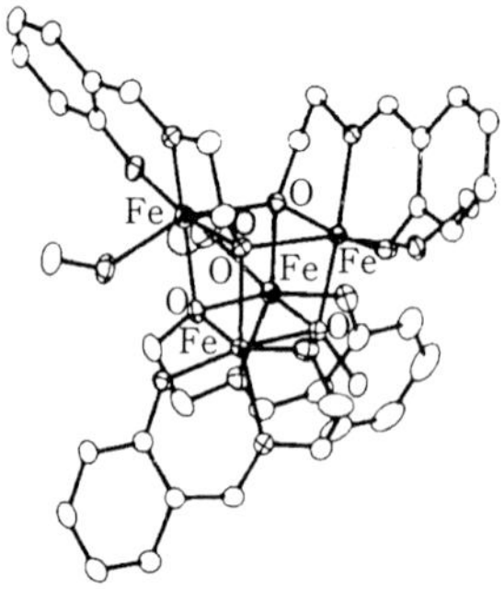

図 8.21　$[Fe_4(sae)_4(MeOH)_4]$ の構造

けると，スピンはすべて一方向に配列して磁化を生じる．そこで再び磁場をゼロに戻すと，スピンは緩和してもとの等しい分布状態に戻ろうとする．このときのスピン反転のエネルギー障壁は $\Delta E=|D|\boldsymbol{S}_z^2$ である．もしエネルギー障壁に比べて熱エネルギーが十分に小さな温度では，スピン反転は凍結されて磁化が残る．スピン反転を凍結する温度をブロッキング温度という．

単分子磁石を設計するには大きなスピンの分子を合成して，負の大きなゼロ磁場分裂を起こさせる必要がある．大塩らはサリチルアルデヒドとエタノールアミンの Schiff 塩基 (sae^{2-}) を配位子とするキュバン 4 核鉄(II)錯体 $[Fe_4(sae)_4(MeOH)_4]$ (図 8.21) の基底スピンは $S=8$ で，1.1 K 以下で単分子磁石として振る舞うことを報告している[19]．

8.5.2　ナノワイヤー分子磁石

1963 年に Glauber はスピンが異方性をもって 1 次元に配列するときは，磁化の反転には緩和時間を要することを理論にもとづいて予想した[20]．そのようなナノワイヤー構造の分子性磁石の存在が，今世紀になって Caneschi ら[21] および宮坂ら[22] によって相次いで報告された．ナノワイヤー磁石は 8.2.2 項で述べた 1 次元フェリまたはフェロ磁性鎖の強磁性転移とは異なり，孤立した磁性鎖の 1 軸異方性に起因する．

宮坂らは $[Mn_2(saltmen)_2(H_2O)_2]^{2+}$ ($saltmen^{2-}=N, N'$-1,1,2,2-tetramethyl

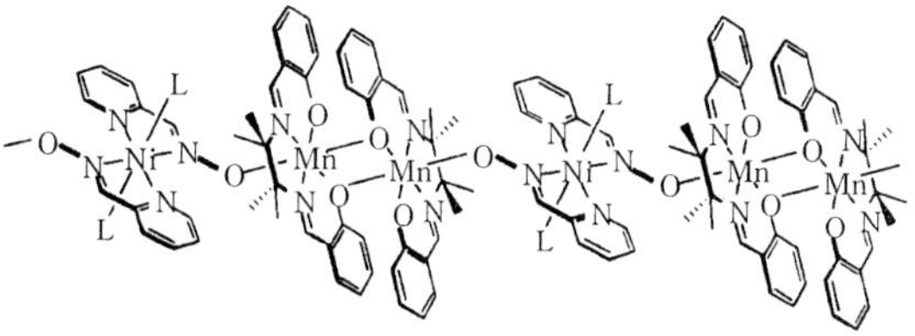

図 8.22 $[Mn_2(saltmen)_2(H_2O)_2][Ni(pao)_2(L)_2]X_2$ の1次元構造

ethylene disalicylaldiminate) と $[Ni(pao)_2(L)_2]$ (pao^-=2-pyridylaldoximate; L=pyridine など) からなる1次元鎖化合物 $[Mn_2(saltmen)_2(H_2O)_2][Ni(pao)_2(L)_2]X_2$ (図 8.22) の磁性を報告している. Mn—Mn には強磁性的相互作用が, Ni—Mn には反強磁性的相互作用が働くフェリ磁性鎖である. 鎖の間は 10 Å 以上離れているので鎖間の磁気的相互作用は無視できる. $[Mn_2(saltmen)_2(H_2O)_2][Ni(pao)_2(py)_2](ClO_4)_2$ の単結晶について磁化率を測定すると χT は 60 K 以下で異方性を示し, 1次元鎖の方向に磁場をかけたときには χT は著しい増大を示す. この鎖方向の磁化は速やかに増大して飽和磁化は予想される $6N\beta$ (per Mn_2Ni) と一致することから, これがナノワイヤー磁石であることが確かめられた.

ナノワイヤー磁石について宮坂・山下による解説がある[23].

8.5.3 磁気光学特性

Faraday 効果 (Faraday effect) とは物質に磁場をかけるとき旋光能が誘起される現象である. Faraday 効果はすべての物質に観測されるが, 強い外部磁場を用いても誘起される磁気円2色性 (MCD: magnetic circular dichroism) は一般には弱い. 分子磁性体は弱い外磁場で磁化を飽和させることができるので, その強い内部磁場を利用して金属中心の Faraday 効果を研究できる利点がある.

大場らは2次元磁性体 $[Ni(1,1\text{-}dmen)_2]_2[Fe(CN)_6]CF_3SO_3\cdot3.5H_2O$ (図 8.14) の Faraday 効果を報告している[24]. 試料の KBr ペレットを用いて 200 G の磁場でファラデー効果を測定すると, T_C (8.9 K) 以下で 320, 410 および

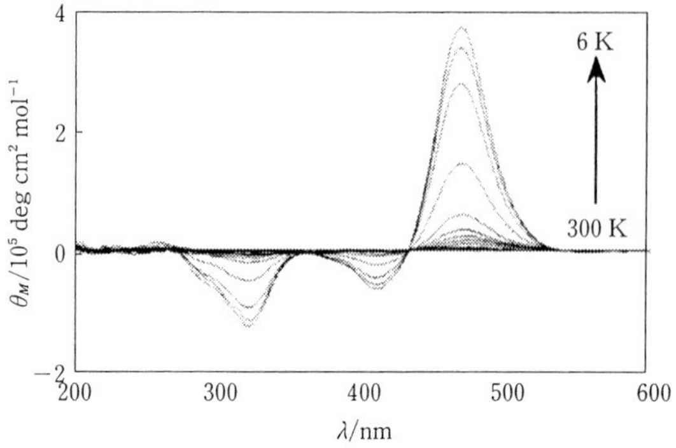

図 8.23 $[Ni(1,1\text{-}dmen)_2]_2[Fe(CN)_6]CF_3SO_3\cdot 3.5H_2O$ の磁気円 2 色性の温度依存

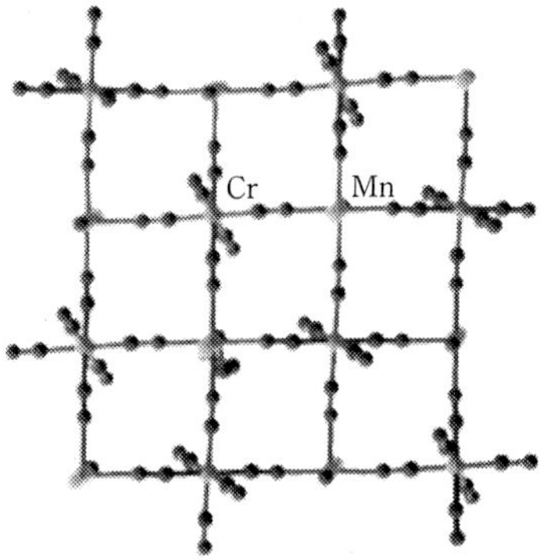

図 8.24 $[Mn(S\text{-}pnH)(H_2O)][Cr(CN)_6]\cdot H_2O$ の構造

470 nm に楕円率の増大がみられる (図 8.23). 観測された強い磁気円 2 色性は強磁性体の強い内部磁場を反映している. 470 nm の強い磁気旋光は Fe-CN 結合の LMCT に帰属される. 470 nm の楕円率を温度に対してプロットすると, 磁化率の温度依存に類似した曲線が得られる.

光学活性ジアミン S-pn (pn = 1,2-propylenediamine) の 2 次元磁性体 $[Mn(S\text{-}pnH)(H_2O)][Cr(CN)_6]\cdot H_2O$ は図 8.24 の構造をもち, T_C=38 K 以下でフェリ磁性体に転移する[25]. この磁気円 2 色性スペクトルの温度依存を図 8.25 に示した. 50 K で紫外から可視領域にかけて観測される弱い円 2 色性は

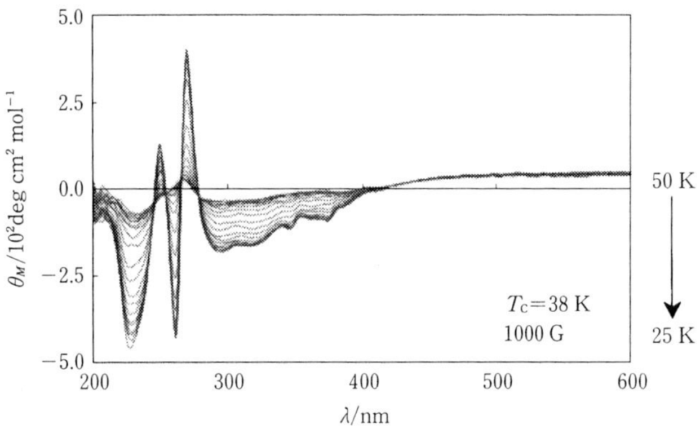

図 8.25 [Mn(S-pnH)(H_2O)][Cr(CN)$_6$]·H_2O の磁気円 2 色性

ジアミン配位子のキラリティーによるものである．温度を下げて MCD を測定すると，T_C 以下では著しく強い磁気旋光が観測される．このことは，分子磁性体の円 2 色性に及ぼす Faraday 効果はキラリティーの効果よりもはるかに大きいことを示している．図 8.25 で 250〜300 nm に観測される鋭い MCD は特に注目されるが，帰属はまだなされていない．分子磁性体の磁気光学効果の研究は，新しい磁性材料開発につながる期待がある．

引 用 文 献

1）J. S. Miller, J. C. Calabrese, H. Rommelmann, S. R. Chittipeddi, J. H. Zhang, W. M. Reiff and A. J. Epstein, *J. Am. Chem. Soc.*, **107**, 769 (1987).

2）J. B. Goodenough, “Magnetism and the Chemical Bonds”, Interscience (1963).

3）O. Kahn, “Molecular Magnetism”, VCH (1993), pp. 299-300.

4）H. M. McConnell, *J. Chem. Phys.*, **39**, 1910 (1963).

5）O. Kahn, Y. Pei, M. Verdaguer, J. P. Renard and J. Sletten, *J. Am. Chem. Soc.*, **110**, 782 (1988).

6）Y. Pei, M. Verdaguer, O. Kahn, J. Sletten and J. P. Renard, *Inorg. Chem.*, **26**, 138 (1987).

7）A. Caneschi, D. Gatteschi, P. Rey and R. Sessoli, *Inorg. Chem.*, **27**, 1756 (1988).

8）A. Caneschi, D. Gatteschi, J. P. Renard, P. Rey and R. Sessoli, *Inorg. Chem.*, **28**, 1976 (1989).

9）Z. J. Zhong, N. Matsumoto, H. Ōkawa and S. Kida, *Chem. Lett.*, **87** (1990).

10) H. Tamaki, Z. J. Zhong, N. Matsumoto, S. Kida, M. Koikawa, N. Achiwa, Y. Hashimoto and H. Ōkawa, *J. Am. Chem. Soc.*, **114**, 6974 (1992).
11) S. Decurtins, H. W. Schmalle, H. R. Oswald, A. Linden, J. Ensling, P. Gütlich and A. Hauser, *Inorg. Chim. Acta*, **216**, 65 (1994).
12) H. Ōkawa, N. Matsumoto, H. Tamaki and M. Ohba, *Mol. Cryst. Liq. Cryst.*, **233**, 257 (1993).
13) M. Ohba and H. Ōkawa, *Coord. Chem. Rev.*, **198**, 313 (2000).
14) H. Ōkawa and M. Ohba, *Bull. Chem. Soc. Jpn.*, **75**, 1191 (2002).
15) M. Ohba, H. Ōkawa, N. Fukita and Y. Hashimoto, *J. Am. Chem. Soc.*, **119**, 1011 (1997).
16) M. Ohba, N. Usuki, N. Fukita and H. Ōkawa, *Angew. Chem., Int. Ed.*, **38**, 1795 (1999).
17) N. Usuki, M. Yamada, M. Ohba and H. Ōkawa, *J. Solid State Chem.*, **159**, 328 (2001).
18) R. Sessoli, D. Gatteschi, A. Caneschi and M. A. Bivak, *Nature*, **365**, 141 (1993).
19) H. Oshio, N. Hoshino and T. Ito, *J. Am. Chem. Soc.*, **122**, 12602 (2000).
20) R. J. Glauber, *J. Math. Phys.*, **4**, 294 (1963).
21) A. Caneschi, D. Gatteschi, N. Lalioti, C. Sangregorio, R. Sessoli, G. Venture, A. Vindigni, A. Rettori, M. G. Pini and M. A. Novak, *Angew. Chem., Int. Ed.*, **40**, 1760 (2001).
22) R. Clérac, H. Miyasaka, M. Yamashita and C. Coulon, *J. Am. Chem. Soc.*, **124**, 12837 (2002).
23) 宮坂 等, 山下正廣, 集積型金属錯体の科学, 大川尚士・伊藤 翼編, 化学同人 (2003), pp. 155-164.
24) M. Ohba, T. Iwamoto and H. Ōkawa, *Chem. Lett.*, **1046** (2002).
25) K. Inoue, K. Kikuchi, M. Ohba and H. Ōkawa, *Angew. Chem., Int. Ed.*, **42**, 4810 (2003).

参 考 文 献

1) E. A. Boudreaux and L. N. Mulay ed., *Theory and Applications of Molecular Magnetism*, John Wiley & Sons (1976).

2) F. E. Mabbs and D. J. Machin, *Magnetism and Transition Metal Complexes*, Chapman and Hall (1973).

3) A. Earnshaw, *Introduction to Magnetochemistry*, Academic Press (1968).

4) B. N. Figgis and J. Lewis, The magnetic properties of transition metal complexes, *Progr. Inorg. Chem.*, **6**, 37 (1964).

5) C. J. Ballhausen 著，田中信行・尼子義人訳，配位子場理論入門，丸善 (1967).

6) B. N. Figgis 著，山田祥一郎訳，配位子場理論—無機化合物への応用，南江堂 (1969).

7) 上村　洸，菅野　暁，田辺行人，配位子場理論とその応用，裳華房 (1969).

8) 山田祥一郎，配位化合物の構造，化学同人 (1980).

9) O. Kahn ed., Magnetism : *A Supramolecular Function*, Kluwer Academic Publisher, (1995).

10) 伊藤公一編，分子磁性，学会出版センター (1996).

11) 田辺行人監修，新しい配位子場の科学，講談社サイエンティフィク (1998).

12) J. S. Miller and M. Drillon ed., *Magnetism: Molecules to Materials*. I-IV, Wiley-VCH (2001-2003).

索　引

欧　文

ア　行

カ　行

ナ　行

ハ　行

マ　行

ヤ　行

著者略歴

大川尚士（おおかわひさし）

1941年　宮崎県に生まれる
1965年　九州大学大学院理学研究科修士課程修了
1991年　九州大学教授
現　在　九州大学名誉教授
　　　　理学博士

朝倉化学大系 9
磁性の化学　　定価はカバーに表示

2004年11月30日　初版第1刷
2014年 5 月25日　　第3刷

著　者　大　川　尚　士
発行者　朝　倉　邦　造
発行所　株式会社　朝　倉　書　店
東京都新宿区新小川町6－29
郵便番号　162－8707
電　話　03（3260）0141
FAX　03（3260）0180
http://www.asakura.co.jp

〈検印省略〉

中央印刷・渡辺製本

ISBN 978－4－254－14639－4　C 3343　　Printed in Japan